五笔字型编码查询手册

U0387912

化学工业出版社

·北京·

A

汉字	拼音	86版	98版	汉字	拼音	86版	98版
			a				
阿	a	BS	BS	锕	a	QBS	QBS
啊	a	KB	KB	嘎	a	KDHT	KDHT
			ai				
哀	ai	YEU	YEU	霭	ai	FYJN	FYJN
唉	ai	KCT	KCT	艾	ai	AQU	ARU
埃	ai	FCTD	FCTD	爱	ai	EPDC	EPDC
锿	ai	QYEY	QYEY	砹	ai	DAQY	DARY
捱	ai	RDFF	RDFF	隘	ai	BUWL	BUWL
皑	ai	RMNN	RMNN	嗌	ai	KUWL	KUWL
癌	ai	UKKM	UKKM	嫒	ai	VEPC	VEPC
嗳	ai	KEPC	KEPC	碍	ai	DJGF	DJGF
矮	ai	TDTV	TDTV	暧	ai	JEPC	JEPC
蔼	ai	AYJN	AYJN	瑷	ai	GEPC	GEPC
			an				
俺	an	WDJN	WDJN	铵	an	QPVG	QPVG
桉	an	SPV	SPV	揞	an	RUJG	RUJG
庵	an	YDJN	ODJN	犴	an	QTFH	QTFH
谙	an	YUJG	YUJG	按	an	RPV	RPV
鹌	an	DJNG	DJNG	案	an	PVS	PVS
鞍	an	AFPV	AFPV	胺	an	EPVG	EPVG
岸	an	MDFJ	MDFJ	黯	an	LFOJ	LFOJ
埯	an	FDJN	FDJN				
			ang				
肮	ang	EYMN	EYWN	昂	ang	JQBJ	JQBJ
盎	ang	MDLF	MDLF				
			ao				
凹	ao	MMGD	HNHG	嗷	ao	KGQT	KGQT
敖	ao	GQTY	GQTY	廒	ao	YGQT	OGQT

汉字	拼音	86版	98版	汉字	拼音	86版	98版
獒	ao	GQTD	GQTD	袄	ao	PUT	PUT
遨	ao	GQTP	GQTP	媪	ao	VJL	VJL
熬	ao	GQTO	GQTO	岙	ao	TDM	TDM
翱	ao	RDFN	RDFN	傲	ao	WGQT	WGQT
聱	ao	GQTB	GQTB	奥	ao	TMO	TMO
螯	ao	GQTJ	GQTJ	鳌	ao	GQTC	GQTG
鳌	ao	GQTG	GQTG	懊	ao	NTM	NTM
拗	ao	RXL	RXET				

B

汉字	拼音	86版	98版	汉字	拼音	86版	98版
ba							
八	ba	WTY	WTY	菝	ba	ARD	ARD
巴	ba	CNH	CNH	跋	ba	KHDC	KHDY
叭	ba	KWY	KWY	魃	ba	RQCC	RQCY
扒	ba	RWY	RWY	把	ba	RCN	RCN
吧	ba	KC	KC	钯	ba	QCN	QCN
岜	ba	MCB	MCB	靶	ba	AFC	AFC
芭	ba	AC	AC	坝	ba	FMY	FMY
疤	ba	UCV	UCV	爸	ba	WQC	WRCB
捌	ba	RKLJ	RKEJ	罢	ba	LFC	LFC
笆	ba	TCB	TCB	鲅	ba	QGDC	QGDY
粑	ba	OCN	OCN	霸	ba	FAF	FAF
拔	ba	RDC	RDC	灞	ba	IFA	IFA
茇	ba	ADC	ADC				
bai							
摆	bai	RLFC	RLFC	柏	bai	SRG	SRG
白	bai	RRR	RRR	捭	bai	RRT	RRT
百	bai	DJ	DJ	掰	bai	RWVR	RWVR
佰	bai	WDJ	WDJ	呗	bai	KMY	KMY

汉字	拼音	86版	98版	汉字	拼音	86版	98版
败	bai	MTY	MTY	拜	bai	RDFH	RDFH
ban							
搬	ban	RTEC	RTUC	般	ban	TEM	TUWC
扳	ban	RRC	RRC	颁	ban	WVD	WVD
班	ban	GYT	GYT	斑	ban	GYG	GYG
瘢	ban	UTEC	UTUC	办	ban	LW	EW
癍	ban	UGYG	UGYG	半	ban	UF	UG
阪	ban	BRCY	BRCY	伴	ban	WUF	WUGH
坂	ban	FRC	FRC	扮	ban	RWV	RWVT
板	ban	SRC	SRC	拌	ban	RUFH	RUGH
版	ban	THGC	THGC	绊	ban	XUF	XUGH
钣	ban	QRC	QRC	瓣	ban	URCU	URCU
舨	ban	TERC	TURC				
bang							
邦	bang	DTB	DTB	傍	bang	WUP	WYUY
帮	bang	DTBH	DTBH	棒	bang	SDW	SDWG
梆	bang	SDT	SDT	谤	bang	YUP	YYUY
绑	bang	XDT	XDT	蒡	bang	AUPY	AYUY
榜	bang	SUP	SYUY	磅	bang	DUP	DYUY
膀	bang	EUP	EYUY	镑	bang	QUP	QYUY
蚌	bang	JDH	JDH	浜	bang	IRGW	IRWY
bao							
保	bao	WKS	WKSY	褒	bao	YWK	YWK
包	bao	QNV	QNV	雹	bao	FQN	FQN
饱	bao	QNQN	QNQN	宝	bao	PGY	PGY
孢	bao	BQN	BQN	暴	bao	JAW	JAW
苞	bao	AQNB	AQNB	爆	bao	OJA	OJA
胞	bao	EQN	EQN	鸨	bao	XFQ	XFQ
煲	bao	WKSO	WKSO	堡	bao	WKSF	WKSF
龅	bao	HWBN	HWBN	豹	bao	EEQY	EQYY

汉字	拼音	86版	98版	汉字	拼音	86版	98版
趵	bao	KHQY	KHQY	鲍	bao	QGQ	QGQ
报	bao	RB	RB	葆	bao	AWK	AWK
抱	bao	RQN	RQN	褓	bao	PUWS	PUWS
bei							
背	bei	UXE	UXE	孛	bei	FPBF	FPBF
北	bei	UX	UX	悖	bei	NFPB	NFPB
贝	bei	MHNY	MHNY	被	bei	PUHC	PUBY
杯	bei	SGI	SDHY	辈	bei	DJDL	HDHL
悲	bei	DJDN	HDHN	碚	bei	DUKG	DUKG
碑	bei	DRTF	DRTF	蓓	bei	AWUK	AWUK
鹎	bei	RTFG	RTFG	惫	bei	TLNU	TLNU
卑	bei	RTFJ	RTFJ	焙	bei	OUKG	OUKG
狈	bei	QTMY	QTMY	倍	bei	WUK	WUK
邶	bei	UXBH	UXBH	褙	bei	PUUE	PUUE
备	bei	TLF	TLF	鞴	bei	AFAE	AFAE
钡	bei	QMY	QMY	鐾	bei	NKUQ	NKUQ
陂	bei	BHCY	BBY				
ben							
本	ben	SGD	SGD	锛	ben	QDF	QDF
笨	ben	TSGF	TSGF	苯	ben	ASG	ASG
奔	ben	DFA	DFA	畚	ben	CDL	CDL
贲	ben	FAM	FAM	坌	ben	WVFF	WVFF
beng							
甭	beng	GIE	DHEJ	绷	beng	XEEG	XEEG
蚌	beng	JDH	JDH	泵	beng	DIU	DIU
嘣	beng	KME	KMEE	迸	beng	UAP	UAP
崩	beng	MEE	MEE	髽	beng	FKUN	FKUY
蹦	beng	KHME	KHME				
bi							
匕	bi	XTN	XTN	庳	bi	YRT	ORTF

汉字	拼音	86版	98版	汉字	拼音	86版	98版
比	bi	XXN	XXN	敝	bi	UMI	ITY
笔	bi	TT	TEB	荜	bi	ART	ART
逼	bi	GKLP	GKLP	弼	bi	XDJX	XDJX
荸	bi	AFPB	AFPB	愎	bi	NTJT	NTJT
鼻	bi	THLJ	THLJ	筚	bi	TXXF	TXXF
币	bi	TMH	TMH	滗	bi	ITT	ITEN
必	bi	NT	NTE	痹	bi	ULGJ	ULGJ
吡	bi	KXX	KXXN	蓖	bi	ATL	ATL
妣	bi	VXX	VXX	裨	bi	PUR	PUR
彼	bi	THC	TBY	跸	bi	KHXF	KHXF
秕	bi	TXXN	TXXN	辟	bi	NKU	NKUH
俾	bi	WRTF	WRTF	弊	bi	UMIA	ITAJ
舭	bi	TEX	TUXX	碧	bi	GRD	GRD
鄙	bi	KFLB	KFLB	箅	bi	TLG	TLG
哔	bi	KXXF	KXXF	蔽	bi	AUM	AITU
愀	bi	XXNT	XXNT	壁	bi	NKUF	NKUF
毕	bi	XXF	XXF	嬖	bi	NKUV	NKUV
闭	bi	UFT	UFT	避	bi	NKUP	NKUP
庇	bi	YXX	OXXV	薜	bi	ANK	ANK
畀	bi	LGJ	LGJ	濞	bi	ITHJ	ITHJ
荜	bi	AXXF	AXXF	臂	bi	NKUE	NKUE
陛	bi	BX	BX	髀	bi	MERF	MERF
铋	bi	QNTT	QNTT	璧	bi	NKUY	NKUY
婢	bi	VRTF	VRTF	襞	bi	NKUE	NKUE
bian							
变	bian	YOCU	YOCU	苄	bian	AYHU	AYHU
边	bian	LPV	EPE	忭	bian	NYHY	NYHY
编	bian	XYNA	XYNA	汴	bian	IYHY	IYHY
遍	bian	YNMP	YNMP	缠	bian	XWGQ	XWGR
辩	bian	UYUH	UYUH	煸	bian	OYNA	OYNA

汉字	拼音	86版	98版	汉字	拼音	86版	98版
扁	bian	YNMA	YNMA	砭	bian	DTPY	DTPY
便	bian	WGJQ	WGJR	碥	bian	DYNA	DYNA
卞	bian	YHU	YHU	窆	bian	PWTP	PWTP
贬	bian	MTPY	MTPY	褊	bian	PUYA	PUY
鞭	bian	AFWQ	AFWR	蝙	bian	JYNA	JYNA
羴	bian	UXUH	UXUH	笾	bian	TLPU	TEPU
匾	bian	AYNA	AYNA	稨	bian	QGYA	QGYA
弁	bian	CAJ	CAJ				
biao							
表	biao	GE	GE	瘭	biao	USF	USF
婊	biao	VGEY	VGEY	镖	biao	QSF	QSF
彪	biao	HAME	HWEE	飙	biao	DDDQ	DDDR
标	biao	SFI	SFI	飚	biao	MQO	WROO
飑	biao	MQQN	WRQN	镳	biao	QYNO	QOXO
髟	biao	DET	DET	裱	biao	PUGE	PUGE
骠	biao	CSFI	CGSI	鳔	biao	QGS	QGSI
膘	biao	ESF	ESFI				
bie							
别	bie	KLJ	KEJH	鳖	bie	UMIG	ITQ
憋	bie	UMIN	ITNU	蹩	bie	UMIH	ITKH
瘪	bie	UTHX	UTHX				
bin							
宾	bin	PR	PRWU	豳	bin	EEM	MGEE
彬	bin	SSE	SSE	摈	bin	RPR	RPR
滨	bin	IPRW	IPRW	殡	bin	GQP	GQPW
斌	bin	YGA	YGAY	膑	bin	EPR	EPR
缤	bin	XPR	XPR	槟	bin	SPRW	SPRW
镔	bin	QPR	QPR	髌	bin	MEPW	MEPW
濒	bin	IHIM	IHHM	鬓	bin	DEPW	DEPW

B

汉字	拼音	86版	98版	汉字	拼音	86版	98版
bing							
冰	bing	UI	UI	饼	bing	QNU	QNU
兵	bing	RGW	RWU	禀	bing	YLKI	YLKI
丙	bing	GMW	GMW	并	bing	UA	UA
邴	bing	GMWB	GMWB	病	bing	UGM	UGM
秉	bing	TGV	TVD	摒	bing	RNUA	RNUA
柄	bing	SGM	SGMW	槟	bing	SPRW	SPRW
炳	bing	OGM	OGMW				
bo							
脖	bo	EFP	EFP	博	bo	FGE	FSFY
菠	bo	AIH	AIBU	驳	bo	CQQ	CGRR
播	bo	RTOL	RTOL	帛	bo	RMH	RMH
伯	bo	WR	WRG	泊	bo	IR	IRG
拨	bo	RNT	RNT	搏	bo	RGEF	RSFY
波	bo	IHC	IBY	箔	bo	TIR	TIR
剥	bo	VIJH	VIJH	膊	bo	EGEF	ESFY
钵	bo	QSG	QSG	踣	bo	KHUK	KHUK
饽	bo	QNFB	QNFB	薄	bo	AIG	AISF
勃	bo	FPB	FPBE	礴	bo	DAI	DAI
亳	bo	YPTA	YPTA	渤	bo	IFP	IFPE
玻	bo	GHC	GBY	鹁	bo	FPBG	FPBG
铂	bo	QRG	QRG	跛	bo	KHHC	KHBY
啵	bo	KIHC	KIBY	簸	bo	TADC	TDWB
舶	bo	TER	TURG	檗	bo	NKUS	NKUS
bu							
逋	bu	GEHP	SPI	部	bu	UKBH	UKBH
钸	bu	QDMH	QDMH	补	bu	PUHY	PUHY
哺	bu	JGEY	JSY	埠	bu	FGEY	FSY
醭	bu	SGOY	SGOG	卜	bu	HHY	HHY
卟	bu	KHY	KHY	怖	bu	NDM	NDM

汉字	拼音	86版	98版	汉字	拼音	86版	98版
哺	bu	KGE	KSY	钚	bu	QGIY	QDHY
捕	bu	RGE	RSY	埠	bu	FWN	FTNF
不	bu	GI	DHI	瓿	bu	UKG	UKGY
布	bu	DMH	DMH	簿	bu	TIG	TISF
步	bu	HI	HHR				

c

汉字	拼音	86版	98版	汉字	拼音	86版	98版
ca							
嚓	ca	KPW	KPW	礤	ca	DAW	DAW
擦	ca	RPWI	RPWI				
cai							
才	cai	FTE	FTE	菜	cai	AE	AES
材	cai	SFT	SFT	彩	cai	ESE	ESE
财	cai	MF	MF	睬	cai	HES	HES
裁	cai	FAY	FAY	蔡	cai	AWF	AWF
采	cai	ES	ES	猜	cai	QTGE	QTGE
踩	cai	KHES	KHES				
can							
蚕	can	GDJ	GDJ	惨	can	NCD	NCD
骖	can	CCD	CGCE	粲	can	HQCO	HQCO
餐	can	HQ	HQCV	璨	can	GHQ	GHQ
灿	can	OM	OM	惭	can	NLRH	NLRH
参	can	CD	CD	黪	can	LFOE	LFOE
残	can	GQG	GQGA				
cang							
沧	cang	IWB	IWB	苍	cang	AWB	AWB
伧	cang	WWBN	WWBN	舱	cang	TEW	TUWB
仓	cang	WBB	WBB	藏	cang	ADNT	AAUH

C

汉字	拼音	86版	98版	汉字	拼音	86版	98版
cao							
操	cao	RKK	RKKS	槽	cao	SGMJ	SGMJ
糙	cao	OTF	OTF	蝽	cao	JGMJ	JGMJ
曹	cao	GMA	GMAJ	草	cao	AJJ	AJJ
嘈	cao	KGMJ	KGMJ	艚	cao	TEGJ	TUGJ
漕	cao	IGMJ	IGMJ				
ce							
册	ce	MMGD	MMGD	测	ce	IMJ	IMJ
侧	ce	WMJ	WMJ	恻	ce	NMJ	NMJ
厕	ce	DMJK	DMJK	策	ce	TGM	TSMB
cen							
岑	cen	MWYN	MWYN	参	cen	CDER	CDER
涔	cen	IMW	IMW				
ceng							
曾	ceng	ULJF	ULJF	蹭	ceng	KHUJ	KHUJ
层	ceng	NFC	NFC				
cha							
插	cha	RTF	RTFE	刹	cha	QSJH	RSJH
叉	cha	CYI	CYI	喳	cha	KSJG	KSJG
查	cha	SJ	SJ	嚓	cha	KPWI	KPWI
茬	cha	ADHF	ADHF	馇	cha	QNSG	QNSG
茶	cha	AWSU	AWSU	猹	cha	QTSG	QTSG
搽	cha	RAWS	RAWS	汉	cha	ICYY	ICYY
槎	cha	SUDA	SUAG	姹	cha	VPTA	VPTA
察	cha	PWFI	PWFI	杈	cha	SCYY	SCY
碴	cha	DSJ	DSJ	楂	cha	SSJG	SSJG
岔	cha	WVMJ	WVMJ	檫	cha	SPWI	SPWI
诧	cha	YPTA	YPTA	衩	cha	PUCY	PUCY
差	cha	UDA	UAF	镲	cha	QPWI	QPWI

汉字	拼音	86版	98版	汉字	拼音	86版	98版
chai							
柴	chai	HXS	HXS	侪	chai	WYJ	WYJ
拆	chai	RRY	RRY	虿	chai	DNJU	GQJU
豺	chai	EEF	EFTT	瘥	chai	UUDA	UUAD
钗	chai	QCY	QCY				
chan							
铲	chan	QUT	QUT	忏	chan	NTFH	NTFH
掺	chan	RCD	RCD	颤	chan	YLKM	YLKM
搀	chan	RQKU	RQKU	孱	chan	NUDD	NUUU
馋	chan	QNQU	QNQU	谄	chan	YQVG	YQEG
产	chan	UT	UTE	阐	chan	UUJF	UUJF
蝉	chan	JUJF	JUJF	潺	chan	INBB	INBB
蟾	chan	JQD	JQD	澶	chan	IYLG	IYLG
廛	chan	YJF	OJFF	婵	chan	VUJF	VUJF
羼	chan	NBB	NBB	禅	chan	PYUF	PYUF
崴	chan	ADMT	ADMU	躔	chan	KHYF	KHOF
鞯	chan	UJFE	UJFE				
chang							
伥	chang	WTA	WTA	昶	chang	YNIJ	YNIJ
昌	chang	JJ	JJ	惝	chang	NIM	NIM
娼	chang	VJJ	VJJ	唱	chang	KJJ	KJJ
长	chang	TA	TA	氅	chang	IMKN	IMKE
肠	chang	ENR	ENR	怅	chang	NTA	NTA
鲳	chang	QGJJ	QGJJ	畅	chang	JHNR	JHNR
苌	chang	ATAY	ATAY	倡	chang	WJJG	WJJG
厂	chang	DGT	DGT	鬯	chang	QOB	OBX
尝	chang	IPF	IPF	裳	chang	IPKE	IPKE
常	chang	IPKH	IPKH	偿	chang	WIMK	WIMK
徜	chang	TIM	TIM	菖	chang	AJJF	AJJF
嫦	chang	VIPH	VIPH	场	chang	FNRT	FNRT

汉字	拼音	86版	98版	汉字	拼音	86版	98版
				chao			
抄	chao	RIT	RIT	焯	chao	OHJ	OHJ
钞	chao	QIT	QIT	超	chao	FHV	FHV
吵	chao	KI	KI	炒	chao	OIT	OIT
朝	chao	FJE	FJE	秒	chao	DIIT	FSIT
晁	chao	JIQB	JQIU	剿	chao	VJSJ	VJSJ
巢	chao	VJS	VJS	绰	chao	XHJ	XHJ
潮	chao	IFJ	IFJ	嘲	chao	KFJE	KFJE
				che			
车	che	LG	LG	坼	che	FRY	FRY
砗	che	DLH	DLH	撤	che	RYC	RYC
扯	che	RHG	RHG	澈	che	IYCT	IYCT
屮	che	BHK	BHK	掣	che	RMHR	TGMR
彻	che	TAVN	TAVT				
				chen			
尘	chen	IFF	IFF	晨	chen	JD	JD
抻	chen	RJH	RJHH	谌	chen	YADN	YDWN
郴	chen	SSB	SSB	碜	chen	DCD	DCDE
琛	chen	GPW	GPWS	衬	chen	PUF	PUFY
嗔	chen	KFHW	KFHW	称	chen	TQ	TQI
臣	chen	AHN	AHN	龀	chen	HWBX	HWBX
忱	chen	NP	NP	趁	chen	FHWE	FHWE
沉	chen	IPM	IPWN	榇	chen	SUSY	SUSY
辰	chen	DFEI	DFEI	谶	chen	YWWG	YWWG
陈	chen	BA	BA	伧	chen	WWBN	WWBN
宸	chen	PDFE	PDFE				
				cheng			
柽	cheng	SCFG	SCFG	惩	cheng	TGHN	TGHN
铛	cheng	QIVG	QIVG	程	cheng	TKGG	TKGG
撑	cheng	RIPR	RIPR	裎	cheng	PUKG	PUKG

汉字	拼音	86版	98版	汉字	拼音	86版	98版
瞠	cheng	HIPF	HIPF	塍	cheng	EUDF	EUGF
丞	cheng	BIGF	BIGF	醒	cheng	SGKG	SGKG
成	cheng	DNNT	DNV	澄	cheng	IWGU	IWGU
呈	cheng	KGF	KGF	逞	cheng	KGPD	KGPD
承	cheng	BDII	BDII	骋	cheng	CMG	CGMN
枨	cheng	STAY	STAY	称	cheng	TQIY	TQIY
诚	cheng	YDNT	YDN	橙	cheng	SWGU	SWGU
乘	cheng	TUXV	TUXV	蛏	cheng	JCFG	JCFG
埕	cheng	FKGG	FKGG	秤	cheng	TGUH	TGUF
铖	cheng	QDNT	QDN				
chi							
尺	chi	NYI	NYI	踟	chi	KHTK	KHTK
哧	chi	KFOY	KFOY	篪	chi	TRHM	TRHW
蚩	chi	BHGJ	BHGJ	吃	chi	KTNN	KTNN
鸱	chi	QAYG	QAYG	侈	chi	WQQY	WQQY
笞	chi	TCKF	TCKF	齿	chi	HWBJ	HWBJ
嗤	chi	KBHJ	KBHJ	耻	chi	BHG	BHG
痴	chi	UTDK	UTDK	褫	chi	PURM	PURW
螭	chi	JYBC	JYRC	叱	chi	KXN	KXN
魑	chi	RQCC	RQCC	斥	chi	RYI	RYI
弛	chi	XBN	XBN	赤	chi	FOU	FOU
池	chi	IBN	IBN	饬	chi	QNTL	QNTE
驰	chi	CBN	CGBN	炽	chi	OKWY	OKWY
迟	chi	NYPI	NYPI	翅	chi	FCND	FCND
茌	chi	AWFF	AWFF	敕	chi	GKIT	SKTY
持	chi	RFFY	RFFY	啻	chi	UPMK	YUPK
匙	chi	JGHX	JGHX	傺	chi	WWFI	WWFI
墀	chi	FNI	FNIG	瘛	chi	UDHN	UDHN
chong							
冲	chong	UKHH	UKHH	艟	chong	TEUF	TUUF

汉字	拼音	86版	98版	汉字	拼音	86版	98版
充	chong	YCQB	YCQB	忡	chong	NKHH	NKHH
虫	chong	JHNY	JHNY	崇	chong	MPFI	MPFI
茺	chong	AYCQ	AYCQ	宠	chong	PDX	PDXY
舂	chong	DWV	DWEF	铳	chong	QYCQ	QYCQ
憧	chong	NUJF	NUJF	重	chong	TGJF	TGJF
			chou				
仇	chou	WVN	WVN	愁	chou	TONU	TONU
惆	chou	NMFK	NMFK	筹	chou	TDTF	TDTF
抽	chou	RMG	RMG	酬	chou	SGYH	SGYH
丑	chou	NFD	NHGG	踌	chou	KHDF	KHDF
稠	chou	TMFK	TMFK	雠	chou	WYYY	WYYY
瘳	chou	UNWE	UNWE	瞅	chou	HTOY	HTOY
帱	chou	MHDF	MHDF	臭	chou	THDU	THDU
畴	chou	LDTF	LDTF				
			chu				
除	chu	BWT	BWGS	储	chu	WYFJ	WYFJ
樗	chu	SFFN	SFFN	处	chu	THI	THI
刍	chu	QVF	QVF	楚	chu	SSNH	SSNH
出	chu	BMK	BMK	褚	chu	PUFJ	PUFJ
初	chu	PUVN	PUVT	亍	chu	FHK	GSJ
厨	chu	DGKF	DGKF	怵	chu	NSYY	NSYY
滁	chu	IBW	IBWS	绌	chu	XBMH	XBMH
锄	chu	QEGL	QEGE	搐	chu	RYXL	RYXL
蜍	chu	JWT	JWGS	触	chu	QEJY	QEJY
雏	chu	QVWY	QVWY	憷	chu	NSSH	NSSH
础	chu	DBMH	DBMH	黜	chu	LFOM	LFOM
蹰	chu	KHDF	KHDF	蠢	chu	FHFH	FHFH
杵	chu	STFH	STFH	躇	chu	KHAJ	KHAJ
			chuai				
踹	chuai	KHMJ	KHMJ	揣	chuai	RMDJ	RMDJ

汉字	拼音	86版	98版	汉字	拼音	86版	98版
嘬	chuai	KJBC	KJBC	膪	chuai	EUPK	EYUK
搋	chuai	RRHM	RRHW				
chuan							
巛	chuan	VNNN	VNNN	遄	chuan	MDMP	MDMP
川	chuan	KTHH	KTHH	椽	chuan	SXEY	SXEY
串	chuan	KKHK	KKHK	氚	chuan	RNKJ	RKK
钏	chuan	QKH	QKH	穿	chuan	PWAT	PWAT
传	chuan	WFNY	WFNY	喘	chuan	KMDJ	KMDJ
舡	chuan	TEA	TUAG				
chuang							
疮	chuang	UWBV	UWBV	创	chuang	WBJH	WBJH
窗	chuang	PWTQ	PWTQ	闯	chuang	UCD	UCGD
床	chuang	YSI	OSI	怆	chuang	NWBN	NWBN
chui							
垂	chui	TGAF	TGAF	槌	chui	SWN	STNP
炊	chui	OQWY	OQWY	锤	chui	QTGF	QTGF
棰	chui	STGF	STGF				
chun							
春	chun	DWJF	DWJF	莼	chun	AXGN	AXGN
淳	chun	IYBG	IYBG	椿	chun	SDWJ	SDWJ
鹑	chun	YBQG	YBQG	蝽	chun	JDWJ	JDWJ
醇	chun	SGYB	SGYB	纯	chun	XGBN	XGBN
唇	chun	DFEK	DFEK	蠢	chun	DWJJ	DWJJ
chuo							
踔	chuo	KHHJ	KHHJ	辍	chuo	LCCC	LCCC
戳	chuo	NWYA	NWYA	龊	chuo	HWBH	HWBH
辶	chuo	PYNY	PYNY				
ci							
词	ci	YNGK	YNGK	慈	ci	UXXN	UXXN
疵	ci	UHXV	UHXV	辞	ci	TDUH	TDUH

汉字	拼音	86版	98版	汉字	拼音	86版	98版
茨	ci	AUQW	AUQW	磁	ci	DUXX	DUXX
瓷	ci	UQWN	UQWY	雌	ci	HXWY	HXWY
祠	ci	PYNK	PYNK	鹚	ci	UXXG	UXXG
茈	ci	AHXB	AHXB	刺	ci	GMI	SMJH
次	ci	UQWY	UQWY	赐	ci	MJQR	MJQR
此	ci	HXN	HXN				
cong							
聪	cong	BUKN	BUKN	葱	cong	AQRN	AQRN
从	cong	WWY	WWY	骢	cong	CTL	CGTN
匆	cong	QRYI	QRYI	淙	cong	IPFI	IPFI
丛	cong	WWGF	WWGF	琮	cong	GPFI	GPFI
囱	cong	TLQI	TLQI				
cou							
凑	cou	UDWD	UDWD	楱	cou	SDWD	SDWD
腠	cou	EDWD	EDWD	辏	cou	LDWD	LDWD
cu							
粗	cu	OEGG	OEGG	蹙	cu	DHIH	DHIH
徂	cu	TEGG	TEGG	猝	cu	QTYF	QTYF
殂	cu	GQEG	GQEG	醋	cu	SGAJ	SGAJ
促	cu	WKHY	WKHY	簇	cu	TYTD	TYTD
蹴	cu	KHYN	KHYY	酢	cu	SGTF	SGTF
cuan							
氽	cuan	TYIU	TYIU	篡	cuan	THDC	THDC
蹿	cuan	KHPH	KHPH	窜	cuan	PWKH	PWKH
撺	cuan	RPWH	RPWH	爨	cuan	WFMO	EMGO
镩	cuan	QPWH	QPWH				
cui							
崔	cui	MWYF	MWYF	啐	cui	KYWF	KYWF
脆	cui	EQDB	EQDB	萃	cui	AYWF	AYWF
榱	cui	SYKE	SYKE	毳	cui	TFNN	EEEB

C

汉字	拼音	86版	98版	汉字	拼音	86版	98版
璀	cui	GMWY	GMWY	瘁	cui	UYWF	UYWF
翠	cui	NYWF	NYWF				
cun							
村	cun	SFY	SFY	皴	cun	CWTC	CWTB
忖	cun	NFY	NFY				
cuo							
措	cuo	RAJG	RAJG	蹉	cuo	HLQA	HLRA
撮	cuo	RJBC	RJBC	厝	cuo	DAJD	DAJD
蹉	cuo	KHUA	KHUA	挫	cuo	RWWF	RWWF
痤	cuo	UWWF	UWWF	错	cuo	QAJG	QAJG
搓	cuo	RUD	RUAG				

D

汉字	拼音	86版	98版	汉字	拼音	86版	98版
da							
打	da	RSH	RSH	哒	da	KDPY	KDPY
搭	da	RAWK	RAWK	耷	da	DBF	DBF
怛	da	NJGG	NJGG	笪	da	TJGF	TJGF
沓	da	IJF	IJF	答	da	TWGK	TWGK
达	da	DPI	DPI	瘩	da	UAWK	UAWK
妲	da	VJGG	VJGG	靼	da	AFDP	AFDP
dai							
歹	dai	GQI	GQI	待	dai	TFFY	TFFY
呔	dai	KDYY	KDYY	怠	dai	CKNU	CKNU
呆	dai	KSU	KSU	逮	dai	VIPI	VIPI
傣	dai	WDWI	WDWI	戴	dai	FALW	FALW
岱	dai	WAMJ	WAYM	殆	dai	GQCK	GQCK
甙	dai	AAFD	AFYI	玳	dai	GWAY	GWAY
迨	dai	CKPD	CKPD	袋	dai	WAYE	WAYE
带	dai	GKPH	GKPH	黛	dai	WAL	WAYO

汉字	拼音	86版	98版	汉字	拼音	86版	98版
dan							
单	dan	UJFJ	UJFJ	旦	dan	JGF	JGF
丹	dan	MYD	MYD	但	dan	WJGG	WJGG
担	dan	RJGG	RJGG	诞	dan	YTHP	YTHP
眈	dan	HPQN	HPQN	啖	dan	KOOY	KOOY
郸	dan	UJFB	UJFB	弹	dan	XUJF	XUJF
聃	dan	BMFG	BMFG	淡	dan	IOOY	IOOY
殚	dan	GQUF	GQUF	萏	dan	AQVF	AQEF
箪	dan	TUJF	TUJF	蛋	dan	NHJU	NHJ
儋	dan	WQDY	WQDY	氮	dan	RNOO	ROOI
胆	dan	EJGG	EJGG	澹	dan	IQDY	IQDY
dang							
当	dang	IVF	IVF	凼	dang	IBK	IBK
党	dang	IPKQ	IPKQ	宕	dang	PDF	PDF
挡	dang	RIVG	RIVG	档	dang	SIV	SIV
荡	dang	AINR	AINR	菪	dang	APDF	APDF
dao							
刀	dao	VN	VNT	祷	dao	PYDF	PYDF
刂	dao	JHH	JHH	蹈	dao	KHEV	KHEE
忉	dao	NVN	NVT	悼	dao	NHJH	NHJH
氘	dao	RNJ	RJK	道	dao	UTHP	UTHP
导	dao	NFU	NFU	焘	dao	DTFO	DTFO
岛	dao	QYNM	QMK	盗	dao	UQWL	UQWL
倒	dao	WGCJ	WGCJ	纛	dao	GXF	GXHI
de							
得	de	TJGF	TJGF	的	de	RQYY	RQYY
德	de	TFLN	TFLN				
deng							
灯	deng	OSH	OSH	戥	deng	JTGA	JTGA
登	deng	WGKU	WGKU	邓	deng	CBH	CBH

汉字	拼音	86版	98版	汉字	拼音	86版	98版
簦	deng	TWGU	TWGU	凳	deng	WGKM	WGKW
蹬	deng	KHWU	KHWU	嶝	deng	MWGU	MWGU
等	deng	TFFU	TFFU	瞪	deng	HWGU	HWGU
di							
低	di	WQAY	WQAY	嫡	di	VUM	VYUD
堤	di	FJGH	FJGH	氐	di	QAYI	QAYI
嘀	di	KUM	KYUD	底	di	YQA	OQAY
狄	di	QTOY	QTOY	抵	di	RQAY	RQAY
籴	di	TYOU	TYOU	甋	di	MEQY	MEQY
迪	di	MPD	MPD	第	di	TXHT	TXHT
敌	di	TDTY	TDTY	帝	di	UP	YUPH
地	di	FBN	FBN	递	di	UXHP	UXHP
涤	di	ITSY	ITSY	谛	di	YUPH	YYUH
笛	di	TMF	TMF	棣	di	SVIY	SVIY
觌	di	FNUQ	FNUQ	睇	di	HUXT	HUXT
dia							
嗲	dia	KWQ	KWRQ				
dian							
滇	dian	IFHW	IFHW	垫	dian	RVYF	RVYF
癫	dian	UFHM	UFHM	钿	dian	QLG	QLG
典	dian	MAWU	MAWU	恬	dian	NYH	NOHK
点	dian	HKOU	HKOU	淀	dian	IPGH	IPGH
碘	dian	DMAW	DMAW	奠	dian	USGD	USGD
踮	dian	KHYK	KHOK	殿	dian	NAWC	NAWC
电	dian	JNV	JNV	靛	dian	GEPH	GEPH
佃	dian	WLG	WLG	癜	dian	UNAC	UNAC
站	dian	FHKG	FHKG	簟	dian	TSJJ	TSJJ
店	dian	YHK	OHKD				
diao							
刁	diao	NGD	NGD	吊	diao	KMHJ	KMHJ

汉字	拼音	86版	98版	汉字	拼音	86版	98版
叼	diao	KNGG	KNGG	钓	diao	QQYY	QQYY
凋	diao	UMFK	UMFK	调	diao	YMFK	YMFK
貂	diao	EEV	EVKG	掉	diao	RHJH	RHJH
碉	diao	DMFK	DMFK	铞	diao	QKMH	QKMH
雕	diao	MFKY	MFKY				
die							
爹	die	WQQQ	WRQQ	喋	die	KANS	KANS
跌	die	KHR	KHTG	耋	die	FTXF	FTXF
迭	die	RWP	TGPI	叠	die	CCCG	CCCG
垤	die	FGCF	FGCF	牒	die	THGS	THGS
柣	die	RCYW	RCYG	蹀	die	KHAS	KHAS
谍	die	YANS	YANS	鲽	die	QGAS	QGAS
ding							
丁	ding	SGH	SGH	顶	ding	SDMY	SDMY
仃	ding	WSH	WSH	鼎	ding	HNDN	HNDN
叮	ding	KSH	KSH	订	ding	YSH	YSH
钉	ding	QSH	QSH	定	ding	PGHU	PGHU
耵	ding	BSH	BSH	腚	ding	EPGH	EPGH
酊	ding	SGSH	SGSH	锭	ding	QPGH	QPGH
diu							
丢	diu	TFCU	TFCU	铥	diu	QTFC	QTFC
dong							
东	dong	AII	AII	懂	dong	NATF	NATF
冬	dong	TUU	TUU	动	dong	FCL	FCET
咚	dong	KTUY	KTUY	峒	dong	MMGK	MMGK
岽	dong	MAIU	MAIU	栋	dong	SAIY	SAIY
氡	dong	RNTU	RTUI	胨	dong	EAIY	EAIY
鸫	dong	AIQG	AIQG	胴	dong	EMGK	EMGK
董	dong	ATGF	ATGF				

汉字	拼音	86版	98版	汉字	拼音	86版	98版
dou							
都	dou	FTJB	FTJB	陡	dou	BFHY	BFHY
兜	dou	QRNQ	RQNQ	豆	dou	GKUF	GKUF
篼	dou	TQRQ	TRQQ	逗	dou	GKUP	GKUP
斗	dou	UFK	UFK	窦	dou	PWFD	PWFD
抖	dou	RUFH	RUFH				
du							
嘟	du	KFTB	KFTB	笃	du	TCF	TCGF
督	du	HICH	HICH	赌	du	MFTJ	MFTJ
毒	du	GXGU	GXU	芏	du	AFF	AFF
读	du	YFND	YFND	妒	du	VYNT	VYNT
胰	du	THGD	THGD	杜	du	SFG	SFG
犊	du	TRFD	CFND	肚	du	EFG	EFG
黩	du	LFOD	LFOD	度	du	YA	OACI
髑	du	MELJ	MELJ	镀	du	QYA	QOAC
独	du	QTJY	QTJY	蠹	du	GKHJ	GKHJ
duan							
端	duan	UMDJ	UMDJ	缎	duan	XWD	XTHC
短	duan	TDGU	TDGU	锻	duan	QWD	QTHC
段	duan	WDM	THDC	簖	duan	TONR	TONR
断	duan	ONRH	ONRH				
dui							
堆	dui	FWYG	FWYG	怼	dui	CFNU	CFNU
队	dui	BW	BW	碓	dui	DWYG	DWYG
对	dui	CFY	CFY	憝	dui	YBTN	YBTN
兑	dui	UKQB	UKQB	镦	dui	QYBT	QYBT
dun							
吨	dun	KGBN	KGBN	沌	dun	IGBN	IGBN
敦	dun	YBTY	YBTY	炖	dun	OGBN	OGBN

汉字	拼音	86版	98版	汉字	拼音	86版	98版
蹲	dun	KHUF	KHUF	盾	dun	RFHD	RFHD
炖	dun	HGBN	HGBN	钝	dun	QGBN	QGBN
躉	dun	DNK	GQKH	顿	dun	GBNM	GBNM
囤	dun	LGBN	LGBN	遁	dun	RFHP	RFHP
duo							
多	duo	QQU	QQU	垛	duo	FMS	FWSY
咄	duo	KBMH	KBMH	缍	duo	XTGF	XTGF
哆	duo	KQQY	KQQY	剁	duo	MSJ	WSJH
夺	duo	DFU	DFU	洮	duo	ITBN	ITBN
掇	duo	RCC	RCC	堕	duo	BDEF	BDEF
踱	duo	KHYC	KHOC	舵	duo	TEPX	TUPX
朵	duo	MS	WSU	惰	duo	NDAE	NDAE
躲	duo	TMDS	TMDS	跺	duo	KHM	KHWS

汉字	拼音	86版	98版	汉字	拼音	86版	98版
e							
讹	e	YWXN	YWXN	垩	e	GOGF	GOFF
俄	e	WTR	WTRY	恶	e	GOGN	GONU
屙	e	NBSK	NBSK	饿	e	QNT	QNTY
鹅	e	TRNG	TRNG	鄂	e	KKFB	KKFB
蛾	e	JTR	JTRY	阏	e	UYWU	UYWU
莪	e	ATR	ATRY	愕	e	NKKN	NKKN
锇	e	QTRT	QTRY	尊	e	AKKN	AKKN
额	e	PTKM	PTKM	遏	e	JQWP	JQWP
婀	e	VBSK	VBSK	锷	e	QKKN	QKKN
厄	e	DBV	DBV	颚	e	KKFM	KKFM
扼	e	RDBN	RDBN	噩	e	GKKK	GKKK
苊	e	ADBB	ADBB	鳄	e	QGKN	QGKN

汉字	拼音	86版	98版	汉字	拼音	86版	98版
en							
恩	en	LDN	LDN	蒽	en	ALDN	ALDN
嗯	en	KLDN	KLDN	摁	en	RLDN	RLDN
er							
儿	er	QTN	QTN	洱	er	IBG	IBG
而	er	DMJJ	DMJJ	饵	er	QNBG	QNBG
鸸	er	DMJG	DMJG	珥	er	GBG	GBG
鲕	er	QGDJ	QGDJ	铒	er	QBG	QBG
尔	er	QIU	QIU	佴	er	WBG	WBG
耳	er	BGHG	BGHG	贰	er	AFM	AFMY
迩	er	QIPI	QIPI				

F

汉字	拼音	86版	98版	汉字	拼音	86版	98版
fa							
伐	fa	WAT	WAY	阀	fa	UWA	UWAI
发	fa	NTCY	NTCY	筏	fa	TWA	TWAU
乏	fa	TPI	TPU	法	fa	IFCY	IFCY
罚	fa	LYJJ	LYJJ	砝	fa	DFCY	DFCY
垡	fa	WAFF	WAFF				
fan							
帆	fan	MHM	MHWY	蹯	fan	KHTL	KHTL
番	fan	TOLF	TOLF	蘩	fan	ATXI	ATXI
幡	fan	MHTL	MHTL	反	fan	RCI	RCI
翻	fan	TOLN	TOLN	返	fan	RCPI	RCPI
凡	fan	MYI	WYI	犯	fan	QTBN	QTBN
钒	fan	QMYY	QWYY	泛	fan	ITPY	ITPY
烦	fan	ODMY	ODMY	范	fan	AIBB	AIBB
樊	fan	SQQD	SRRD	贩	fan	MRCY	MRCY

汉字	拼音	86版	98版	汉字	拼音	86版	98版
蕃	fan	ATOL	ATOL	畈	fan	LRCY	LRCY
繁	fan	TXGI	TXTI	梵	fan	SSM	SSWY
fang							
匚	fang	AGN	AGN	肪	fang	EYN	EYT
方	fang	YYGN	YYGT	鲂	fang	QGYN	QGYT
邡	fang	YBH	YBH	仿	fang	WYN	WYT
坊	fang	FYN	FYT	访	fang	YYN	YYT
芳	fang	AY	AYR	纺	fang	XYN	XYT
枋	fang	SYN	SYT	舫	fang	TEYN	TUYT
钫	fang	QYN	QYT	放	fang	YTY	YTY
房	fang	YNY	YNYE				
fei							
飞	fei	NUI	NUI	榧	fei	SADD	SAHD
妃	fei	VNN	VNN	翡	fei	DJDN	HDHN
非	fei	DJD	HDHD	篚	fei	TADD	TAH
啡	fei	KDJ	KHDD	吠	fei	KDY	KDY
扉	fei	YNDD	YNHD	废	fei	YNTY	ONTY
鲱	fei	QGDD	QGHD	沸	fei	IXJH	IXJH
肥	fei	ECN	ECN	狒	fei	QTXJ	QTXJ
淝	fei	IEC	IEC	肺	fei	EGMH	EGMH
腓	fei	EDJD	EHDD	费	fei	XJMU	XJMU
匪	fei	ADJD	AHDD	痱	fei	UDJD	UHDD
诽	fei	YDJ	YHDD	镄	fei	QXJM	QXJM
斐	fei	DJDY	HDHY				
fen							
分	fen	WV	WVR	蚡	fen	VNUV	ENUV
吩	fen	KWV	KWVT	粉	fen	OW	OWVT
芬	fen	AWV	AWVR	份	fen	WWV	WWVT
氛	fen	RNW	RWVE	奋	fen	DLF	DLF
玢	fen	GWV	GWVT	忿	fen	WVNU	WVNU

汉字	拼音	86版	98版	汉字	拼音	86版	98版
酚	fen	SGWV	SGWV	偾	fen	WFAM	WFAM
坆	fen	FYY	FYY	粪	fen	OAWU	OAWU
棼	fen	SSWV	SSWV	鲼	fen	QGFM	QGFM
焚	fen	SSOU	SSOU	濆	fen	IOLW	IOLW
feng							
丰	feng	DHK	DHK	蜂	feng	JTDH	JTDH
风	feng	MQI	WRI	鄷	feng	DHDB	MDHB
枫	feng	SMQ	SWRY	冯	feng	UC	UCGG
封	feng	FFFY	FFFY	缝	feng	XTDP	XTDP
疯	feng	UMQ	UWRI	讽	feng	YMQ	YWRY
砜	feng	DMQY	DWRY	凤	feng	MC	WCI
峰	feng	MTDH	MTDH	奉	feng	DWF	DWGJ
葑	feng	AFFF	AFFF	俸	feng	WDWH	WDWG
锋	feng	QTDH	QTDH				
fo							
佛	fo	WXJH	WXJH				
fou							
缶	fou	RMK	TFBK	否	fou	GIK	DHKF
fu							
呋	fu	KFW	KGY	幞	fu	MHO	MHOG
肤	fu	EFW	EGY	蝠	fu	JGKL	JGKL
麸	fu	GQFW	GQGY	黻	fu	OGUC	OIDY
稃	fu	TEBG	TEBG	呒	fu	KFQN	KFQN
跗	fu	KHWF	KHWF	抚	fu	RFQN	RFQN
孵	fu	QYTB	QYTB	甫	fu	GEH	SGHY
敷	fu	GEHT	SYTY	府	fu	YWF	OWFI
伏	fu	WDY	WDY	拊	fu	RWFY	RWFY
凫	fu	QYNM	QWB	斧	fu	WQR	WRRJ
孚	fu	EBF	EBF	俯	fu	WYW	WOWF

汉字	拼音	86版	98版	汉字	拼音	86版	98版
扶	fu	RFW	RGY	辅	fu	LGEY	LSY
芙	fu	AFWU	AGU	腑	fu	EYW	EOWF
苻	fu	AGMH	AGMH	滏	fu	IWQ	IWRU
佛	fu	NXJH	NXJH	腐	fu	YWFW	OWFW
服	fu	EBCY	EBCY	黼	fu	OGUY	OISY
绂	fu	XDCY	XDCY	阝	fu	BNH	BNH
绋	fu	XXJH	XXJH	父	fu	WQU	WRU
荷	fu	AWFU	AWFU	付	fu	WFY	WFY
俘	fu	WEBG	WEBG	讣	fu	YHY	YHY
氟	fu	RNX	RXJK	妇	fu	VVG	VVG
祓	fu	PYDC	PYDY	负	fu	QMU	QMU
罘	fu	LGI	LDHU	咐	fu	KWFY	KWFY
茯	fu	AWDU	AWDU	阜	fu	WNNF	TNFJ
郛	fu	EBBH	EBBH	驸	fu	CWF	CGWF
浮	fu	IEBG	IEBG	复	fu	TJTU	TJTU
砩	fu	DXJH	DXJH	赴	fu	FHHI	FHHI
莩	fu	AEBF	AEBF	副	fu	GKLJ	GKLJ
蚨	fu	JFW	JGY	傅	fu	WGE	WSFY
匐	fu	QGKL	QGKL	富	fu	PGKL	PGKL
桴	fu	SEBG	SEBG	赋	fu	MGA	MGAY
涪	fu	IUKG	IUKG	缚	fu	XGE	XSFY
符	fu	TWFU	TWFU	腹	fu	ETJT	ETJT
艴	fu	XJQC	XJQC	鲋	fu	QGWF	QGWF
菔	fu	AEBC	AEBC	赙	fu	MGE	MSFY
袱	fu	PUWD	PUWD	蝮	fu	JTJT	JTJT
幅	fu	MHGL	MHGL	鳆	fu	QGTT	QGTT
福	fu	PYGL	PYGL	覆	fu	STT	STT
蜉	fu	JEBG	JEBG	馥	fu	TJTT	TJTT
辐	fu	LGKL	LGKL				

G

汉字	拼音	86版	98版	汉字	拼音	86版	98版
ga							
旮	ga	VJF	VJF	尜	ga	EIU	BIU
尴	ga	DNWJ	DNWJ	钆	ga	QNN	QNN
嘎	ga	KDHA	KDHA	尜	ga	IDIU	IDIU
噶	ga	KAJN	KAJN	伽	ga	WLK	WEKG
gai							
丐	gai	GHNV	GHNV	陔	gai	BYNW	BYNW
改	gai	NTY	NTY	溉	gai	IVC	IVAQ
赅	gai	MYNW	MYNW	戤	gai	ECLA	BCLA
该	gai	YYNW	YYNW	概	gai	SVC	SVAQ
盖	gai	UGLF	UGLF				
gan							
杆	gan	SFH	SFH	秆	gan	TFH	TFH
肝	gan	EFH	EFH	敢	gan	NBTY	NBTY
干	gan	FGGH	FGGH	感	gan	DGKN	DGKN
甘	gan	AFD	FGHG	橄	gan	SNBT	SNBT
赶	gan	FHFK	FHFK	擀	gan	RFJF	RFJF
竿	gan	TFJ	TFJ	矸	gan	DFH	DFH
疳	gan	UAF	UFD	绀	gan	XAF	XFG
酐	gan	SGFH	SGFH	淦	gan	IQG	IQG
尴	gan	DNJL	DNJL	赣	gan	UJTM	UJTM
gang							
肛	gang	EAG	EAG	港	gang	IAWN	IAWN
缸	gang	RMA	TFBA	杠	gang	SAG	SAG
刚	gang	MQJ	MRJH	筻	gang	TGJQ	TGJR
纲	gang	XM	XMRY	戆	gang	UJTN	UJTN
罡	gang	LGHF	LGHF				
gao							
高	gao	YMKF	YMKF	篙	gao	TYMK	TYMK

汉字	拼音	86版	98版	汉字	拼音	86版	98版
告	gao	TFKF	TFKF	杲	gao	JSU	JSU
糕	gao	OUGO	OUGO	搞	gao	RYMK	RYMK
稿	gao	TYMK	TYMK	缟	gao	XYMK	XYMK
膏	gao	YPKE	YPKE	镐	gao	QYMK	QYMK
皋	gao	RDFJ	RDFJ	薧	gao	AYMS	AYMS
羔	gao	UGOU	UGOU	诰	gao	YTFK	YTFK
槔	gao	SRDF	SRDF	郜	gao	TFKB	TFKB
睾	gao	TLFF	TLFF	锆	gao	QTFK	QTFK
ge							
个	ge	WHJ	WHJ	膈	ge	EGKH	EGKH
各	ge	TKF	TKF	葛	ge	AJQN	AJQN
哥	ge	SKSK	SKSK	蛤	ge	JWGK	JWGK
纥	ge	XTNN	XTNN	隔	ge	BGKH	BGKH
疙	ge	UTNV	UTNV	塥	ge	FGKH	FGKH
搁	ge	RUTK	RUTK	鸹	ge	RWGR	RWGR
胳	ge	ETKG	ETKG	虼	ge	JTNN	JTNN
鸽	ge	WGKG	WGKG	骼	ge	METK	METK
割	ge	PDHJ	PDHJ	臵	ge	LKSK	EKSK
革	ge	AFJ	AFJ	舸	ge	TES	TUSK
格	ge	STKG	STKG	戈	ge	AGNT	AGNY
袼	ge	PUTK	PUTK	圪	ge	FTNN	FTNN
鬲	ge	GKMH	GKMH	硌	ge	DTKG	DTKG
阁	ge	UTKD	UTKD	铬	ge	QTKG	QTKG
gei							
给	gei	XW	XW				
gen							
根	gen	SVE	SVY	艮	gen	VEI	VNGY
哏	gen	KVE	KVY	茛	gen	AVE	AVU
跟	gen	KHV	KHVY	亘	gen	GJGF	GJGF

汉字	拼音	86版	98版	汉字	拼音	86版	98版
geng							
耕	geng	DIF	FSFJ	梗	geng	SGJQ	SGJR
赓	geng	YVWM	OVWM	鲠	geng	QGGQ	QGGR
羹	geng	UGOD	UGOD	哽	geng	KGJ	KGJR
更	geng	GJQ	GJRI	埂	geng	FGJ	FGJR
庚	geng	YVW	OVWI	绠	geng	XGJ	XGJR
耿	geng	BOY	BOY				
gong							
工	gong	A	A	巩	gong	AMY	AWYY
公	gong	WCU	WCU	汞	gong	AIU	AIU
蚣	gong	JWCY	JWCY	弓	gong	XNG	XNG
躬	gong	TMDX	TMDX	肱	gong	EDCY	EDCY
攻	gong	ATY	ATY	宫	gong	PKKF	PKKF
供	gong	WAWY	WAWY	恭	gong	AWNU	AWNU
龚	gong	DXA	DXYW	拱	gong	RAWY	RAWY
觥	gong	QEIQ	QEIQ	共	gong	AWU	AWU
廾	gong	AGTH	AGTH	贡	gong	AMU	AMU
gou							
钩	gou	QQCY	QQCY	够	gou	QKQQ	QKQQ
勾	gou	QCI	QCI	缑	gou	XWND	XWND
诟	gou	YRGK	YRGK	篝	gou	TFJF	TAMF
购	gou	MQCY	MQCY	鞲	gou	AFFF	AFAF
gu							
估	gu	WDG	WDG	牯	gu	TRDG	CDG
咕	gu	KDG	KDG	骨	gu	MEF	MEF
姑	gu	VDG	VDG	罟	gu	LDF	LDF
菰	gu	ABRY	ABRY	钴	gu	QDG	QDG
蛄	gu	JDG	JDG	蛊	gu	JLF	JLF
孤	gu	BRCY	BRCY	鹄	gu	TFKG	TFKG
沽	gu	IDG	IDG	鼓	gu	FKUC	FKUC

汉字	拼音	86版	98版	汉字	拼音	86版	98版
轱	gu	LDG	LDG	蝦	gu	DNHC	DNHC
鸪	gu	DQYG	DQGG	臌	gu	EFKC	EFKC
菇	gu	AVDF	AVDF	瞽	gu	FKUH	FKUH
股	gu	EMC	EWCY	固	gu	LDD	LDD
觚	gu	QERY	QERY	顾	gu	DBDM	DBDM
酤	gu	SGDG	SGDG	崮	gu	MLDF	MLDF
毂	gu	FPLC	FPLC	梏	gu	STFK	STFK
箍	gu	TRAH	TRAH	牿	gu	TRTK	CTFK
鹘	gu	MEQG	MEQG	雇	gu	YNWY	YNWY
古	gu	DGH	DGH	故	gu	DTY	DTY
汩	gu	IJG	IJG	痼	gu	ULDD	ULDD
诂	gu	YDG	YDG	鲴	gu	QGLD	QGLD
谷	gu	WWKF	WWKF				
gua							
瓜	gua	RCYI	RCYI	鸹	gua	TDQ	TDQG
挂	gua	RFFG	RFFG	剐	gua	KMWJ	KMWJ
褂	gua	PUFH	PUFH	寡	gua	PDEV	PDEV
胍	gua	ERCY	ERCY	卦	gua	FFHY	FFHY
guai							
乖	guai	TFU	TFU	怪	guai	NCFG	NCFG
拐	guai	RKL	RKET				
guan							
关	guan	UDU	UDU	棺	guan	SPN	SPNG
馆	guan	QNPN	QNPN	鳏	guan	QGLI	QGLI
掼	guan	RXF	RXMY	涫	guan	IPN	IPNG
管	guan	TP	TPNF	盥	guan	QGI	EILF
观	guan	CMQN	CMQN	灌	guan	IAKY	IAKY
官	guan	PNH	PNF	鹳	guan	AKKG	AKKG
冠	guan	PFQF	PFQF	罐	guan	RMAY	TFBY

G

汉字	拼音	86版	98版	汉字	拼音	86版	98版
guang							
光	guang	IQ	IGQB	广	guang	YYGT	OYGT
咣	guang	KIQ	KIGQ	犷	guang	QTYT	QTOT
桄	guang	SIQN	SIGQ	逛	guang	QTGP	QTGP
胱	guang	EIQ	EIGQ				
gui							
归	gui	JVG	JVG	瓯	gui	ALVV	ALVV
宄	gui	PVB	PVB	诡	gui	YQDB	YQDB
轨	gui	LVN	LVN	癸	gui	WGDU	WGDU
龟	gui	QJNB	QJNB	鬼	gui	RQCI	RQCI
规	gui	FWMQ	GMQ	柜	gui	SANG	SANG
姒	gui	RRCY	RRCY	炅	gui	JOU	JOU
圭	gui	FFF	FFF	刽	gui	WFCJ	WFCJ
妫	gui	VYL	VYEY	刿	gui	MQJH	MQJH
瑰	gui	GRQC	GRQC	硅	gui	DFFG	DFFG
鲑	gui	QGFF	QGFF	桂	gui	SFFG	SFFG
晷	gui	JTHK	JTHK	闺	gui	UFFD	UFFD
簋	gui	TVEL	TVLF	跪	gui	KHQB	KHQB
庋	gui	YFC	OFCI	鳜	gui	QGDW	QGDW
gun							
衮	gun	UCEU	UCEU	磙	gun	DUCE	DUCE
绲	gun	XJXX	XJXX	鲧	gun	QGTI	QGTI
辊	gun	LJXX	LJXX	棍	gun	SJXX	SJXX
滚	gun	IUCE	IUCE				
guo							
锅	guo	QKM	QKM	蜮	guo	JLGY	JLGY
郭	guo	YBBH	YBBH	帼	guo	MHLY	MHLY
崞	guo	MYBG	MYBG	掴	guo	RLGY	RLGY
聒	guo	BTDG	BTDG	虢	guo	EFHM	EFHW
呙	guo	KMWU	KMWU	馘	guo	UTHG	UTHG

汉字	拼音	86版	98版	汉字	拼音	86版	98版
埚	guo	FKMW	FKMW	过	guo	FPI	FPI
果	guo	JSI	JSI	蜾	guo	JJSY	JJSY
猓	guo	QTJS	QTJS	裹	guo	YJSE	YJSE
椁	guo	SYBG	SYBG				

H

汉字	拼音	86版	98版	汉字	拼音	86版	98版
			ha				
铪	ha	QWGK	QWGK	哈	ha	KWGK	KWGK
			hai				
嗨	hai	KITU	KITX	害	hai	PDHK	PDHK
骸	hai	MEYW	MEYW	胲	hai	EYNW	EYNW
海	hai	ITX	ITXY	醢	hai	SGDL	SGDL
孩	hai	BYNW	BYNW	亥	hai	YNTW	YNTW
骇	hai	CYNW	CGYW	氦	hai	RNYW	RYNW
			han				
含	han	WYNK	WYNK	汉	han	ICY	ICY
鼾	han	THLF	THLF	汗	han	IFH	IFH
邗	han	FBH	FBH	旱	han	JFJ	JFJ
蚶	han	JAF	JFG	悍	han	NJFH	NJFH
酣	han	SGAF	SGFG	捍	han	RJFH	RJFH
憨	han	NBTN	NBTN	菡	han	ABIB	ABIB
邯	han	AFB	FBH	颔	han	WYNM	WYNM
函	han	BIBK	BIBK	撖	han	RNBT	RNBT
晗	han	JWYK	JWYK	憾	han	NDGN	NDGN
寒	han	PFJ	PAWU	撼	han	RDGN	RDGN
韩	han	FJFH	FJFH	翰	han	FJWN	FJWN
罕	han	PWFJ	PWFJ	瀚	han	IFJN	IFJN
喊	han	KDGT	KDGK				

汉字	拼音	86版	98版	汉字	拼音	86版	98版
				hang			
夯	hang	DLB	DER	航	hang	TEY	TUYW
杭	hang	SYM	SYWN	颃	hang	YMDM	YWDM
绗	hang	XTFH	XTGS	沆	hang	IYM	IYWN
				hao			
蒿	hao	AYMK	AYMK	好	hao	VBG	VBG
嚆	hao	KAYK	KAYK	郝	hao	FOBH	FOBH
薅	hao	AVDF	AVDF	号	hao	KGNB	KGNB
蚝	hao	JTF	JEN	昊	hao	JGDU	JGDU
毫	hao	YPT	YPEB	浩	hao	ITFK	ITFK
嗥	hao	KRDF	KRDF	耗	hao	DITN	FSEN
豪	hao	YPEU	YPGE	皓	hao	RTFK	RTFK
嚎	hao	KYPE	KYPE	颢	hao	JYIM	JYIM
壕	hao	FYPE	FYPE	灏	hao	IJYM	IJYM
濠	hao	IYPE	IYPE				
				he			
诃	he	YSKG	YSKG	曷	he	JQWN	JQWN
呵	he	KSKG	KSKG	阂	he	UYNW	UYNW
喝	he	KJQN	KJQN	核	he	SYNW	SYNW
盍	he	FCLF	FCLF	菏	he	AISK	AISK
荷	he	AWSK	AWSK	蚵	he	JSKG	JSKG
涸	he	ILDG	ILDG	颌	he	WGKM	WGKM
盒	he	WGKL	WGKL	貉	he	EETK	ETKG
嗬	he	KAWK	KAWK	阖	he	UFCL	UFCL
禾	he	TTT	TTT	翮	he	GKMN	GKMN
合	he	WGKF	WGKF	贺	he	LKM	EKMU
何	he	WSKG	WSKG	褐	he	PUJN	PUJN
劾	he	YNTL	YNTE	赫	he	FOFO	FOFO
和	he	TKG	TKG	鹤	he	PWYG	PWYG
河	he	ISKG	ISKG	壑	he	HPG	HPGF

汉字	拼音	86版	98版	汉字	拼音	86版	98版
				hei			
黑	hei	LFOU	LFOU	嘿	hei	KLFO	KLFO
				hen			
痕	hen	UVE	UVI	恨	hen	NV	NVY
很	hen	TVE	TVY	狠	hen	QTV	QTVY
				heng			
亨	heng	YBJ	YBJ	珩	heng	GTF	GTGS
哼	heng	KYBH	KYBH	横	heng	SAMW	SAMW
恒	heng	NGJG	NGJG	衡	heng	TQDH	TQDS
桁	heng	STFH	STGS	蘅	heng	ATQH	ATQS
				hong			
红	hong	XAG	XAG	荭	hong	AXAF	AXAF
弘	hong	XCY	XCY	虹	hong	JAG	JAG
訇	hong	QYD	QYD	泓	hong	IXC	IXC
烘	hong	OAWY	OAWY	洪	hong	IAWY	IAWY
薨	hong	ALPX	ALPX	鸿	hong	IAQG	IAQG
轰	hong	LCCU	LCCU	蕻	hong	ADAW	ADAW
哄	hong	KAWY	KAWY	黉	hong	IPAW	IPAW
宏	hong	PDCU	PDCU	讧	hong	YAG	YAG
闳	hong	UDCI	UDCI				
				hou			
侯	hou	WNTD	WNTD	吼	hou	KBNN	KBNN
喉	hou	KWND	KWND	后	hou	RGKD	RGKD
猴	hou	QTWD	QTWD	厚	hou	DJBD	DJB
瘊	hou	UWN	UWN	逅	hou	RGKP	RGKP
篌	hou	TWN	TWN	候	hou	WHND	WHND
糇	hou	OWN	OWN	堠	hou	FWND	FWND
骺	hou	MERK	MERK	鲎	hou	IPQG	IPQG
				hu			
乎	hu	TUH	TUFK	觳	hu	FPGC	FPGC

汉字	拼音	86版	98版	汉字	拼音	86版	98版
虍	hu	HAV	HHGN	虎	hu	HA	HWV
呼	hu	KTU	KTUF	唬	hu	KHAM	KHWN
忽	hu	QRNU	QRNU	琥	hu	GHA	GHWN
唿	hu	KQRN	KQRN	浒	hu	IYTF	IYTF
淴	hu	IHAH	IHTF	互	hu	GX	GXD
囫	hu	LQRE	LQRE	户	hu	YNE	YNE
弧	hu	XRCY	XRCY	冱	hu	UGXG	UGXG
狐	hu	QTRY	QTRY	护	hu	RYNT	RYNT
烀	hu	OTU	OTUF	岵	hu	MDG	MDG
轷	hu	LTUH	LTUF	怙	hu	NDG	NDG
胡	hu	DEG	DEG	戽	hu	YNUF	YNUF
斛	hu	QEUF	QEUF	祜	hu	PYDG	PYDG
湖	hu	IDEG	IDEG	笏	hu	TQR	TQR
鹕	hu	DEQG	DEQG	扈	hu	YNKC	YNKC
槲	hu	SQEF	SQEF	瓠	hu	DFNY	DFNY
糊	hu	ODEG	ODEG	鹱	hu	QYNC	QGAC
醐	hu	SGDE	SGDE				
hua							
画	hua	GL	GLB	猾	hua	QTME	QTME
话	hua	YTDG	YTDG	化	hua	WXN	WXN
哗	hua	KWXF	KWXF	华	hua	WXF	WXF
骅	hua	CWX	CGWF	划	hua	AJH	AJH
铧	hua	QWXF	QWXF	桦	hua	SWXF	SWXF
huai							
徊	huai	TLK	TLK	淮	huai	IWYG	IWYG
槐	huai	SRQ	SRQ	怀	huai	NG	NDHY
踝	huai	KHJS	KHJS				
huan							
还	huan	GIP	DHPI	唤	huan	KQM	KQM
獾	huan	QTAY	QTAY	宦	huan	PAHH	PAHH

汉字	拼音	86版	98版	汉字	拼音	86版	98版
环	huan	GGI	GDHY	换	huan	RQM	RQMD
郇	huan	QJBH	QJBH	浣	huan	IPFQ	IPFQ
洹	huan	IGJG	IGJG	患	huan	KKHN	KKHN
桓	huan	SGJG	SGJG	焕	huan	OQM	OQM
萑	huan	AWYF	AWYF	逭	huan	PNHP	PNPD
锾	huan	QEFC	QEGC	痪	huan	UQMD	UQMD
寰	huan	PLGE	PLGE	豢	huan	UDE	UGGE
缳	huan	XLGE	XLGE	漶	huan	IKKN	IKKN
鬟	huan	DELE	DELE	鲩	huan	QGPQ	QGPQ
缓	huan	XEF	XEGC	擐	huan	RLGE	RLGE
幻	huan	XNN	XNN				
huang							
荒	huang	AYNQ	AYNK	遑	huang	RGPD	RGPD
慌	huang	NAY	NAYK	煌	huang	ORGG	ORGG
肓	huang	YNEF	YNEF	篁	huang	TRGF	TRGF
凰	huang	MRG	WRGD	蝗	huang	JRGG	JRGG
隍	huang	BRGG	BRGG	癀	huang	UAM	UAM
黄	huang	AMWU	AMWU	鳇	huang	QGRG	QGRG
皇	huang	RGF	RGF	恍	huang	NIQ	NIGQ
潢	huang	IAMW	IAMW	晃	huang	JI	JIGQ
璜	huang	GAMW	GAMW	谎	huang	YAY	YAYK
湟	huang	IRGG	IRGG	幌	huang	MHJQ	MHJQ
hui							
灰	hui	DOU	DOU	绘	hui	XWFC	XWFC
恢	hui	NDOY	NDOY	荟	hui	AWFC	AWFC
挥	hui	RPLH	RPLH	贿	hui	MDEG	MDEG
虺	hui	GQJI	GQJI	彗	hui	DHDV	DHDV
晦	hui	JTX	JTXY	恚	hui	FFNU	FFNU
秽	hui	TMQY	TMQY	桧	hui	SWFC	SWFC
哕	hui	KMQY	KMQY	麾	hui	YSSN	OSSE

H

汉字	拼音	86版	98版	汉字	拼音	86版	98版
徽	hui	TMGT	TMGT	喙	hui	KXE	KXEY
隳	hui	BDAN	BDAN	惠	hui	GJHN	GJHN
回	hui	LKD	LKD	缋	hui	XKH	XKHM
蛔	hui	JLKG	JLKG	毁	hui	VA	EAWC
悔	hui	NTX	NTXY	慧	hui	DHDN	DHDN
卉	hui	FAJ	FAJ	蕙	hui	AGJN	AGJN
汇	hui	IAN	IAN	蟪	hui	JGJN	JGJN
hun							
荤	hun	APLJ	APLJ	阍	hun	UQAJ	UQAJ
婚	hun	VQAJ	VQAJ	浑	hun	IPLH	IPLH
馄	hun	QNJX	QNJX	诨	hun	YPL	YPL
魂	hun	FCR	FCR	溷	hun	ILEY	ILGE
huo							
耠	huo	DIW	FSWK	货	huo	WXMU	WXMU
锪	huo	QQRN	QQRN	获	huo	AQTD	AQTD
劐	huo	AWYJ	AWYJ	祸	huo	PYKW	PYKW
豁	huo	PDHK	PDHK	惑	huo	AKGN	AKGN
攉	huo	RFWY	RFWY	霍	huo	FWYF	FWYF
活	huo	ITDG	ITDG	镬	huo	QAWC	QAWC
伙	huo	WOY	WOY	蠖	huo	JAWC	JAWC
夥	huo	JSQQ	JSQQ				

J

汉字	拼音	86版	98版	汉字	拼音	86版	98版
ji							
讥	ji	YMN	YWN	蒺	ji	AUTD	AUTD
击	ji	FMK	GBK	辑	ji	LKBG	LKBG
乩	ji	HKNN	HKNN	瘠	ji	UIWE	UIWE
圾	ji	FE	FBYY	集	ji	WYSU	WYSU
机	ji	SM	SWN	戢	ji	AKBT	AKBY

汉字	拼音	86版	98版	汉字	拼音	86版	98版
肌	ji	EM	EWN	籍	ji	TDIJ	TFSJ
芨	ji	AEY	ABYU	几	ji	MT	WTN
矶	ji	DMN	DWN	虮	ji	JMN	JWN
鸡	ji	CQY	CQGG	挤	ji	RYJ	RYJ
咭	ji	KFKG	KFKG	脊	ji	IWE	IWE
迹	ji	YOP	YOP	掎	ji	RDSK	RDSK
刉	ji	DSKJ	DSKJ	戟	ji	FJA	FJAY
唧	ji	KVCB	KVBH	嵴	ji	MIW	MIW
姬	ji	VAHH	VAHH	麂	ji	YNJM	OXXW
屐	ji	NTFC	NTFC	彐	ji	VNG	VNGG
积	ji	TKWY	TKWY	计	ji	YF	YF
笄	ji	TGAJ	TGAJ	记	ji	YN	YN
基	ji	ADWF	DWFF	伎	ji	WFCY	WFCY
稘	ji	TDNM	TDNM	妓	ji	VFC	VFC
犄	ji	TRD	CDSK	忌	ji	NNU	NNU
缉	ji	XKBG	XKBG	技	ji	RFC	RFC
赍	ji	FWWM	FWWM	芰	ji	AFCU	AFCU
畸	ji	LDSK	LDSK	际	ji	BFIY	BFIY
跻	ji	KHYJ	KHYJ	剂	ji	YJJH	YJJH
箕	ji	TAD	TDWU	季	ji	TB	TBF
畿	ji	XXAL	XXAL	哜	ji	KYJ	KYJ
稽	ji	TDNJ	TDNJ	继	ji	XONN	XONN
齑	ji	YDJJ	YJHG	洎	ji	ITHG	ITHG
激	ji	IRY	IRY	济	ji	IYJH	IYJH
羁	ji	LAF	LAFG	觊	ji	MNMQ	MNMQ
及	ji	EY	BYI	偈	ji	WJQ	WJQ
岌	ji	MEYU	MBYU	寂	ji	PHIC	PHIC
汲	ji	IEY	IBYY	寄	ji	PDS	PDS
即	ji	VCB	VBH	悸	ji	NTBG	NTBG
亟	ji	BKCG	BKCG	祭	ji	WFIU	WFIU

J

汉字	拼音	86版	98版	汉字	拼音	86版	98版
佶	ji	WFKG	WFKG	蓟	ji	AQGJ	AQGJ
急	ji	QVNU	QVNU	暨	ji	VCAG	VAQG
笈	ji	TEYU	TBYU	跽	ji	KHNN	KHNN
疾	ji	UTDI	UTDI	霁	ji	FYJ	FYJJ
戢	ji	KBNT	KBNY	鲚	ji	QGYJ	QGYJ
棘	ji	GMII	SMSM	稷	ji	TLWT	TLWT
殛	ji	GQBG	GQBG	鲫	ji	QGVB	QGVB
嫉	ji	VUTD	VUTD	冀	ji	UXL	UXL
楫	ji	SKBG	SKBG	骥	ji	CUX	CGUW
jia							
加	jia	LK	EKG	镓	jia	QPE	QPGE
夹	jia	GUW	GUDI	岬	jia	MLH	MLH
佳	jia	WFFG	WFFG	郏	jia	GUWB	GUDB
迦	jia	LKP	EKPD	荚	jia	AGUW	AGUD
枷	jia	SLK	SEKG	恝	jia	DHVN	DHVN
浃	jia	IGU	IGUD	戛	jia	DHA	DHAU
珈	jia	GLK	GEKG	铗	jia	QGUW	QGUD
家	jia	PE	PGEU	甲	jia	LHNH	LHNH
跏	jia	KHLK	KHEK	胛	jia	ELH	ELH
嘉	jia	FKUK	FKUK	贾	jia	SMU	SMU
痂	jia	ULKD	UEKD	瘕	jia	UNH	UNHC
袷	jia	PUWK	PUWK	价	jia	WWJ	WWJ
葭	jia	ANHC	ANHC	驾	jia	LKC	EKCG
笳	jia	TLKF	TEKF	假	jia	WNH	WNH
袈	jia	LKY	EKYE	稼	jia	TPE	TPGE
jian							
奸	jian	VFH	VFH	裥	jian	PUUJ	PUUJ
尖	jian	IDU	IDU	锏	jian	QUJG	QUJG
茧	jian	AJU	AJU	简	jian	TUJ	TUJ
捡	jian	RWGI	RWGG	谫	jian	YUE	YUE

汉字	拼音	86版	98版	汉字	拼音	86版	98版
笺	jian	TMQB	TMQB	戬	jian	GOGA	GOJA
减	jian	UDG	UDGK	碱	jian	DDGT	DDGK
剪	jian	UEJV	UEJV	翦	jian	UEJN	UEJN
坚	jian	JCF	JCFF	謇	jian	PFJY	PAWY
笕	jian	TGR	TGAU	蹇	jian	PFJH	PAWH
菅	jian	APNN	APNF	见	jian	MQB	MQB
湔	jian	IUE	IUE	件	jian	WRH	WTGH
犍	jian	TRV	CVGP	建	jian	VFHP	VGPK
缄	jian	XDG	XDGK	饯	jian	QNGT	QNGA
搛	jian	RUVO	RUVW	剑	jian	WGIJ	WGIJ
歼	jian	GQTF	GQTF	牮	jian	WAR	WAYG
肩	jian	YNED	YNED	荐	jian	ADH	ADH
艰	jian	CVEY	CVY	贱	jian	MGT	MGAY
兼	jian	UVO	UVJW	健	jian	WVF	WVGP
监	jian	JTYL	JTYL	涧	jian	IUJG	IUJG
囝	jian	LB	LB	舰	jian	TEMQ	TUMQ
拣	jian	RANW	RANW	渐	jian	IL	ILR
枧	jian	SMQN	SMQN	谏	jian	YGL	YSLG
俭	jian	WWGI	WWGG	楗	jian	SVFP	SVGP
柬	jian	GLI	SLD	溅	jian	IMGT	IMGA
煎	jian	UEJO	UEJO	腱	jian	EVFP	EVGP
缣	jian	XUV	XUVW	践	jian	KHG	KHGA
蒹	jian	AUV	AUVW	鉴	jian	JTYQ	JTYQ
鲣	jian	QGJF	QGJF	键	jian	QVFP	QVGP
鹣	jian	UVOG	UVJG	僭	jian	WAQJ	WAQJ
趼	jian	KHGA	KHGA	槛	jian	SJT	SJT
睑	jian	HWGI	HWGG	踺	jian	KHVP	KHVP
碱	jian	DWGI	DWGG				

jiang							
江	jiang	IAG	IAG	耩	jiang	DIFF	FSAF

J

汉字	拼音	86版	98版	汉字	拼音	86版	98版
姜	jiang	UGV	UGVF	匠	jiang	ARK	ARK
将	jiang	UQF	UQF	礓	jiang	DGLG	DGLG
茳	jiang	AIAF	AIAF	疆	jiang	XFG	XFGG
浆	jiang	UQI	UQI	降	jiang	BT	BTGH
豇	jiang	GKUA	GKUA	绛	jiang	XTAH	XTGH
讲	jiang	YFJH	YFJH	酱	jiang	UQSG	UQSG
奖	jiang	UQDU	UQDU	犟	jiang	XKJH	XKJG
蒋	jiang	AUQF	AUQF	糨	jiang	OXKJ	OXKJ
jiao							
艽	jiao	AVB	AVB	搅	jiao	RIPQ	RIPQ
交	jiao	UQ	URU	湫	jiao	ITOY	ITOY
姣	jiao	VUQ	VURY	剿	jiao	VJSJ	VJSJ
娇	jiao	VTDJ	VTDJ	敫	jiao	RYTY	RYTY
椒	jiao	SHI	SHI	徼	jiao	TRYT	TRYT
焦	jiao	WYO	WYO	峤	jiao	MTDJ	MTDJ
僬	jiao	WWYO	WWYO	轿	jiao	LTD	LTD
鲛	jiao	QGUQ	QGUR	较	jiao	LUQ	LURY
鹪	jiao	WYOG	WYOG	教	jiao	FTBT	FTBT
角	jiao	QEJ	QEJ	窖	jiao	PWTK	PWTK
狡	jiao	QTU	QTUR	酵	jiao	SGFB	SGFB
矫	jiao	TDTJ	TDTJ	噍	jiao	KWYO	KWYO
脚	jiao	EFCB	EFCB	醮	jiao	SGWO	SGWO
铰	jiao	QUQ	QURY				
jie							
阶	jie	BWJ	BWJ	婕	jie	VGVH	VGVH
疖	jie	UBK	UBK	颉	jie	FKD	FKD
皆	jie	XXRF	XXRF	睫	jie	HGV	HGV
接	jie	RUVG	RUVG	截	jie	FAW	FAWY
秸	jie	TFKG	TFKG	竭	jie	UJQN	UJQN
喈	jie	KXXR	KXXR	鲒	jie	QGFK	QGFK

汉字	拼音	86版	98版	汉字	拼音	86版	98版
嗟	jie	KUDA	KUAG	羯	jie	UDJN	UJQN
揭	jie	RJQN	RJQN	解	jie	QEV	QEVG
街	jie	TFFH	TFFS	芥	jie	AWJ	AWJ
节	jie	ABJ	ABJ	届	jie	NMD	NMD
讦	jie	YFH	YFH	界	jie	LWJJ	LWJJ
劫	jie	FCLN	FCET	疥	jie	UWJK	UWJK
杰	jie	SO	SO	诫	jie	YAAH	YAAH
洁	jie	IFKG	IFKG	借	jie	WAJG	WAJG
结	jie	XF	XF	骱	jie	MEWJ	MEWJ
桀	jie	QAHS	QGSU	藉	jie	ADI	AFSJ
jin							
今	jin	WYNB	WYNB	妗	jin	VWYN	VWYN
金	jin	QQQQ	QQQQ	近	jin	RPK	RPK
津	jin	IVFH	IVGH	进	jin	FJPK	FJPK
衿	jin	PUWN	PUWN	荩	jin	ANYU	ANYU
筋	jin	TELB	TEER	晋	jin	GOGJ	GOJF
襟	jin	PUSI	PUSI	浸	jin	IVP	IVP
卺	jin	BIGB	BIGB	烬	jin	ONYU	ONYU
紧	jin	JCX	JCX	赆	jin	MNYU	MNYU
锦	jin	QRM	QRM	缙	jin	XGOJ	XGOJ
廑	jin	YAKG	OAKG	禁	jin	SSFI	SSFI
馑	jin	QNAG	QNAG	靳	jin	AFR	AFR
瑾	jin	GAKG	GAKG	觐	jin	AKGQ	AKGQ
尽	jin	NYU	NYU	噤	jin	KSSI	KSSI
劲	jin	CAL	CAET				
jing							
京	jing	YIU	YIU	儆	jing	WAQT	WAQT
泾	jing	ICA	ICA	憬	jing	NJY	NJY
经	jing	X	X	警	jing	AQKY	AQKY
茎	jing	ACAF	ACAF	净	jing	UQVH	UQVH

汉字	拼音	86版	98版	汉字	拼音	86版	98版
荆	jing	AGAJ	AGAJ	景	jing	JYI	JYI
惊	jing	NYIY	NYIY	弳	jing	XCAG	XCAG
旌	jing	YTTG	YTTG	径	jing	TCAG	TCAG
菁	jing	AGEF	AGEF	迳	jing	CAPD	CAPD
晶	jing	JJJF	JJJF	胫	jing	ECAG	ECAG
腈	jing	EGEG	EGEG	痉	jing	UCAD	UCAD
睛	jing	HG	HG	竞	jing	UKQB	UKQB
粳	jing	OGJ	OGJR	婧	jing	VGEG	VGEG
兢	jing	DQD	DQD	竟	jing	UJQB	UJQB
精	jing	OGEG	OGEG	敬	jing	AQKT	AQKT
鲸	jing	QGYI	QGYI	靓	jing	GEMQ	GEMQ
井	jing	FJK	FJK	靖	jing	UGEG	UGEG
阱	jing	BFJ	BFJ	境	jing	FUJQ	FUJQ
刭	jing	CAJH	CAJH	獍	jing	QTUQ	QTUQ
肼	jing	EFJ	EFJ	静	jing	GEQH	GEQH
颈	jing	CAD	CAD	镜	jing	QUJQ	QUJQ
jiong							
冂	jiong	MHN	MHN	炯	jiong	OMKG	OMKG
扃	jiong	YNMK	YNMK	窘	jiong	PWVK	PWVK
迥	jiong	MKPD	MKPD				
jiu							
纠	jiu	XNHH	XNHH	酒	jiu	ISGG	ISGG
究	jiu	PWVB	PWVB	旧	jiu	HJG	HJG
鸠	jiu	VQYG	VQGG	臼	jiu	VTH	ETHG
赳	jiu	FHNH	FHNH	咎	jiu	THKF	THKF
阄	jiu	UQJN	UQJN	疚	jiu	UQYI	UQYI
啾	jiu	KTOY	KTOY	柩	jiu	SAQY	SAQY
揪	jiu	RTOY	RTOY	柏	jiu	SVG	SEG
鬏	jiu	DETO	DETO	厩	jiu	DVC	DVAQ

汉字	拼音	86版	98版	汉字	拼音	86版	98版
九	jiu	VTN	VTN	救	jiu	FIYT	GIYT
久	jiu	QYI	QYI	就	jiu	YI	YIDY
灸	jiu	QYOU	QYOU	舅	jiu	VL	ELER
玖	jiu	GQYY	GQYY	僦	jiu	WYI	WYIY
韭	jiu	DJDG	HDHG	鹫	jiu	YIDG	YIDG
ju							
居	ju	NDD	NDD	榉	ju	SIW	SIGG
拘	ju	RQKG	RQKG	椐	ju	TDAS	TDAS
狙	ju	QTEG	QTEG	龃	ju	HWBG	HWBG
驹	ju	CQK	CGQK	踽	ju	KHTY	KHTY
疽	ju	UEGD	UEGD	句	ju	QKD	QKD
掬	ju	RQOY	RQOY	巨	ju	AND	AND
椐	ju	SNDG	SNDG	苣	ju	AANF	AANF
琚	ju	GNDG	GNDG	具	ju	HWU	HWU
趄	ju	FHEG	FHEG	炬	ju	OANG	OANG
锔	ju	QNNK	QNNK	钜	ju	QANG	QANG
裾	ju	PUND	PUND	俱	ju	WHWY	WHWY
雎	ju	EGWY	EGWY	倨	ju	WNDG	WNDG
鞠	ju	AFQO	AFQO	剧	ju	NDJH	NDJH
鞫	ju	AFQY	AFQY	距	ju	KHAN	KHAN
局	ju	NNKD	NNKD	惧	ju	TRHW	CHWY
桔	ju	SFKG	SFKG	飓	ju	MQH	WRHW
菊	ju	AQOU	AQOU	锯	ju	QNDG	QNDG
举	ju	IWF	IGWG	窭	ju	PWOV	PWOV
橘	ju	SCBK	SCNK	聚	ju	BCT	BCIU
咀	ju	KEGG	KEGG	屦	ju	NTOV	NTOV
沮	ju	IEG	IEG	遽	ju	HAE	HGEP
矩	ju	TDA	TDA	瞿	ju	HHWY	HHWY
莒	ju	AKKF	AKKF	醵	ju	SGHE	SGHE

汉字	拼音	86版	98版	汉字	拼音	86版	98版
juan							
娟	juan	VKEG	VKEG	粫	juan	UDS	UGSU
捐	juan	RKEG	RKEG	狷	juan	QTKE	QTKE
鹃	juan	KEQG	KEQG	绢	juan	XKE	XKE
镌	juan	QWYE	QWYB	隽	juan	WYEB	WYBR
蠲	juan	UWLJ	UWLJ	眷	juan	UDHF	UGHF
卷	juan	UDBB	UGBB	鄄	juan	SFBH	SFBH
锩	juan	QUDB	QUGB				
jue							
噘	jue	KDUW	KDUW	厥	jue	DUBW	DUBW
撅	jue	RDUW	RDUW	劂	jue	DUBJ	DUBJ
孓	jue	BYI	BYI	谲	jue	YCBK	YCNK
决	jue	UNWY	UNWY	獗	jue	QTDW	QTDW
诀	jue	YNWY	YNWY	噱	jue	KHAE	KHGE
抉	jue	RNWY	RNWY	爵	jue	ELVF	ELVF
珏	jue	GGYY	GGYY	镢	jue	QDUW	QDUW
绝	jue	XQCN	XQCN	蹶	jue	KHDW	KHDW
觉	jue	IPMQ	IPMQ	嚼	jue	KELF	KELF
倔	jue	WNBM	WNBM	矍	jue	HHWC	HHWC
崛	jue	MNBM	MNBM	爝	jue	OELF	OELF
桷	jue	SQEH	SQEH	攫	jue	RHHC	RHHC
觖	jue	QENW	QENW				
jun							
军	jun	PLJ	PLJ	麇	jun	YNJT	OXXT
君	jun	VTKD	VTKF	俊	jun	WCWT	WCWT
钧	jun	QQUG	QQUG	郡	jun	VTKB	VTKB
皲	jun	PLH	PLBY	峻	jun	MCW	MCW
菌	jun	ALTU	ALTU	捃	jun	RVTK	RVTK
筠	jun	TFQU	TFQU	浚	jun	ICWT	ICWT

K

汉字	拼音	86版	98版	汉字	拼音	86版	98版
				ka			
咔	ka	KHHY	KHHY	喀	ka	KPTK	KPTK
咖	ka	KLK	KEKG	卡	ka	HHU	HHU
				kai			
开	kai	GAK	GAK	铠	kai	QMNN	QMNN
揩	kai	RXXR	RXXR	慨	kai	NVC	NVAQ
凯	kai	MNM	MNWN	楷	kai	SXXR	SXXR
垲	kai	FMNN	FMNN	锴	kai	QXXR	QXXR
恺	kai	NMNN	NMNN	忾	kai	NRN	NRN
				kan			
刊	kan	FJH	FJH	侃	kan	WKQ	WKKN
勘	kan	ADWL	DWNE	砍	kan	DQWY	DQWY
龛	kan	WGKX	WGKY	莰	kan	AFQW	AFQW
堪	kan	FAD	FDWN	看	kan	RHF	RHF
戡	kan	ADWA	DWNA	瞰	kan	HNBT	HNBT
坎	kan	FQWY	FQWY				
				kang			
康	kang	YVI	OVII	伉	kang	WYM	WYWN
慷	kang	NYV	NOVI	闶	kang	UYMV	UYWV
糠	kang	OYVI	OOVI	炕	kang	OYM	OYWN
扛	kang	RAG	RAG	钪	kang	QYMN	QYWN
亢	kang	YMB	YWB	抗	kang	RYMN	RYWN
				kao			
尻	kao	NVV	NVV	烤	kao	OFT	OFT
考	kao	FTGN	FTGN	铐	kao	QFTN	QFTN
拷	kao	RFTN	RFTN	犒	kao	TRYK	CYMK
栲	kao	SFTN	SFTN	靠	kao	TFKD	TFKD
				ke			
坷	ke	FSKG	FSKG	壳	ke	FPM	FPWB

汉字	拼音	86版	98版	汉字	拼音	86版	98版
苛	ke	ASKF	ASKF	咳	ke	KYNW	KYNW
柯	ke	SSKG	SSKG	可	ke	SKD	SKD
珂	ke	GSKG	GSKG	岢	ke	MSK	MSK
轲	ke	LSKG	LSKG	渴	ke	IJQ	IJQ
疴	ke	USKD	USKD	克	ke	DQ	DQ
钶	ke	QSKG	QSKG	刻	ke	YNTJ	YNTJ
楔	ke	SJSY	SJSY	客	ke	PTKF	PTKF
颏	ke	YNTM	YNTM	恪	ke	NTKG	NTKG
稞	ke	TJSY	TJSY	课	ke	YJS	YJS
颗	ke	JSDM	JSDM	氪	ke	RNDQ	RDQV
瞌	ke	HFCL	HFCL	骒	ke	CJ	CGJS
磕	ke	DFC	DFC	缂	ke	XAFH	XAFH
蝌	ke	JTU	JTU	嗑	ke	KFCL	KFCL
髁	ke	MEJ	MEJ	溘	ke	IFCL	IFCL
ken							
肯	ken	HE	HE	恳	ken	VENU	VNU
垦	ken	VEF	VFF	啃	ken	KHEG	KHEG
keng							
吭	keng	KYM	KYWN	铿	keng	QJCF	
坑	keng	FYM	FYWN				
kong							
空	kong	PW	PW	孔	kong	BNN	BNN
倥	kong	WPW	WPW	恐	kong	AMYN	AWYN
崆	kong	MPW	MPW	控	kong	RPWA	RPWA
箜	kong	TPWA	TPWA				
kou							
抠	kou	RAQ	RARY	扣	kou	RKG	RKG
芤	kou	ABNB	ABNB	寇	kou	PFQC	PFQC
眍	kou	HAQ	HARY	筘	kou	TRKF	TRKF
口	kou	KKKK	KKKK	蔻	kou	APFC	APFC

汉字	拼音	86版	98版	汉字	拼音	86版	98版
叩	kou	KBH	KBH				
ku							
枯	ku	SD	SDG	库	ku	YLK	OLK
哭	ku	KKDU	KKDU	绔	ku	XDFN	XDFN
堀	ku	FNBM	FNBM	嚳	ku	IPTK	IPTK
窟	ku	PWN	PWN	裤	ku	PUY	PUOL
骷	ku	MEDG	MEDG	酷	ku	SGTK	SGTK
苦	ku	ADF	ADF				
kua							
夸	kua	DFN	DFNB	挎	kua	RDFN	RDFN
侉	kua	WDF	WDF	胯	kua	EDF	EDF
垮	kua	FDFN	FDFN	跨	kua	KHDN	KHDN
kuai							
蒯	kuai	AEEJ	AEEJ	哙	kuai	KWFC	KWFC
块	kuai	FNWY	FNWY	狯	kuai	QTWC	QTWC
快	kuai	NNWY	NNWY	脍	kuai	EWF	EWF
侩	kuai	WWFC	WWFC	筷	kuai	TNNW	TNNW
郐	kuai	WFCB	WFCB				
kuan							
宽	kuan	PAMQ	PAMQ	款	kuan	FFIW	FFIW
髋	kuan	MEPQ	MEPQ				
kuang							
匡	kuang	AGD	AGD	圹	kuang	FYT	FOT
诓	kuang	YAGG	YAGG	纩	kuang	XYT	XOT
哐	kuang	KAG	KAG	况	kuang	UKQ	UKQN
筐	kuang	TAG	TAG	旷	kuang	JYT	JOT
狂	kuang	QTGG	QTGG	矿	kuang	DYT	DOT
诳	kuang	YQT	YQT	贶	kuang	MKQ	MKQ
夼	kuang	DKJ	DKJ	框	kuang	SAGG	SAGG
邝	kuang	YBH	OBH	眶	kuang	HAGG	HAGG

K

汉字	拼音	86版	98版	汉字	拼音	86版	98版
kui							
亏	kui	FNV	FNB	暌	kui	HWGD	HWGD
岿	kui	MJV	MJV	蛱	kui	JDFF	JDFF
悝	kui	NJFG	NJFG	夔	kui	UHT	UTHT
盔	kui	DOL	DOL	傀	kui	WRQ	WRQC
窥	kui	PWFQ	PWGQ	跬	kui	KHFF	KHFF
奎	kui	DFFF	DFFF	匮	kui	AKHM	AKHM
逵	kui	FWFP	FWFP	喟	kui	KLEG	KLEG
馗	kui	VUTH	VUTH	愦	kui	NKHM	NKHM
喹	kui	KDF	KDF	愧	kui	NRQ	NRQ
揆	kui	RWGD	RWGD	溃	kui	IKHM	IKHM
葵	kui	AWG	AWG	蒉	kui	AKHM	AKHM
暌	kui	JWGD	JWGD	馈	kui	QNK	QNK
魁	kui	RQCF	RQCF				
kun							
坤	kun	FJHH	FJHH	鲲	kun	QGJX	QGJX
昆	kun	JXX	JXXB	悃	kun	NLS	NLS
琨	kun	GJX	GJX	捆	kun	RLS	RLS
锟	kun	QJX	QJX	阃	kun	ULSI	ULSI
髡	kun	DEGQ	DEGQ	困	kun	LSI	LSI
醌	kun	SGJX	SGJX				
kuo							
扩	kuo	RY	ROT	蛞	kuo	JTDG	JTDG
括	kuo	RTDG	RTDG	阔	kuo	UIT	UIT
栝	kuo	STDG	STDG	廓	kuo	YYB	OYBB

L

汉字	拼音	86版	98版	汉字	拼音	86版	98版
la							
垃	la	FUG	FUG	喇	la	KGK	KSKJ

汉字	拼音	86版	98版	汉字	拼音	86版	98版
拉	la	RUG	RUG	剌	la	GKIJ	SKJH
啦	la	KRUG	KRUG	腊	la	EAJG	EAJG
邋	la	VLQ	VLRP	蜡	la	JAJ	JAJ
旯	la	JVB	JVB	辣	la	UGK	USKG
砬	la	DUG	DUG				
lai							
来	lai	GO	GUSI	睐	lai	HGO	HGUS
徕	lai	TGO	TGUS	赖	lai	GKIM	SKQM
涞	lai	IGO	IGUS	濑	lai	IGKM	ISKM
莱	lai	AGO	AGUS	癞	lai	UGKM	USKM
铼	lai	QGOY	QGUS	籁	lai	TGKM	TSKM
赉	lai	GOM	GUSM				
lan							
兰	lan	UFF	UDF	篮	lan	TJTL	TJTL
岚	lan	MMQU	MWRU	镧	lan	QUGI	QUSL
拦	lan	RUF	RUDG	览	lan	JTYQ	JTYQ
栏	lan	SUF	SUDG	揽	lan	RJT	RJT
婪	lan	SSV	SSV	缆	lan	XJT	XJT
阑	lan	UGLI	USLD	榄	lan	SJTQ	SJTQ
蓝	lan	AJT	AJT	漤	lan	ISSV	ISSV
谰	lan	YUG	YUSL	懒	lan	NGKM	NSKM
澜	lan	IUGI	IUSL	烂	lan	OUFG	OUDG
褴	lan	PUJL	PUJL	滥	lan	IJTL	IJTL
斓	lan	YUGI	YUSL				
lang							
啷	lang	KYV	KYV	锒	lang	QYVE	QYVY
狼	lang	QTY	QTYV	螂	lang	JYVB	JYVB
莨	lang	AYV	AYVU	朗	lang	YVC	YVEG
廊	lang	YYV	OYVB	阆	lang	UYV	UYVI
琅	lang	GYV	GYVY	浪	lang	IYV	IYVY

汉字	拼音	86版	98版	汉字	拼音	86版	98版
榔	lang	SYVB	SYVB	蒗	lang	AIYE	AIYV
稂	lang	TYV	TYVY				

lao							
捞	lao	RAP	RAPE	佬	lao	WFT	WFT
劳	lao	APL	APER	姥	lao	VFT	VFT
牢	lao	PRH	PTGJ	栳	lao	SFTX	SFTX
唠	lao	KAP	KAPE	铑	lao	QFTX	QFTX
崂	lao	MAP	MAPE	涝	lao	IAP	IAPE
痨	lao	UAPL	UAPE	烙	lao	OTKG	OTKG
铹	lao	QAP	QAPE	耢	lao	DIAL	FSAE
醪	lao	SGNE	SGNE	酪	lao	SGTK	SGTK
老	lao	FTXB	FTXB				

le							
仂	le	WLN	WET	泐	le	IBL	IBET
乐	le	QI	TNII	勒	le	AFLN	AFET
叻	le	KLN	KET	鳓	le	QGAL	QGAE

lei							
雷	lei	FLF	FLF	蕾	lei	AFLF	AFLF
嫘	lei	VLX	VLX	儡	lei	WLL	WLL
缧	lei	XLXI	XLXI	肋	lei	EL	EET
檑	lei	SFL	SFL	泪	lei	IHG	IHG
镭	lei	QFL	QFL	类	lei	ODU	ODU
鑫	lei	YNKY	YEUY	累	lei	LXIU	LXIU
耒	lei	DII	FSI	酹	lei	SGE	SGE
诔	lei	YDIY	YFSY	擂	lei	RFL	RFL
垒	lei	CCCF	CCCF	嘞	lei	KAF	KAFE
磊	lei	DDD	DDD				

leng							
塄	leng	FLY	FLYT	冷	leng	UWYC	UWYC
棱	leng	SFW	SFW	愣	leng	NLY	NLYT

汉字	拼音	86版	98版	汉字	拼音	86版	98版
楞	leng	SL	SLYT				
			li				
厘	li	DJFD	DJFD	立	li	UUUU	UUUU
梨	li	TJSU	TJSU	吏	li	GKQ	GKRI
狸	li	QTJF	QTJF	丽	li	GMY	GMY
离	li	YBM	YRBC	利	li	TJH	TJH
莉	li	ATJ	ATJ	励	li	DDNL	DGQE
骊	li	CG	CGGY	呖	li	KDL	KDET
犁	li	TJR	TJTG	坜	li	FDL	FDET
喱	li	KDJF	KDJF	沥	li	IDL	IDET
鹂	li	GMYG	GMYG	苈	li	ADL	ADER
漓	li	IYBC	IYRC	例	li	WGQJ	WGQJ
缡	li	XYB	XYRC	戾	li	YND	YND
蓠	li	AYBC	AYRC	枥	li	SDL	SDET
蜊	li	JTJ	JTJH	疠	li	UDNV	UGQE
嫠	li	FIT	FTDV	隶	li	VII	VII
璃	li	GYB	GYRC	俐	li	WTJ	WTJ
鲡	li	QGGY	QGGY	俪	li	WGMY	WGMY
黎	li	TQT	TQT	栎	li	SQI	STNI
篱	li	TYB	TYRC	疬	li	UDL	UDEE
罹	li	LNW	LNW	荔	li	ALL	AEEE
藜	li	ATQI	ATQI	轹	li	LQI	LTNI
黧	li	TQTO	TQTO	郦	li	GMYB	GMYB
蠡	li	XEJJ	XEJJ	栗	li	SSU	SSU
礼	li	PYNN	PYNN	猁	li	QTT	QTT
李	li	SBF	SBF	砺	li	DDDN	DDGQ
里	li	JFD	JFD	砾	li	DQI	DTNI
俚	li	WJF	WJF	莅	li	AWUF	AWUF
哩	li	KJF	KJF	唳	li	KYND	KYND
娌	li	VJFG	VJFG	笠	li	TUF	TUF

汉字	拼音	86版	98版	汉字	拼音	86版	98版
逦	li	GMYP	GMYP	粒	li	OUG	OUG
理	li	GJFG	GJFG	粝	li	ODD	ODGQ
锂	li	QJF	QJF	蛎	li	JDD	JDGQ
鲤	li	QGJF	QGJF	傈	li	WSS	WSS
澧	li	IMA	IMA	痢	li	UTJ	UTJ
醴	li	SGMU	SGMU	詈	li	LYF	LYF
鳢	li	QGMU	QGMU	跞	li	KHQI	KHTI
力	li	LT	ENT	雳	li	FDLB	FDER
历	li	DL	DEE	溧	li	ISSY	ISSY
厉	li	DDN	DGQE	篥	li	TSSU	TSSU
lian							
奁	lian	DAQ	DARU	蠊	lian	JYU	JOUW
连	lian	LPK	LPK	敛	lian	WGIT	WGIT
帘	lian	PWM	PWM	琏	lian	GLP	GLP
怜	lian	NWYC	NWYC	脸	lian	EW	EWGG
涟	lian	ILPY	ILPY	裣	lian	PUWI	PUWG
莲	lian	ALPU	ALPU	蔹	lian	AWGT	AWGT
联	lian	BUDY	BUDY	练	lian	XAN	XANW
裢	lian	PUL	PUL	炼	lian	OANW	OANW
廉	lian	YUVO	OUVW	恋	lian	YON	YON
鲢	lian	QGLP	QGLP	殓	lian	GQW	GQWG
濂	lian	IYU	IOUW	链	lian	QLPY	QLPY
臁	lian	EYU	EOUW	楝	lian	SGL	SSLG
镰	lian	QYUO	QOUW	潋	lian	IWGT	IWGT
liang							
良	liang	YV	YVI	两	liang	GMWW	GMWW
凉	liang	UYIY	UYIY	魉	liang	RQCW	RQCW
梁	liang	IVWS	IVWS	亮	liang	YPM	YPWB
椋	liang	SYIY	SYIY	谅	liang	YYIY	YYIY
粮	liang	OYV	OYVY	辆	liang	LGMW	LGMW

汉字	拼音	86版	98版	汉字	拼音	86版	98版
墚	liang	FIVS	FIVS	喨	liang	JYIY	JYIY
踉	liang	KHYE	KHYV	量	liang	JGJF	JGJF
liao							
辽	liao	BPK	BPK	缭	liao	XDUI	XDUI
疗	liao	UBK	UBK	燎	liao	ODUI	ODUI
僚	liao	WDU	WDU	镣	liao	QDUI	QDUI
寥	liao	PNW	PNW	钌	liao	QBH	QBH
廖	liao	YNW	ONWE	蓼	liao	ANW	ANW
嘹	liao	KDUI	KDUI	了	liao	B	B
寮	liao	PDU	PDU	炓	liao	DNQY	DNQY
撩	liao	RDU	RDU	料	liao	OUFH	OUFH
獠	liao	QTDI	QTDI	撂	liao	RLTK	RLTK
lie							
咧	lie	KGQ	KGQJ	烈	lie	GQJO	GQJO
列	lie	GQJH	GQJH	捩	lie	RYND	RYND
劣	lie	ITL	ITER	猎	lie	QTAJ	QTAJ
冽	lie	UGQ	UGQJ	裂	lie	GQJE	GQJE
洌	lie	IGQ	IGQJ	趔	lie	FHGJ	FHGJ
埒	lie	FEFY	FEFY	躐	lie	KHVN	KHVN
lin							
邻	lin	WYCB	WYCB	鳞	lin	QGO	QGOG
林	lin	SS	SS	麟	lin	YNJH	OXXG
临	lin	JTYJ	JTYJ	凛	lin	UYL	UYL
啉	lin	KSSY	KSSY	廪	lin	YYLI	OYLI
淋	lin	ISSY	ISSY	懔	lin	NYL	NYL
琳	lin	GSSY	GSSY	檩	lin	SYLI	SYLI
粼	lin	OQAB	OQGB	吝	lin	YKF	YKF
嶙	lin	MOQ	MOQG	赁	lin	WTFM	WTFM
遴	lin	OQA	OQGP	蔺	lin	AUW	AUW
辚	lin	LO	LOQG	膦	lin	EOQ	EOQG

L

汉字	拼音	86版	98版	汉字	拼音	86版	98版
霖	lin	FSSU	FSSU	蹸	lin	KHAY	KHAY
瞵	lin	HOQ	HOQG	拎	lin	RWYC	RWYC
磷	lin	DOQ	DOQG				
ling							
伶	ling	WWYC	WWYC	绫	ling	XFW	XFW
灵	ling	VOU	VOU	羚	ling	UDWC	UWYC
囹	ling	LWY	LWY	翎	ling	WYCN	WYCN
岭	ling	MWYC	MWYC	聆	ling	BWYC	BWYC
泠	ling	IWYC	IWYC	菱	ling	AFWT	AFWT
苓	ling	AWYC	AWYC	蛉	ling	JWYC	JWYC
柃	ling	SWYC	SWYC	零	ling	FWYC	FWYC
玲	ling	GWY	GWY	龄	ling	HWBC	HWBC
瓴	ling	WYCN	WYCY	酃	ling	FKK	FKK
凌	ling	UFW	UFW	领	ling	WYCM	WYCM
铃	ling	QWYC	QWYC	令	ling	WYCU	WYCU
陵	ling	BFWT	BFWT	另	ling	KL	KER
棂	ling	SVO	SVO	吟	ling	KWYC	KWYC
liu							
溜	liu	IQYL	IQYL	骝	liu	CQYL	CGQL
熘	liu	OQYL	OQYL	榴	liu	SQY	SQY
刘	liu	YJH	YJH	瘤	liu	UQYL	UQYL
浏	liu	IYJH	IYJH	镏	liu	QQYL	QQYL
流	liu	IYC	IYCK	鎏	liu	IYCQ	IYCQ
留	liu	QYVL	QYVL	柳	liu	SQT	SQT
琉	liu	GYC	GYCK	绺	liu	XTHK	XTHK
硫	liu	DYC	DYCK	锍	liu	QYCQ	QYCK
旒	liu	YTYQ	YTYK	六	liu	UY	UY
遛	liu	QYVP	QYVP	鹨	liu	NWEG	NWEG
馏	liu	QNQL	QNQL				

汉字	拼音	86版	98版	汉字	拼音	86版	98版
				long			
龙	long	DX	DXYI	笼	long	TDX	TDXY
咙	long	KDX	KDXY	聋	long	DXB	DXYB
泷	long	IDX	IDXY	隆	long	BTG	BTG
茏	long	ADXB	ADXY	癃	long	UBTG	UBTG
栊	long	SDX	SDXY	窿	long	PWBG	PWBG
珑	long	GDX	GDXY	陇	long	BDX	BDXY
胧	long	EDX	EDXY	垄	long	DXF	DXYF
砻	long	DXD	DXYD	拢	long	RDX	RDXY
				lou			
娄	lou	OVF	OVF	嵝	lou	MOV	MOV
偻	lou	WOV	WOV	搂	lou	ROVG	ROVG
喽	lou	KOV	KOV	篓	lou	TOVF	TOVF
蒌	lou	AOV	AOVF	陋	lou	BGMN	BGMN
楼	lou	SOV	SOV	漏	lou	INFY	INFY
耧	lou	DIO	FSOV	瘘	lou	UOV	UOV
蝼	lou	JOV	JOV	镂	lou	QOVG	QOVG
髅	lou	MEO	MEO	露	lou	FKHK	FKHK
				lu			
噜	lu	KQG	KQGJ	陆	lu	BFM	BGBH
撸	lu	RQG	RQG	录	lu	VIU	VIU
卢	lu	HN	HNR	赂	lu	MTK	MTK
庐	lu	YYNE	OYNE	辂	lu	LTKG	LTKG
芦	lu	AYNR	AYNR	渌	lu	IVI	IVI
垆	lu	FHNT	FHNT	逯	lu	VIPI	VIPI
泸	lu	IHNT	IHNT	鹿	lu	YNJ	OXXV
炉	lu	OYN	OYN	禄	lu	PYV	PYV
栌	lu	SHNT	SHNT	碌	lu	DVI	DVI
胪	lu	EHNT	EHNT	路	lu	KHT	KHT
轳	lu	LHNT	LHNT	漉	lu	IYNX	IOXX

L

汉字	拼音	86版	98版	汉字	拼音	86版	98版
舻	lu	HNQ	HNQ	戮	lu	NWE	NWE
舻	lu	TEH	TUHN	辘	lu	LYN	LOXX
顱	lu	HNDM	HNDM	潞	lu	IKHK	IKHK
鲈	lu	QGHN	QGHN	璐	lu	GKHK	GKHK
卤	lu	HLQ	HLRU	簬	lu	TYNX	TOXX
鲁	lu	QGJ	QGJ	鹭	lu	KHTG	KHTG
橹	lu	SQG	SQG	麓	lu	SSYX	SSOX
镥	lu	QQG	QQG				

lü							
滤	lü	IHA	IHNY	屡	lü	NO	NO
驴	lü	CYN	CGYN	缕	lü	XOV	XOV
闾	lü	UKKD	UKKD	褛	lü	PUO	PUOV
榈	lü	SUK	SUK	履	lü	NTT	NTT
吕	lü	KKF	KKF	律	lü	TVFH	TVGH
侣	lü	WKKG	WKKG	虑	lü	HAN	HNI
旅	lü	YTEY	YTEY	率	lü	YX	YX
稆	lü	TKK	TKK	绿	lü	XV	XVI
铝	lü	QKK	QKK	氯	lü	RNV	RVII

luan							
孪	luan	YOB	YOB	滦	luan	IYOS	IYOS
峦	luan	YOM	YOM	銮	luan	YOQF	YOQF
挛	luan	YOR	YOR	娈	luan	YOV	YOV
栾	luan	YOSU	YOSU	卵	luan	QYTY	QYTY
鸾	luan	YOQG	YOQG	乱	luan	TDN	TDN
脔	luan	YOMW	YOMW				

lüe							
掠	lüe	RYIY	RYIY	圙	lüe	LWDD	LWDF
略	lüe	LTK	LTKG	锊	lüe	QEFY	QEFY

lun							
抡	lun	RWX	RWX	沦	lun	IWX	IWX

汉字	拼音	86版	98版	汉字	拼音	86版	98版
仑	lun	WXB	WXB	纶	lun	XWX	XWX
伦	lun	WWX	WWX	轮	lun	LWX	LWX
囵	lun	LWXV	LWXV	论	lun	YWX	YWX
luo							
罗	luo	LQ	LQ	裸	luo	PUJS	PUJS
猡	luo	QTLQ	QTLQ	蠃	luo	YNKY	YEJY
脶	luo	EKMW	EKMW	泺	luo	IQI	ITNI
萝	luo	ALQ	ALQ	洛	luo	ITK	ITK
逻	luo	LQP	LQP	络	luo	XTK	XTK
椤	luo	SLQ	SLQ	荦	luo	APR	APTG
锣	luo	QLQ	QLQ	骆	luo	CTK	CGTK
箩	luo	TLQU	TLQU	珞	luo	GTK	GTK
骡	luo	CLX	CGLI	落	luo	AITK	AITK
镙	luo	QLX	QLX	摞	luo	RLX	RLX
螺	luo	JLX	JLX	漯	luo	ILX	ILX
倮	luo	WJS	WJS				

M

汉字	拼音	86版	98版	汉字	拼音	86版	98版
ma							
妈	ma	VC	VCGG	蚂	ma	JCG	JCGG
麻	ma	YSS	OSSI	杩	ma	SCG	SCGG
蟆	ma	JAJD	JAJD	骂	ma	KKC	KKCG
马	ma	CN	CG	吗	ma	KCG	KCGG
玛	ma	GCG	GCGG	嘛	ma	KY	KOSS
码	ma	DCG	DCGG				
mai							
埋	mai	FJF	FJF	麦	mai	GTU	GTU
霾	mai	FEEF	FEJF	唛	mai	KGT	KGT
买	mai	NUDU	NUDU	卖	mai	FNUD	FNUD

M

汉字	拼音	86版	98版	汉字	拼音	86版	98版
劢	mai	DNL	GQET	脉	mai	EYNI	EYNI
迈	mai	DNP	GQPE				
man							
颟	man	AGMM	AGMM	蟏	man	JAGW	JAGW
蛮	man	YOJ	YOJ	曼	man	JLC	JLC
馒	man	QNJC	QNJC	幔	man	MHJC	MHJC
瞒	man	HAGW	HAGW	慢	man	NJLC	NJLC
谩	man	YJL	YJL	漫	man	IJLC	IJLC
鞔	man	AFQQ	AFQQ	缦	man	XJLC	XJLC
鳗	man	QGJC	QGJC	蔓	man	AJLC	AJLC
满	man	IAGW	IAGW				
mang							
忙	mang	NYNN	NYNN	硭	mang	DAY	DAY
芒	mang	AYNB	AYNB	莽	mang	ADA	ADA
邙	mang	YNB	YNB	漭	mang	IADA	IADA
盲	mang	YNH	YNH	氓	mang	YNNA	YNNA
茫	mang	AIY	AIY	蟒	mang	JADA	JADA
mao							
猫	mao	QTAL	QTAL	茆	mao	AQTB	AQTB
毛	mao	TFN	ETGN	昴	mao	JQT	JQT
矛	mao	CBTR	CNHT	铆	mao	QQT	QQT
牦	mao	TRTN	CEN	茂	mao	ADN	ADU
茅	mao	ACBT	ACNT	冒	mao	JHF	JHF
旄	mao	YTTN	YTEN	贸	mao	QYV	QYV
锚	mao	QAL	QAL	耄	mao	FTXN	FTXE
髦	mao	DETN	DEEB	袤	mao	YCBE	YCNE
蝥	mao	CBTJ	CNHJ	帽	mao	MHJ	MHJ
蟊	mao	CBTJ	CNHJ	瑁	mao	GJHG	GJHG
卯	mao	QTBH	QTBH	瞀	mao	CBTH	CNHH
峁	mao	MQT	MQT	貌	mao	EERQ	ERQN

汉字	拼音	86版	98版	汉字	拼音	86版	98版
泖	mao	IQTB	IQTB	懋	mao	SCBN	SCNN
me							
么	me	TC	TC				
mei							
没	mei	IM	IWCY	锶	mei	QNH	QNHG
枚	mei	STY	STY	鹛	mei	NHQ	NHQ
玫	mei	GTY	GTY	霉	mei	FTXU	FTXU
眉	mei	NHD	NHD	每	mei	TXG	TXU
莓	mei	ATXU	ATXU	美	mei	UGDU	UGDU
梅	mei	STX	STXY	浼	mei	IQK	IQK
媒	mei	VAF	VFSY	镁	mei	QUG	QUG
嵋	mei	MNH	MNH	妹	mei	VFI	VFY
湄	mei	INH	INH	昧	mei	JFI	JFY
猸	mei	QTNH	QTNH	袂	mei	PUNW	PUNW
楣	mei	SNH	SNH	媚	mei	VNH	VNH
煤	mei	OA	OFSY	寐	mei	PNHI	PUFU
酶	mei	SGTU	SGTX	魅	mei	RQCI	RQCF
men							
门	men	UYH	UYH	焖	men	OUN	OUN
扪	men	RUN	RUN	懑	men	IAGN	IAGN
钔	men	QUN	QUN	们	men	WU	WU
闷	men	UNI	UNI				
meng							
虻	meng	JYNN	JYNN	猛	meng	QTBL	QTBL
萌	meng	AJE	AJE	蒙	meng	APG	APFE
盟	meng	JEL	JEL	锰	meng	QBL	QBL
甍	meng	ALPN	ALPY	艋	meng	TEBL	TUBL
瞢	meng	ALPH	ALPH	蜢	meng	JBLG	JBLG
朦	meng	EAP	EAP	懵	meng	NAL	NAL
檬	meng	SAP	SAP	蠓	meng	JAPE	JAPE

M

汉字	拼音	86版	98版	汉字	拼音	86版	98版
礞	meng	DAP	DAP	孟	meng	BLF	BLF
艨	meng	TEAE	TUAE	梦	meng	SSQ	SSQ
勐	meng	BLL	BLET				
mi							
咪	mi	KOY	KOY	敉	mi	OTY	OTY
弥	mi	XQI	XQI	脒	mi	EOY	EOY
祢	mi	PYQ	PYQI	眯	mi	HO	HOY
迷	mi	OP	OP	汨	mi	IJG	IJG
猕	mi	QTXI	QTXI	宓	mi	PNTR	PNTR
谜	mi	YOPY	YOPY	泌	mi	INT	INT
醚	mi	SGO	SGO	觅	mi	EMQ	EMQ
糜	mi	YSSO	OSSO	秘	mi	TNTT	TNTT
縻	mi	YSSI	OSSI	密	mi	PNT	PNT
麋	mi	YNJO	OXXO	幂	mi	PJD	PJD
靡	mi	YSSD	OSSD	谧	mi	YNTL	YNTL
米	mi	OYTY	OYTY	嘧	mi	KPN	KPN
芈	mi	GJGH	HGHG	蜜	mi	PNTJ	PNTJ
弭	mi	XBG	XBG				
mian							
眠	mian	HNA	HNA	眄	mian	HGH	HGHN
绵	mian	XRMH	XRMH	娩	mian	VQK	VQK
棉	mian	SRM	SRM	冕	mian	JQKQ	JQKQ
免	mian	QKQ	QKQ	沔	mian	IDM	IDLF
沔	mian	IGH	IGH	缅	mian	XDMD	XDLF
黾	mian	KJN	KJN	腼	mian	EDMD	EDLF
勉	mian	QKQL	QKQE	面	mian	DM	DLJF
miao							
喵	miao	KAL	KAL	淼	miao	IIIU	IIIU
苗	miao	ALF	ALF	渺	miao	IHIT	IHIT
描	miao	RAL	RAL	缈	miao	XHI	XHI

汉字	拼音	86版	98版	汉字	拼音	86版	98版
瞄	miao	HAL	HAL	藐	miao	AEEQ	AERQ
鹋	miao	ALQG	ALQG	邈	miao	EERP	ERQP
杪	miao	SIT	SIT	妙	miao	VIT	VIT
眇	miao	HIT	HIT	庙	miao	YMD	OMD
秒	miao	TITT	TITT				
mie							
乜	mie	NNV	NNV	蔑	mie	ALDT	ALAW
咩	mie	KUD	KUH	篾	mie	TLDT	TLAW
灭	mie	GOI	GOI				
min							
民	min	N	N	闵	min	UYI	UYI
岷	min	MNA	MNA	抿	min	RNA	RNA
玟	min	GYY	GYY	泯	min	INA	INA
苠	min	ANA	ANA	闽	min	UJI	UJI
珉	min	GNA	GNA	悯	min	NUY	NUY
缗	min	XNA	XNA	敏	min	TXGT	TXTY
皿	min	LHN	LHN	愍	min	NATN	NATN
ming							
名	ming	QK	QK	溟	ming	IPJU	IPJU
明	ming	JE	JE	暝	ming	HPJ	HPJ
鸣	ming	KQY	KQGG	螟	ming	JPJ	JPJ
茗	ming	AQKF	AQKF	酩	ming	SGQK	SGQK
冥	ming	PJU	PJU	命	ming	WGKB	WGKB
铭	ming	QQK	QQK				
miu							
谬	miu	YNWE	YNWE	缪	miu	XNW	XNW
mo							
摸	mo	RAJD	RAJD	殁	mo	GQMC	GQWC
谟	mo	YAJ	YAJ	沫	mo	IGS	IGS
嫫	mo	VAJD	VAJD	茉	mo	AGS	AGS

M

汉字	拼音	86版	98版	汉字	拼音	86版	98版
馍	mo	QNAD	QNAD	陌	mo	BDJ	BDJ
摹	mo	AJDR	AJDR	秣	mo	TGS	TGSY
模	mo	SAJ	SAJ	莫	mo	AJDU	AJDU
膜	mo	EAJD	EAJD	寞	mo	PAJ	PAJ
麽	mo	YSSC	OSSC	漠	mo	IAJ	IAJ
摩	mo	YSSR	OSSR	蓦	mo	AJDC	AJDG
磨	mo	YSSD	OSSD	貊	mo	EED	EDJG
嬷	mo	VYS	VOSC	墨	mo	LFOF	LFOF
蘑	mo	AYS	AOSD	瘼	mo	UAJD	UAJD
魔	mo	YSSC	OSSC	镆	mo	QAJD	QAJD
抹	mo	RGS	RGS	默	mo	LFOD	LFOD
mou							
哞	mou	KCR	KCTG	眸	mou	HCR	HCTG
牟	mou	CR	CTGJ	谋	mou	YAF	YFSY
侔	mou	WCR	WCTG	鍪	mou	CBTQ	CNHQ
mu							
母	mu	XGU	XNNY	牧	mu	TRT	CTY
毪	mu	TFNH	ECTG	苜	mu	AHF	AHF
亩	mu	YLF	YLF	钼	mu	QHG	QHG
牡	mu	TRFG	CFG	募	mu	AJDL	AJDE
姆	mu	VX	VXY	墓	mu	AJDF	AJDF
拇	mu	RXG	RXY	幕	mu	AJDH	AJDH
木	mu	SSSS	SSSS	睦	mu	HF	HF
仫	mu	WTCY	WTCY	慕	mu	AJDN	AJDN
沐	mu	ISY	ISY	暮	mu	AJDJ	AJDJ
坶	mu	FXG	FXY	穆	mu	TRI	TRI

N

汉字	拼音	86版	98版	汉字	拼音	86版	98版
na							
拿	na	WGKR	WGKR	肭	na	EMW	EMW

汉字	拼音	86版	98版	汉字	拼音	86版	98版
锫	na	QWGR	QWGR	娜	na	VVF	VNGB
哪	na	KV	KNGB	呐	na	KMW	KMW
内	na	MW	MW	衲	na	PUMW	PUMW
那	na	VFB	NGBH	钠	na	QMW	QMW
纳	na	XMW	XMW	捺	na	RDFI	RDFI
nai							
乃	nai	ETN	BNT	奈	nai	DFI	DFI
奶	nai	VE	VBT	柰	nai	SFIU	SFIU
艿	nai	AEB	ABR	耐	nai	DMJF	DMJF
氖	nai	RNE	RBE	萘	nai	ADFI	ADFI
nan							
囡	nan	LVD	LVD	楠	nan	SFM	SFM
男	nan	LL	LER	赧	nan	FOBC	FOBC
南	nan	FM	FM	腩	nan	EFM	EFM
难	nan	CW	CW	蝻	nan	JFM	JFM
喃	nan	KFM	KFM				
nang							
囊	nang	GKH	GKH	曩	nang	JYK	JYK
囔	nang	KGKE	KGKE	攮	nang	RGKE	RGKE
馕	nang	QNGE	QNGE				
nao							
孬	nao	GIV	DHVB	垴	nao	FYBH	FYRB
呶	nao	KVC	KVC	恼	nao	NYB	NYRB
挠	nao	RATQ	RATQ	脑	nao	EYB	EYRB
硇	nao	DTL	DTLR	瑙	nao	GVT	GVTR
铙	nao	QAT	QAT	闹	nao	UYM	UYM
蛲	nao	JATQ	JATQ	淖	nao	IHJ	IHJ
ne							
讷	ne	YMW	YMW	哪	ne	KVFB	KNGB
呢	ne	KNX	KNX				

汉字	拼音	86版	98版	汉字	拼音	86版	98版
nei							
馁	nei	QNE	QNE				
nen							
恁	nen	WTFN	WTFN	嫩	nen	VGK	VSKT
neng							
能	neng	CE	CE				
ni							
妮	ni	VNX	VNX	伲	ni	WNX	WNX
尼	ni	NX	NX	你	ni	WQ	WQ
坭	ni	FNX	FNX	拟	ni	RNY	RNY
怩	ni	NNX	NNX	昵	ni	JNX	JNX
泥	ni	INX	INX	逆	ni	UBTP	UBTP
倪	ni	WVQ	WEQN	匿	ni	AADK	AADK
铌	ni	QNX	QNX	睨	ni	HVQ	HEQN
霓	ni	FVQ	FEQB	腻	ni	EAF	EAFY
鲵	ni	QGVQ	QGEQ	溺	ni	IXU	IXU
nian							
拈	nian	RHKG	RHKG	碾	nian	DNA	DNA
鲇	nian	QGWN	QGWN	廿	nian	AGHG	AGHG
黏	nian	TWIK	TWIK	念	nian	WYNN	WYNN
捻	nian	RWYN	RWYN	埝	nian	FWYN	FWYN
辇	nian	FWFL	GGLJ	蔫	nian	AGHO	AGHO
撵	nian	RFWL	RGGL				
niang							
娘	niang	VYV	VYVY	酿	niang	SGYE	SGYV
niao							
鸟	niao	QYNG	QGD	嬲	niao	LLV	LEVE
茑	niao	AQYG	AQGF	尿	niao	NII	NII
袅	niao	QYNE	QYEU	脲	niao	ENI	ENI

汉字	拼音	86版	98版	汉字	拼音	86版	98版
nie							
捏	nie	RJFG	RJFG	嗫	nie	KBC	KBC
陧	nie	BJF	BJF	镊	nie	QBC	QBC
涅	nie	IJFG	IJFG	镍	nie	QTH	QTHS
聂	nie	BCC	BCC	颞	nie	BCCM	BCCM
臬	nie	THS	THS	蹑	nie	KHB	KHBC
啮	nie	KHWB	KHWB	孽	nie	AWNB	ATNB
nin							
您	nin	WQIN	WQIN				
ning							
宁	ning	PSJ	PSJ	聍	ning	BPS	BPS
咛	ning	KPS	KPS	凝	ning	UXT	UXT
拧	ning	RPS	RPS	佞	ning	WFV	WFV
狞	ning	QTP	QTP	泞	ning	IPS	IPS
柠	ning	SPS	SPS	甯	ning	PNE	PNE
niu							
妞	niu	VNF	VNHG	狃	niu	QTNF	QTNG
忸	niu	NNF	NNHG	纽	niu	XNF	XNHG
扭	niu	RNF	RNHG	钮	niu	QNF	QNHG
nong							
农	nong	PEI	PEI	浓	nong	IPE	IPE
侬	nong	WPE	WPE	脓	nong	EPE	EPE
哝	nong	KPE	KPE				
nu							
奴	nu	VCY	VCY	努	nu	VCL	VCER
孥	nu	VCBF	VCBF	弩	nu	VCX	VCX
驽	nu	VCC	VCCG	怒	nu	VCN	VCN
nü							
女	nü	VVV	VVV	钕	nü	QVG	QVG

汉字	拼音	86版	98版	汉字	拼音	86版	98版
nuan							
暖	nuan	JEF	JEGC				
nüe							
疟	nüe	UAGD	UAGD	虐	nüe	HAA	HAGD
nuo							
挪	nuo	RVF	RNGB	搦	nuo	RXU	RXU
傩	nuo	WCWY	WCWY	锘	nuo	QAD	QAD
诺	nuo	YADK	YADK	懦	nuo	NFDJ	NFDJ
喏	nuo	KADK	KADK	糯	nuo	OFD	OFD

O

汉字	拼音	86版	98版	汉字	拼音	86版	98版
o							
噢	o	KTMD	KTMD	哦	o	KTR	KTRY
ou							
欧	ou	AQQ	ARQW	藕	ou	ADIY	AFSY
殴	ou	AQM	ARWC	沤	ou	IAQ	IARY
瓯	ou	AQGN	ARGY	怄	ou	NAQ	NARY
呕	ou	KAQY	KARY	讴	ou	YAQY	YARY
偶	ou	WJM	WJM	鸥	ou	AQQG	ARQG
耦	ou	DIJ	FSJY				

P

汉字	拼音	86版	98版	汉字	拼音	86版	98版
pa							
趴	pa	KHW	KHW	耙	pa	DIC	FSCN
啪	pa	KRR	KRR	琶	pa	GGCB	GGCB
葩	pa	ARCB	ARCB	筢	pa	TRCB	TRCB
杷	pa	SCN	SCN	帕	pa	MHRG	MHRG
爬	pa	RHYC	RHYC	怕	pa	NRG	NRG

汉字	拼音	86版	98版	汉字	拼音	86版	98版
				pai			
拍	pai	RRG	RRG	哌	pai	KREY	KREY
俳	pai	WDJD	WHDD	派	pai	IREY	IREY
排	pai	RDJ	RHDD	蒎	pai	AIRE	AIRE
牌	pai	THGF	THGF	湃	pai	IRDF	IRDF
				pan			
潘	pan	ITOL	ITOL	判	pan	UDJH	UGJH
攀	pan	SQQ	SRRR	泮	pan	IUF	IUGH
爿	pan	NHDE	UNHT	叛	pan	UDRC	UGRC
盘	pan	TEL	TULF	盼	pan	HWV	HWVT
磐	pan	TEMD	TUWD	畔	pan	LUF	LUGH
蹒	pan	KHAW	KHAW	袢	pan	PUU	PUUG
蟠	pan	JTOL	JTOL	襻	pan	PUSR	PUSR
				pang			
滂	pang	IUP	IYUY	螃	pang	JUP	JYUY
庞	pang	YDX	ODXY	耪	pang	DIUY	FSYY
逄	pang	TAH	TGPK	胖	pang	EUF	EUGH
旁	pang	UPY	YUPY				
				pao			
抛	pao	RVL	RVET	炮	pao	OQNN	OQNN
脬	pao	EEB	EEB	袍	pao	PUQN	PUQN
刨	pao	QNJH	QNJH	匏	pao	DFNN	DFNN
咆	pao	KQN	KQN	跑	pao	KHQ	KHQ
庖	pao	YQN	OQNV	泡	pao	IQN	IQN
狍	pao	QTQN	QTQN	疱	pao	UQN	UQN
				pei			
呸	pei	KGI	KDHG	沛	pei	IGMH	IGMH
胚	pei	EGI	EDHG	佩	pei	WMG	WWGH
醅	pei	SGUK	SGUK	帔	pei	MHHC	MHBY
陪	pei	BUK	BUK	旆	pei	YTGH	YTGH
培	pei	FUK	FUK	霈	pei	FIGH	FIGH

汉字	拼音	86版	98版	汉字	拼音	86版	98版
赔	pei	MUK	MUK	配	pei	SGNN	SGNN
锫	pei	QUKG	QUKG	辔	pei	XLXK	XLXK
裴	pei	DJDE	HDHE				
pen							
喷	pen	KFA	KFA	溢	pen	IWVL	IWVL
盆	pen	WVL	WVL				
peng							
怦	peng	NGU	NGUF	硼	peng	DEE	DEEG
抨	peng	RGUH	RGUF	蓬	peng	ATDP	ATDP
砰	peng	DGU	DGUF	鹏	peng	EEQ	EEQ
烹	peng	YBO	YBO	澎	peng	IFKE	IFKE
嘭	peng	KFKE	KFKE	篷	peng	TTDP	TTDP
朋	peng	EEG	EEG	膨	peng	EFKE	EFKE
堋	peng	FEEG	FEEG	蟛	peng	JFKE	JFKE
彭	peng	FKUE	FKUE	捧	peng	RDW	RDWG
棚	peng	SEE	SEE	碰	peng	DUOG	DUOG
pi							
丕	pi	GIGF	DHGD	坯	pi	FRTF	FRTF
批	pi	RXXN	RXXN	琵	pi	GGXX	GGXX
纰	pi	XXXN	XXXN	脾	pi	ERT	ERT
邳	pi	GIGB	DHGB	罴	pi	LFCO	LFCO
披	pi	RHC	RBY	蜱	pi	JRT	JRT
砒	pi	DXX	DXXN	貔	pi	EETX	ETLX
铍	pi	QHC	QBY	匹	pi	AQV	AQV
劈	pi	NKUV	NKUV	庀	pi	YXV	OXV
噼	pi	KNK	KNK	仳	pi	WXX	WXXN
霹	pi	FNK	FNK	圮	pi	FNN	FNN
皮	pi	HC	BNTY	痞	pi	UGI	UDHK
芘	pi	AXXB	AXXB	擗	pi	RNKU	RNKU
枇	pi	SXXN	SXXN	癖	pi	UNKU	UNKU

汉字	拼音	86版	98版	汉字	拼音	86版	98版
毗	pi	LXX	LXX	屁	pi	NXXV	NXXV
疲	pi	UHC	UBI	淠	pi	ILGJ	ILGJ
蚍	pi	JXXN	JXXN	媲	pi	VTL	VTL
郫	pi	RTFB	RTFB	睥	pi	HR	HR
陴	pi	BRT	BRT	僻	pi	WNK	WNK
啤	pi	KRTF	KRTF				
pian							
片	pian	THG	THG	骈	pian	CUA	CGUA
偏	pian	WYNA	WYNA	胖	pian	EUA	EUA
编	pian	TRYA	CYNA	蹁	pian	KHYA	KHYA
篇	pian	TYNA	TYNA	谝	pian	YYNA	YYNA
翩	pian	YNMN	YNMN	骗	pian	CYNA	CGYA
piao							
剽	piao	SFIJ	SFIJ	瓢	piao	SFIY	SFIY
漂	piao	ISFI	ISFI	殍	piao	GQEB	GQEB
缥	piao	XSFI	XSFI	瞟	piao	HSF	HSF
飘	piao	SFIQ	SFIR	票	piao	SFIU	SFIU
螵	piao	JSF	JSF	嘌	piao	KSF	KSF
嫖	piao	VSF	VSF				
pie							
氕	pie	RNTR	RTE	瞥	pie	UMIH	ITHF
撇	pie	RUMT	RITY	苤	pie	AGI	ADHG
pin							
姘	pin	VUA	VUA	品	pin	KKK	KKK
拼	pin	RUA	RUA	榀	pin	SKK	SKK
贫	pin	WVM	WVM	牝	pin	TRX	CXN
嫔	pin	VPR	VPR	娉	pin	VMGN	VMGN
频	pin	HID	HHDM	聘	pin	BMGN	BMGN
颦	pin	HIDF	HHDF				
ping							
乒	ping	RGT	RTR	苹	ping	AGU	AGUF

汉字	拼音	86版	98版	汉字	拼音	86版	98版
傅	ping	WMGN	WMGN	屏	ping	NUA	NUA
平	ping	GU	GUFK	枰	ping	SGU	SGUF
评	ping	YGU	YGUF	瓶	ping	UAG	UAGY
凭	ping	WTFM	WTFW	萍	ping	AIGH	AIGF
坪	ping	FGU	FGUF	鲆	ping	QGG	QGGF
po							
钋	po	QHY	QHY	钷	po	QAK	QAK
坡	po	FHC	FBY	笸	po	TAKF	TAKF
泼	po	INTY	INTY	迫	po	RPD	RPD
颇	po	HCD	BDMY	珀	po	GRG	GRG
婆	po	IHCV	IBVF	破	po	DHC	DBY
鄱	po	TOLB	TOLB	粕	po	ORG	ORG
嶓	po	RTOL	RTOL	魄	po	RRQC	RRQC
叵	po	AKD	AKD				
pou							
剖	pou	UKJ	UKJ	裒	pou	YVEU	YEEU
抔	pou	RGIY	RDHY	掊	pou	RUKG	RUKG
pu							
仆	pu	WHY	WHY	镤	pu	QOG	QOUG
攵	pu	TTGY	TTGY	朴	pu	SHY	SHY
扑	pu	RHY	RHY	圃	pu	LGEY	LSI
铺	pu	QGE	QSY	埔	pu	FGEY	FSY
噗	pu	KOG	KOUG	浦	pu	IGEY	ISY
匍	pu	QGEY	QSI	普	pu	UO	UOJF
莆	pu	AGE	ASU	溥	pu	IGEF	ISFY
菩	pu	AUK	AUK	谱	pu	YUO	YUO
葡	pu	AQG	AQSU	蹼	pu	KHO	KHOG
蒲	pu	AIGY	AISU	瀑	pu	IJA	IJA
璞	pu	GOGY	GOUG	曝	pu	JJA	JJA
濮	pu	IWO	IWOG				

汉字	拼音	86版	98版	汉字	拼音	86版	98版
				qi			
七	qi	AG	AG	琦	qi	GDSK	GDSK
沏	qi	IAV	IAVT	琪	qi	GAD	GDWY
妻	qi	GVHV	GVHV	祺	qi	PYA	PYDW
柒	qi	IAS	IAS	蛴	qi	JYJH	JYJH
凄	qi	UGVV	UGVV	旗	qi	YTA	YTDW
栖	qi	SSG	SSG	綦	qi	ADWI	DWXI
桤	qi	SMNN	SMNN	蜞	qi	JAD	JDWY
戚	qi	DHI	DHII	蕲	qi	AUJR	AUJR
萋	qi	AGVV	AGVV	鳍	qi	QGFJ	QGFJ
期	qi	ADWE	DWEG	麒	qi	YNJW	OXXW
欺	qi	ADWW	DWQW	乞	qi	TNB	TNB
嘁	qi	KDHT	KDHI	企	qi	WHF	WHF
槭	qi	SDHT	SDHI	屺	qi	MNN	MNN
漆	qi	ISW	ISW	岂	qi	MN	MN
蹊	qi	KHED	KHED	芑	qi	ANB	ANB
亓	qi	FJJ	FJJ	启	qi	YNK	YNK
祁	qi	PYB	PYB	杞	qi	SNN	SNN
齐	qi	YJJ	YJJ	起	qi	FHN	FHN
圻	qi	FRH	FRH	绮	qi	XDS	XDS
岐	qi	MFC	MFC	綮	qi	YNTI	YNTI
芪	qi	AQA	AQA	气	qi	RNB	RTGN
其	qi	ADW	DWU	讫	qi	YTNN	YTNN
奇	qi	DSKF	DSKF	汔	qi	ITNN	ITNN
歧	qi	HFC	HFC	迄	qi	TNPV	TNPV
祈	qi	PYR	PYR	弃	qi	YCA	YCA
耆	qi	FTXJ	FTXJ	汽	qi	IRN	IRN
脐	qi	EYJ	EYJ	泣	qi	IUG	IUG
颀	qi	RDMY	RDMY	契	qi	DHV	DHV

汉字	拼音	86版	98版	汉字	拼音	86版	98版
崎	qi	MDS	MDS	砌	qi	DAV	DAVT
淇	qi	IADW	IDWY	芪	qi	AYJJ	AYJJ
畦	qi	LFF	LFF	葺	qi	AKBF	AKBF
其	qi	AADW	ADWU	碛	qi	DGM	DGM
骐	qi	CADW	CGDW	器	qi	KKD	KKD
骑	qi	CDS	CGDK	憩	qi	TDTN	TDTN
棋	qi	SAD	SDWY				
qia							
掐	qia	RQV	RQEG	恰	qia	NWGK	NWGK
葜	qia	ADHD	ADHD	髂	qia	MEPK	MEPK
洽	qia	IWG	IWG				
qian							
千	qian	TFK	TFK	钳	qian	QAF	QFG
仟	qian	WTFH	WTFH	乾	qian	FJTN	FJTN
阡	qian	BTF	BTF	掮	qian	RYNE	RYNE
扦	qian	RTFH	RTFH	箝	qian	TRAF	TRFF
芊	qian	ATFJ	ATFJ	潜	qian	IFW	IGGJ
迁	qian	TFPK	TFPK	黔	qian	LFON	LFON
佥	qian	WGIF	WGIG	浅	qian	IGT	IGAY
岍	qian	MGAH	MGAH	欧	qian	EQW	EQW
钎	qian	QTFH	QTFH	慊	qian	NUV	NUV
牵	qian	DPR	DPTG	遣	qian	KHGP	KHGP
悭	qian	NJC	NJC	谴	qian	YKHP	YKHP
铅	qian	QMK	QWKG	缱	qian	XKHP	XKHP
谦	qian	YUV	YUVW	欠	qian	QW	QW
愆	qian	TIFN	TIGN	芡	qian	AQW	AQW
签	qian	TWGI	TWGG	茜	qian	ASF	ASF
骞	qian	PFJC	PAWG	倩	qian	WGEG	WGEG
搴	qian	PFJR	PAWR	堑	qian	LRF	LRF
前	qian	UEJJ	UEJJ	嵌	qian	MAF	MFQW

汉字	拼音	86版	98版	汉字	拼音	86版	98版
荨	qian	AVF	AVF	椠	qian	LRS	LRS
钤	qian	QWYN	QWYN	歉	qian	UVOW	UVJW
虔	qian	HAY	HYI				
qiang							
呛	qiang	KWB	KWB	强	qiang	XKJY	XKJY
羌	qiang	UDNB	UNV	墙	qiang	FFUK	FFUK
戕	qiang	NHDA	UAY	嫱	qiang	VFUK	VFUK
戗	qiang	WBA	WBAY	蔷	qiang	AFU	AFU
枪	qiang	SWB	SWB	樯	qiang	SFU	SFU
腔	qiang	EPW	EPW	抢	qiang	RWB	RWB
蜣	qiang	JUDN	JUNN	羟	qiang	UDCA	UCAG
锖	qiang	QGEG	QGEG	襁	qiang	PUXJ	PUXJ
锵	qiang	QUQF	QUQF	炝	qiang	OWB	OWB
镪	qiang	QXK	QXK	跄	qiang	KHWB	KHWB
qiao							
悄	qiao	NI	NIE	鞒	qiao	AFTJ	AFTJ
硗	qiao	DAT	DAT	樵	qiao	SWYO	SWYO
跷	qiao	KHAQ	KHAQ	瞧	qiao	HWY	HWY
敲	qiao	YMKC	YMKC	巧	qiao	AGNN	AGNN
锹	qiao	QTOY	QTOY	愀	qiao	NTOY	NTOY
橇	qiao	STFN	SEEE	俏	qiao	WIE	WIE
乔	qiao	TDJ	TDJ	诮	qiao	YIEG	YIEG
侨	qiao	WTD	WTD	峭	qiao	MIEG	MIEG
荞	qiao	ATDJ	ATDJ	鞘	qiao	AFIE	AFIE
桥	qiao	STDJ	STDJ	窍	qiao	PWAN	PWAN
谯	qiao	YWYO	YWYO	翘	qiao	ATGN	ATGN
憔	qiao	NWYO	NWYO	撬	qiao	RTFN	REEE
qie							
切	qie	AV	AVT	窃	qie	PWAV	PWAV
茄	qie	ALKF	AEKF	挈	qie	DHVR	DHVR

汉字	拼音	86版	98版	汉字	拼音	86版	98版
且	qie	EGD	EGD	慊	qie	NAG	NAGD
妾	qie	UVF	UVF	箧	qie	TAGW	TAGD
怯	qie	NFCY	NFCY	锲	qie	QDH	QDH
qin							
亲	qin	USU	USU	嗪	qin	KDWT	KDWT
侵	qin	WVPC	WVPC	溱	qin	IDWT	IDWT
钦	qin	QQWY	QQWY	噙	qin	KWYC	KWYC
衾	qin	WYNE	WYNE	擒	qin	RWYC	RWYC
芩	qin	AWYN	AWYN	檎	qin	SWYC	SWYC
芹	qin	ARJ	ARJ	蠄	qin	JDWT	JDWT
秦	qin	DWT	DWT	锓	qin	QVP	QVP
琴	qin	GGW	GGW	寝	qin	PUVC	PUVC
禽	qin	WYB	WYRC	沁	qin	INY	INY
勤	qin	AKGL	AKGE	揿	qin	RQQW	RQQW
qing							
青	qing	GEF	GEF	氰	qing	RNGE	RGED
氢	qing	RNC	RCAD	擎	qing	AQKR	AQKR
轻	qing	LCAG	LCAG	黥	qing	LFOI	LFOI
倾	qing	WXD	WXD	苘	qing	AMK	AMK
卿	qing	QTVB	QTVB	顷	qing	XDM	XDM
圊	qing	LGED	LGED	请	qing	YGE	YGE
清	qing	IGE	IGE	謦	qing	FNMY	FNWY
蜻	qing	JGEG	JGEG	庆	qing	YD	ODI
鲭	qing	QGGE	QGGE	箐	qing	TGEF	TGEF
情	qing	NGEG	NGEG	磬	qing	FNMD	FNWD
晴	qing	JGEG	JGEG	馨	qing	FNMM	FNWB
qiong							
邛	qiong	AMYH	AWYH	茕	qiong	APNF	APNF
銎	qiong	AMYQ	AWYQ	筇	qiong	TABJ	TABJ
邛	qiong	ABH	ABH	琼	qiong	GYIY	GYIY

汉字	拼音	86版	98版	汉字	拼音	86版	98版
穷	qiong	PWL	PWER	蛩	qiong	AMYJ	AWYJ
穹	qiong	PWX	PWX				
qiu							
丘	qiu	RGD	RTHG	泅	qiu	ILW	ILW
邱	qiu	RGB	RBH	俅	qiu	WFIY	WGIY
秋	qiu	TOY	TOY	酋	qiu	USGF	USGF
蚯	qiu	JRGG	JRG	逑	qiu	FIYP	GIYP
楸	qiu	STOY	STOY	球	qiu	GFI	GGIY
鳅	qiu	QGTO	QGTO	赇	qiu	MFI	MGIY
囚	qiu	LWI	LWI	巯	qiu	CAY	CAYK
犰	qiu	QTVN	QTVN	遒	qiu	USGP	USGP
求	qiu	FIY	GIYI	裘	qiu	FIYE	GIYE
虬	qiu	JNN	JNN	糗	qiu	OTHD	OTHD
qu							
区	qu	AQ	ARI	鸲	qu	QKQG	QKQG
曲	qu	MA	MA	渠	qu	IANS	IANS
岖	qu	MAQ	MARY	蕖	qu	AIAS	AIAS
诎	qu	YBMH	YBMH	磲	qu	DIAS	DIAS
驱	qu	CAQ	CGAR	氍	qu	HHWN	HHWE
屈	qu	NBMK	NBMK	瘸	qu	UHHY	UHHY
祛	qu	PYFC	PYFC	衢	qu	THHH	THHS
蛆	qu	JEGG	JEGG	蠼	qu	JHHC	JHHC
躯	qu	TMDQ	TMDR	取	qu	BCY	BCY
蛐	qu	JMA	JMA	娶	qu	BCV	BCV
趋	qu	FHQV	FHQV	龋	qu	HWBY	HWBY
麹	qu	FWWO	SWWO	去	qu	FCU	FCU
黢	qu	LFOT	LFOT	阒	qu	UHD	UHDI
劬	qu	QKL	QKET	觑	qu	HAOQ	HOMQ
胸	qu	EQKG	EQKG	趣	qu	FHBC	FHBC

汉字	拼音	86版	98版	汉字	拼音	86版	98版
				quan			
悛	quan	NCW	NCW	铨	quan	QWGG	QWGG
圈	quan	LUD	LUGB	筌	quan	TWGF	TWGF
全	quan	WGF	WGF	蜷	quan	JUDB	JUGB
权	quan	SCY	SCY	醛	quan	SGAG	SGAG
诠	quan	YWGG	YWGG	犬	quan	DGTY	DGTY
泉	quan	RIU	RIU	畎	quan	LDY	LDY
荃	quan	AWGF	AWGF	绻	quan	XUDB	XUGB
拳	quan	UDR	UGRJ	劝	quan	CL	CET
辁	quan	LWGG	LWGG	券	quan	UDV	UGVR
痊	quan	UWG	UWG				
				que			
炔	que	ONW	ONW	确	que	DQE	DQE
缺	que	RMN	TFBW	阕	que	UWGD	UWGD
瘸	que	ULKW	UEKW	阙	que	UUBW	UUBW
却	que	FCB	FCB	鹊	que	AJQG	AJQG
悫	que	FPMN	FPWN	榷	que	SPWY	SPWY
雀	que	IWYF	IWYF				
				qun			
逡	qun	CWTP	CWTP	群	qun	VTK	VTKU
裙	qun	PUVK	PUVK				

R

汉字	拼音	86版	98版	汉字	拼音	86版	98版
				ran			
蚺	ran	JMFG	JMFG	冉	ran	MFD	MFD
然	ran	QDOU	QDOU	苒	ran	AMF	AMF
髯	ran	DEMF	DEMF	染	ran	IVSU	IVSU
燃	ran	OQDO	OQDO				

汉字	拼音	86版	98版	汉字	拼音	86版	98版
rang							
禳	rang	PYYE	PYYE	壤	rang	FYKE	FYKE
瓤	rang	YKKY	YKKY	攘	rang	RYKE	RYKE
穰	rang	TYKE	TYKE	让	rang	YHG	YHG
嚷	rang	KYKE	KYKE				
rao							
荛	rao	AATQ	AATQ	扰	rao	RDN	RDNY
饶	rao	QNAQ	QNAQ	娆	rao	VATQ	VATQ
桡	rao	SATQ	SATQ	绕	rao	XATQ	XATQ
re							
惹	re	ADKN	ADKN	热	re	RVYO	RVYO
ren							
人	ren	WWWW	WWWW	仞	ren	WVY	WVY
亻	ren	WTH	WTH	任	ren	WTF	WTF
仁	ren	WFG	WFG	纴	ren	XVYY	XVYY
壬	ren	TFD	TFD	妊	ren	VTFG	VTFG
忍	ren	VYNU	VYNU	轫	ren	LVYY	LVYY
荏	ren	AWTF	AWTF	韧	ren	FNHY	FNHY
稔	ren	TWYN	TWYN	饪	ren	QNTF	QNTF
刃	ren	VYI	VYI	衽	ren	PUTF	PUTF
认	ren	YW	YW				
reng							
扔	reng	RE	RBT	礽	reng	PYEN	PYBT
仍	reng	WE	WBT				
ri							
日	ri	JJJJ	JJJJ	驲	ri	CJG	CGJG
rong							
戎	rong	ADE	ADE	溶	rong	IPWK	IPWK
肜	rong	EET	EET	蓉	rong	APWK	APWK
狨	rong	QTAD	QTAD	榕	rong	SPWK	SPWK

R

汉字	拼音	86版	98版	汉字	拼音	86版	98版
绒	rong	XAD	XAD	熔	rong	OPWK	OPWK
茸	rong	ABF	ABF	蝾	rong	JAPS	JAPS
荣	rong	APSU	APSU	融	rong	GKM	GKM
容	rong	PWW	PWWK	冗	rong	PMB	PWB
嵘	rong	MAPS	MAPS				
rou							
柔	rou	CBTS	CNHS	蹂	rou	KHCS	KHCS
揉	rou	RCBS	RCNS	鞣	rou	AFCS	AFCS
糅	rou	OCB	OCNS	肉	rou	MWW	MWW
ru							
如	ru	VKG	VKG	颥	ru	FDMM	FDMM
茹	ru	AVKF	AVKF	汝	ru	IVG	IVG
铷	ru	QVKG	QVKG	乳	ru	EBN	EBN
儒	ru	WFDJ	WFDJ	辱	ru	DFEF	DFEF
嚅	ru	KFDJ	KFDJ	入	ru	TYI	TYI
孺	ru	BFDJ	BFDJ	洳	ru	IVKG	IVKG
濡	ru	IFDJ	IFDJ	溽	ru	IDFF	IDFF
薷	ru	AFDJ	AFDJ	缛	ru	XDFF	XDFF
襦	ru	PUFJ	PUFJ	褥	ru	PUDF	PUDF
蠕	ru	JFDJ	JFDJ				
ruan							
阮	ruan	BFQ	BFQ	软	ruan	LQW	LQW
朊	ruan	EFQ	EFQ				
rui							
蕤	rui	AETG	AGEG	蚋	rui	JMWY	JMWY
蕊	rui	ANNN	ANNN	锐	rui	QUKQ	QUKQ
芮	rui	AMWU	AMWU	瑞	rui	GMDJ	GMDJ
枘	rui	SMWY	SMWY	睿	rui	HPGH	HPGH
run							
闰	run	UGD	UGD	润	run	IUGG	IUGG

汉字	拼音	86版	98版	汉字	拼音	86版	98版
			ruo				
若	ruo	ADKF	ADKF	弱	ruo	XUXU	XUXU
偌	ruo	WADK	WADK	箬	ruo	TADK	TADK

S

汉字	拼音	86版	98版	汉字	拼音	86版	98版
			sa				
仨	sa	WDG	WDG	飒	sa	UMQY	UWRY
撒	sa	RAET	RAET	脎	sa	EQS	ERSY
洒	sa	ISG	ISG	萨	sa	ABUT	ABUT
卅	sa	GKK	GKK				
			sai				
塞	sai	PFJF	PAWF	鳃	sai	QGLN	QGLN
腮	sai	ELNY	ELNY	赛	sai	PFJM	PAWM
噻	sai	KPF	KPAF				
			san				
三	san	DG	DG	散	san	AETY	AETY
叁	san	CDD	CDD	糁	san	OCDE	OCDE
毵	san	CDEN	CDEE	馓	san	QNAT	QNAT
伞	san	WUH	WUFJ				
			sang				
桑	sang	CCCS	CCCS	丧	sang	FUEU	FUEU
			sao				
搔	sao	RCYJ	RCYJ	扫	sao	RVG	RVG
骚	sao	CCYJ	CGCJ	嫂	sao	VVH	VEHC
缫	sao	XVJS	XVJS	埽	sao	FVPH	FVPH
臊	sao	EKKS	EKKS	瘙	sao	UCYJ	UCYJ
鳋	sao	QGCJ	QGCJ				
			se				
色	se	QCB	QCB	铯	se	QQCN	QQCN

汉字	拼音	86版	98版	汉字	拼音	86版	98版
涩	se	IVYH	IVYH	瑟	se	GGN	GGN
嗇	se	FULK	FULK	穑	se	TFUK	TFUK
sen							
森	sen	SSS	SSS				
seng							
僧	seng	WULJ	WULJ				
sha							
杀	sha	QSU	RSU	裟	sha	IITE	IITE
沙	sha	IIT	IIT	鲨	sha	IITG	IITG
纱	sha	XIT	XIT	傻	sha	WTLT	WTLT
刹	sha	QSJ	RSJH	唼	sha	KUVG	KUVG
砂	sha	DITT	DITT	啥	sha	KWFK	KWFK
莎	sha	AIIT	AIIT	煞	sha	QVTO	QVTO
铩	sha	QQS	QRSY	霎	sha	FUVF	FUVF
痧	sha	UIIT	UIIT				
shai							
筛	shai	TJGH	TJGH	晒	shai	JSG	JSG
shan							
山	shan	MMM	MMM	汕	shan	IMH	IMH
删	shan	MMGJ	MMGJ	疝	shan	UMK	UMK
杉	shan	SET	SET	苫	shan	AHKF	AHKF
芟	shan	AMC	AWCU	剡	shan	OOJH	OOJH
姍	shan	VMM	VMM	扇	shan	YNND	YNND
衫	shan	PUET	PUET	善	shan	UDUK	UUKF
钐	shan	QET	QET	骟	shan	CYNN	CGYN
埏	shan	FTHP	FTHP	鄯	shan	UDUB	UUKB
珊	shan	GMMG	GMMG	缮	shan	XUD	XUUK
舢	shan	TEMH	TUMH	嬗	shan	VYLG	VYLG
蹒	shan	KHMG	KHMG	擅	shan	RYLG	RYLG
煸	shan	OYNN	OYNN	膳	shan	EUDK	EUUK

汉字	拼音	86版	98版	汉字	拼音	86版	98版
膻	shan	EYL	EYL	赡	shan	MQD	MQD
闪	shan	UWI	UWI	蟮	shan	JUDK	JUUK
陕	shan	BGUW	BGUD	鳝	shan	QGUK	QGUK
讪	shan	YMH	YMH				
			shang				
伤	shang	WTL	WTET	坷	shang	FTMK	FTMK
殇	shang	GQTR	GQTR	晌	shang	JTMK	JTMK
商	shang	UM	YUMK	赏	shang	IPKM	IPKM
觞	shang	QETR	QETR	上	shang	HHGG	HHGG
墒	shang	FUM	FYUK	尚	shang	IMKF	IMKF
熵	shang	OUM	OYUK	绱	shang	XIMK	XIMK
裳	shang	IPKE	IPKE				
			shao				
捎	shao	RIEG	RIEG	苕	shao	AVKF	AVKF
梢	shao	SIEG	SIEG	韶	shao	UJVK	UJVK
烧	shao	OATQ	OATQ	少	shao	IT	ITE
稍	shao	TIE	TIE	劭	shao	VKL	VKET
筲	shao	TIEF	TIEF	邵	shao	VKBH	VKBH
艄	shao	TEIE	TUIE	绍	shao	XVKG	XVKG
蛸	shao	JIE	JIE	哨	shao	KIEG	KIEG
勺	shao	QYI	QYI	潲	shao	ITIE	ITIE
芍	shao	AQYU	AQYU				
			she				
奢	she	DFT	DFT	设	she	YMC	YWCY
猞	she	QTWK	QTWK	社	she	PYFG	PYFG
赊	she	MWF	MWF	射	she	TMDF	TMDF
畬	she	WFIL	WFIL	涉	she	IHI	IHHT
舌	she	TDD	TDD	赦	she	FOTY	FOTY
佘	she	WFIU	WFIU	慑	she	NBCC	NBCC
蛇	she	JPX	JPX	摄	she	RBCC	RBCC

S

汉字	拼音	86版	98版	汉字	拼音	86版	98版
舍	she	WFK	WFK	滠	she	IBC	IBC
厍	she	DLK	DLK	麝	she	YNJF	OXXF
shen							
申	shen	JHK	JHK	哂	shen	KSG	KSG
伸	shen	WJHH	WJHH	矧	shen	TDXH	TDXH
身	shen	TMDT	TMDT	谂	shen	YWYN	YWYN
呻	shen	KJHH	KJHH	婶	shen	VPJH	VPJH
绅	shen	XJHH	XJHH	渖	shen	IPJH	IPJH
诜	shen	YTFQ	YTFQ	肾	shen	JCEF	JCEF
娠	shen	VDFE	VDFE	甚	shen	ADWN	DWNB
砷	shen	DJHH	DJHH	胂	shen	EJHH	EJHH
深	shen	IPWS	IPWS	渗	shen	ICDE	ICDE
神	shen	PYJH	PYJH	慎	shen	NFHW	NFHW
沈	shen	IPQN	IPQN	椹	shen	SADN	SDWN
审	shen	PJHJ	PJHJ				
sheng							
升	sheng	TAK	TAK	渑	sheng	IKJN	IKJN
生	sheng	TGD	TGD	绳	sheng	XKJN	XKJN
声	sheng	FNR	FNR	省	sheng	ITHF	ITHF
牲	sheng	TRTG	CTGG	眚	sheng	TGHF	TGHF
胜	sheng	ETGG	ETGG	晟	sheng	JDNT	JDNB
笙	sheng	TTGF	TTGF	剩	sheng	TUXJ	TUXJ
甥	sheng	TGLL	TGLE	嵊	sheng	MTUX	MTUX
shi							
尸	shi	NNGT	NNGT	氏	shi	QAV	QAV
失	shi	RW	TGI	世	shi	ANV	ANV
师	shi	JGMH	JGMH	仕	shi	WFG	WFG
虱	shi	NTJI	NTJI	市	shi	YMHJ	YMHJ
诗	shi	YFFY	YFFY	示	shi	FIU	FIU
施	shi	YTBN	YTBN	式	shi	AAD	AAYI

汉字	拼音	86版	98版	汉字	拼音	86版	98版
狮	shi	QTJH	QTJH	事	shi	GKVH	GKVH
湿	shi	IJOG	IJOG	侍	shi	WFFY	WFFY
酾	shi	SGGY	SGGY	势	shi	RVYL	RVYE
十	shi	FGH	FGH	视	shi	PYMQ	PYMQ
忛	shi	QNB	QNB	试	shi	YAAG	YAAY
什	shi	WFH	WFH	饰	shi	QNTH	QNTH
石	shi	DGTG	DGTG	室	shi	PGCF	PGCF
时	shi	JFY	JFY	恃	shi	NFFY	NFFY
识	shi	YKWY	YKWY	拭	shi	RAAG	RAAY
实	shi	PUDU	PUDU	是	shi	JGHU	JGHU
拾	shi	RWGK	RWGK	柿	shi	SYMH	SYMH
炻	shi	ODG	ODG	贳	shi	ANM	ANM
蚀	shi	QNJ	QNJ	适	shi	TDPD	TDPD
食	shi	WYV	WYVU	舐	shi	TDQA	TDQA
坺	shi	FJFY	FJFY	轼	shi	LAAG	LAAY
莳	shi	AJFU	AJFU	逝	shi	RRPK	RRPK
鲥	shi	QGJF	QGJF	铈	shi	QYMH	QYMH
史	shi	KQ	KRI	弑	shi	QSA	RSAY
矢	shi	TDU	TDU	谥	shi	YUWL	YUWL
豕	shi	EGT	GEI	释	shi	TOC	TOCG
使	shi	WGKQ	WGKR	嗜	shi	KFTJ	KFTJ
始	shi	VCKG	VCKG	筮	shi	TAWW	TAWW
驶	shi	CKQ	CGKR	誓	shi	RRYF	RRYF
屎	shi	NOI	NOI	噬	shi	KTAW	KTAW
士	shi	FGHG	FGHG	螫	shi	FOTJ	FOTJ
shou							
收	shou	NHTY	NHTY	狩	shou	QTPF	QTPF
手	shou	RTGH	RTGH	兽	shou	ULGK	ULGK
守	shou	PFU	PFU	售	shou	WYKF	WYKF
首	shou	UTHF	UTHF	授	shou	REP	REP

S

汉字	拼音	86版	98版	汉字	拼音	86版	98版
艏	shou	TEUH	TUUH	绶	shou	XEP	XEP
寿	shou	DTFU	DTFU	瘦	shou	UVH	UEHC
受	shou	EPCU	EPCU				
shu							
书	shu	NNHY	NNHY	暑	shu	JFTJ	JFTJ
殳	shu	MCU	WCU	黍	shu	TWIU	TWIU
抒	shu	RCB	RCNH	署	shu	LFTJ	LFTJ
纾	shu	XCB	XCNH	鼠	shu	VNU	ENUN
叔	shu	HICY	HICY	蜀	shu	LQJU	LQJU
枢	shu	SAQ	SARY	薯	shu	ALFJ	ALFJ
姝	shu	VRI	VTFY	曙	shu	JLFJ	JLFJ
倏	shu	WHTD	WHTD	术	shu	SYI	SYI
殊	shu	GQR	GQTF	戍	shu	DYNT	AWI
梳	shu	SYC	SYCK	束	shu	GKI	SKD
淑	shu	IHIC	IHIC	沭	shu	ISYY	ISYY
菽	shu	AHIC	AHIC	述	shu	SYPI	SYPI
疏	shu	NHY	NHYK	树	shu	SCFY	SCFY
摅	shu	RHAN	RHNY	竖	shu	JCUF	JCUF
毹	shu	WGEN	WGEE	恕	shu	VKNU	VKNU
输	shu	LWG	LWG	庶	shu	YAO	OAOI
蔬	shu	ANH	ANHK	数	shu	OVTY	OVTY
秫	shu	TSYY	TSYY	腧	shu	EWGJ	EWGJ
孰	shu	YBVY	YBVY	墅	shu	JFCF	JFCF
赎	shu	MFND	MFND	漱	shu	IGKW	ISKW
塾	shu	YBVF	YBVF	澍	shu	IFKF	IFKF
熟	shu	YBVO	YBVO				
shua							
刷	shua	NMHJ	NMHJ	耍	shua	DMJV	DMJV
唰	shua	KNMJ	KNMJ				

汉字	拼音	86版	98版	汉字	拼音	86版	98版
shuai							
衰	shuai	YKGE	YKGE	帅	shuai	JMHH	JMHH
摔	shuai	RYXF	RYXF	蟀	shuai	JYXF	JYXF
甩	shuai	ENV	ENV				
shuan							
闩	shuan	UGD	UGD	栓	shuan	SWGG	SWGG
拴	shuan	RWGG	RWGG	涮	shuan	INMJ	INMJ
shuang							
双	shuang	CCY	CCY	孀	shuang	VFSH	VFSH
霜	shuang	FSHF	FSHF	爽	shuang	DQQ	DRRR
shui							
谁	shui	YWYG	YWYG	税	shui	TUKQ	TUKQ
水	shui	IIII	IIII	睡	shui	HTGF	HTGF
shun							
吮	shun	KCQN	KCQN	舜	shun	EPQH	EPQG
顺	shun	KDMY	KDMY	瞬	shun	HEP	HEPG
shuo							
说	shuo	YUKQ	YUKQ	硕	shuo	DDM	DDM
妁	shuo	VQYY	VQYY	搠	shuo	RUBE	RUBE
烁	shuo	OQI	OTNI	蒴	shuo	AUBE	AUBE
朔	shuo	UBTE	UBTE	槊	shuo	UBTS	UBTS
铄	shuo	QQI	QTNI				
si							
丝	si	XXGF	XXGF	四	si	LHNG	LHNG
司	si	NGKD	NGKD	寺	si	FFU	FFU
私	si	TCY	TCY	汜	si	INN	INN
咝	si	KXXG	KXXG	伺	si	WNG	WNG
思	si	LNU	LNU	似	si	WNY	WNY
鸶	si	XXGG	XXGG	兕	si	MMGQ	HNHQ
斯	si	ADWR	DWRH	姒	si	VNY	VNY

汉字	拼音	86版	98版	汉字	拼音	86版	98版
缌	si	XLNY	XLNY	祀	si	PYNN	PYNN
蛳	si	JJGH	JJGH	泗	si	ILG	ILG
厮	si	DADR	DDWR	饲	si	QNNK	QNNK
锶	si	QLNY	QLNY	驷	si	CLG	CGLG
嘶	si	KAD	KDWR	俟	si	WCT	WCT
撕	si	RAD	RDWR	笥	si	TNG	TNG
澌	si	IADR	IDWR	耜	si	DIN	FSNG
死	si	GQX	GQXV	嗣	si	KMAK	KMAK
巳	si	NNGN	NNGN	肆	si	DV	DVGH
song							
忪	song	NWC	NWC	悚	song	NGKI	NSKG
松	song	SWC	SWC	耸	song	WWBF	WWBF
凇	song	USW	USW	竦	song	UGKI	USKG
崧	song	MSW	MSW	讼	song	YWCY	YWCY
淞	song	ISWC	ISWC	宋	song	PSU	PSU
菘	song	ASW	ASW	诵	song	YCEH	YCEH
嵩	song	MYM	MYM	送	song	UDPI	UDPI
怂	song	WWN	WWNU	颂	song	WCDM	WCDM
sou							
嗖	sou	KVH	KEHC	螋	sou	JVH	JEHC
搜	sou	RVH	REHC	叟	sou	VHC	EHCU
溲	sou	IVH	IEHC	嗾	sou	KYTD	KYTD
馊	sou	QNVC	QNEC	瞍	sou	HVH	HEHC
飕	sou	MQVC	WREC	擞	sou	ROVT	ROVT
锼	sou	QVHC	QEHC	薮	sou	AOVT	AOVT
艘	sou	TEVC	TUEC	嗽	sou	KGKW	KSKW
su							
苏	su	ALW	AEWU	宿	su	PWDJ	PWDJ
酥	su	SGTY	SGTY	粟	su	SOU	SOU
稣	su	QGTY	QGTY	谡	su	YLW	YLW

汉字	拼音	86版	98版	汉字	拼音	86版	98版
俗	su	WWWK	WWWK	塑	su	UBTF	UBTF
夙	su	MGQ	WGQI	溯	su	IUB	IUB
诉	su	YRYY	YRYY	傈	su	WSO	WSO
肃	su	VIJ	VHJW	蔌	su	AGK	ASKW
涑	su	IGKI	ISKG	觫	su	QEGI	QESK
素	su	GXIU	GXIU	簌	su	TGKW	TSKW
速	su	GKIP	SKPD				
suan							
狻	suan	QTCT	QTCT	蒜	suan	AFI	AFI
酸	suan	SGC	SGC	算	suan	THA	THA
sui							
虽	sui	KJU	KJU	祟	sui	BMF	BMF
荽	sui	AEV	AEV	谇	sui	YYW	YYW
眭	sui	HFF	HFF	遂	sui	UEP	UEP
睢	sui	HWYG	HWYG	碎	sui	DYW	DYW
绥	sui	XEV	XEV	隧	sui	BUE	BUE
隋	sui	BDA	BDA	燧	sui	OUE	OUE
随	sui	BDE	BDE	穗	sui	TGJN	TGJN
髓	sui	MED	MED	邃	sui	PWUP	PWUP
岁	sui	MQU	MQU				
sun							
孙	sun	BIY	BIY	损	sun	RKMY	RKMY
狲	sun	QTBI	QTBI	笋	sun	TVTR	TVTR
荪	sun	ABIU	ABIU	隼	sun	WYFJ	WYFJ
飧	sun	QWYE	QWYV	榫	sun	SWYF	SWYF
suo							
唆	suo	KCW	KCW	蓑	suo	AYK	AYK
娑	suo	IITV	IITV	缩	suo	XPW	XPW
挲	suo	IITR	IITR	所	suo	RNRH	RNRH
桫	suo	SII	SII	唢	suo	KIMY	KIMY

汉字	拼音	86版	98版	汉字	拼音	86版	98版
梭	suo	SCW	SCW	索	suo	FPXI	FPXI
唆	suo	HCW	HCW	琐	suo	GIM	GIM
嗦	suo	KFPI	KFPI	锁	suo	QIM	QIM
羧	suo	UDCT	UCWT	嗍	suo	KUBE	KUBE

T

汉字	拼音	86版	98版	汉字	拼音	86版	98版
ta							
他	ta	WBN	WBN	鳎	ta	QGJN	QGJN
它	ta	PXB	PXB	挞	ta	RDP	RDP
趿	ta	KHEY	KHBY	闼	ta	UDPI	UDPI
铊	ta	QPXN	QPXN	遢	ta	JNP	JNP
塌	ta	FJNG	FJNG	榻	ta	SJN	SJN
溻	ta	IJNG	IJNG	踏	ta	KHIJ	KHIJ
塔	ta	FAWK	FAWK	蹋	ta	KHJN	KHJN
獭	ta	QTGM	QTSM				
tai							
骀	tai	CCK	CGCK	鲐	tai	QGCK	QGCK
胎	tai	ECKG	ECKG	太	tai	DYI	DYI
台	tai	CKF	CKF	汰	tai	IDYY	IDYY
邰	tai	CKBH	CKBH	态	tai	DYNU	DYNU
抬	tai	RCKG	RCKG	肽	tai	EDYY	EDYY
苔	tai	ACKF	ACKF	钛	tai	QDYY	QDYY
炱	tai	CKOU	CKOU	泰	tai	DWIU	DWIU
跆	tai	KHCK	KHCK	酞	tai	SGDY	SGDY
tan							
坍	tan	FMYG	FMYG	潭	tan	ISJ	ISJ
贪	tan	WYNM	WYNM	檀	tan	SYL	SYL
摊	tan	RCW	RCW	忐	tan	HNU	HNU
滩	tan	ICW	ICW	坦	tan	FJG	FJG

汉字	拼音	86版	98版	汉字	拼音	86版	98版
瘫	tan	UCWY	UCWY	袒	tan	PUJG	PUJG
坛	tan	FFCY	FFCY	钽	tan	QJG	QJGG
昙	tan	JFCU	JFCU	毯	tan	TFNO	EOOI
谈	tan	YOO	YOO	叹	tan	KCY	KCY
郯	tan	OOB	OOB	炭	tan	MDO	MDO
覃	tan	SJJ	SJJ	探	tan	RPWS	RPWS
痰	tan	UOO	UOO	赕	tan	MOO	MOO
锬	tan	QOO	QOO	碳	tan	DMD	DMD
谭	tan	YSJ	YSJ				

tang

汉字	拼音	86版	98版	汉字	拼音	86版	98版
汤	tang	INR	INR	膛	tang	EIPF	EIP
铴	tang	QINR	QINR	糖	tang	OYVK	OOVK
羰	tang	UDM	UMDO	螗	tang	JYVK	JOVK
镗	tang	QIPF	QIPF	蟑	tang	JIPF	JIPF
饧	tang	QNNR	QNNR	醣	tang	SGYK	SGOK
唐	tang	YVH	OVHK	帑	tang	VCM	VCM
堂	tang	IPKF	IPKF	倘	tang	WIM	WIM
棠	tang	IPKS	IPKS	淌	tang	IIM	IIM
塘	tang	FYV	FOVK	傥	tang	WIPQ	WIPQ
搪	tang	RYV	ROVK	耥	tang	DIIK	FSIK
溏	tang	IYVK	IOVK	躺	tang	TMDK	TMDK
瑭	tang	GYVK	GOVK	烫	tang	INRO	INRO
樘	tang	SIPF	SIPF	趟	tang	FHIK	FHIK

tao

汉字	拼音	86版	98版	汉字	拼音	86版	98版
涛	tao	IDT	IDT	陶	tao	BQR	BQTB
绦	tao	XTS	XTS	啕	tao	KQRM	KQTB
掏	tao	RQR	RQTB	淘	tao	IQR	IQTB
滔	tao	IEV	IEEG	萄	tao	AQR	AQTB
韬	tao	FNHV	FNHE	鼗	tao	IQF	QIFC
洮	tao	IIQ	IQIY	讨	tao	YFY	YFY

汉字	拼音	86版	98版	汉字	拼音	86版	98版
逃	tao	IQP	QIPI	套	tao	DDU	DDU
桃	tao	SIQ	SQIY				
te							
忑	te	GHNU	GHNU	铽	te	QANY	QANY
忒	te	ANI	ANYI	慝	te	AADN	AADN
特	te	TRF	CFFY				
teng							
疼	teng	UTU	UTU	滕	teng	EUDI	EUGI
腾	teng	EUD	EUGG	藤	teng	AEUI	AEUI
誊	teng	UDYF	UGYF				
ti							
剔	ti	JQRJ	JQRJ	体	ti	WSG	WSG
梯	ti	SUX	SUX	屉	ti	NAN	NAN
锑	ti	QUX	QUX	剃	ti	UXHJ	UXHJ
踢	ti	KHJ	KHJ	倜	ti	WMF	WMF
绨	ti	XUXT	XUXT	悌	ti	NUX	NUX
啼	ti	KUP	KYUH	涕	ti	IUXT	IUXT
提	ti	RJ	RJ	逖	ti	QTOP	QTOP
缇	ti	XJG	XJG	惕	ti	NJQ	NJQ
鹈	ti	UXHG	UXHG	替	ti	FWF	GGJF
题	ti	JGHM	JGHM	裼	ti	PUJR	PUJR
蹄	ti	KHUH	KHYH	嚏	ti	KFPH	KFPH
醍	ti	SGJH	SGJH				
tian							
天	tian	GD	GD	阗	tian	UFHW	UFHW
添	tian	IGD	IGD	忝	tian	GDN	GDN
田	tian	LLL	LLL	珍	tian	GQWE	GQWE
恬	tian	NTD	NTD	腆	tian	EMA	EMA
畋	tian	LTY	LTY	舔	tian	TDGN	TDGN

汉字	拼音	86版	98版	汉字	拼音	86版	98版
甜	tian	TDAF	TDFG	掭	tian	RGDN	RGDN
填	tian	FFH	FFH				
tiao							
佻	tiao	WIQ	WQIY	鲦	tiao	QGTS	QGTS
挑	tiao	RIQ	RQIY	窕	tiao	PWIQ	PWQI
桃	tiao	PYIQ	PYQI	眺	tiao	HIQ	HQIY
条	tiao	TSU	TSU	粜	tiao	BMOU	BMOU
迢	tiao	VKP	VKP	铫	tiao	QIQ	QQIY
笤	tiao	TVKF	TVKF	跳	tiao	KHI	KHQI
韶	tiao	HWBK	HWBK				
tie							
贴	tie	MHKG	MHKG	帖	tie	MHHK	MHHK
萜	tie	AMHK	AMHK	餮	tie	GQWE	GQWV
铁	tie	QRWY	QTGY				
ting							
厅	ting	DSK	DSK	停	ting	WYP	WYP
汀	ting	ISH	ISH	婷	ting	VYP	VYP
听	ting	KRH	KRH	葶	ting	AYP	AYP
町	ting	LSH	LSH	蜓	ting	JTFP	JTFP
烃	ting	OCAG	OCAG	霆	ting	FTF	FTF
廷	ting	TFPD	TFPD	挺	ting	RTFP	RTFP
亭	ting	YPS	YPS	梃	ting	STFP	STFP
庭	ting	YTFP	OTFP	铤	ting	QTFP	QTFP
莛	ting	ATFP	ATFP	艇	ting	TET	TUTP
tong							
通	tong	CEP	CEP	童	tong	UJFF	UJFF
嗵	tong	KCE	KCE	酮	tong	SGMK	SGMK
仝	tong	WAF	WAF	僮	tong	WUJ	WUJ
同	tong	M	M	瞳	tong	HU	HU

汉字	拼音	86版	98版	汉字	拼音	86版	98版
佟	tong	WTUY	WTUY	统	tong	XYC	XYC
彤	tong	MYE	MYE	捅	tong	RCE	RCE
茼	tong	AMG	AMG	桶	tong	SCE	SCE
桐	tong	SMGK	SMGK	筒	tong	TMGK	TMGK
砼	tong	DWA	DWA	恸	tong	NFCL	NFCE
铜	tong	QMGK	QMGK	痛	tong	UCEK	UCEK
tou							
偷	tou	WWGJ	WWGJ	骰	tou	MEM	MEWC
头	tou	UDI	UDI	透	tou	TEP	TBPE
投	tou	RMC	RWCY				
tu							
凸	tu	HGM	HGHG	途	tu	WTP	WGSP
秃	tu	TMB	TWB	屠	tu	NFTJ	NFTJ
突	tu	PWDU	PWDU	酴	tu	SGWT	SGWS
图	tu	LTUI	LTUI	土	tu	FFFF	FFFF
徒	tu	TFHY	TFHY	吐	tu	KFG	KFG
涂	tu	IWT	IWGS	钍	tu	QFG	QFG
荼	tu	AWT	AWGS				
tuan							
湍	tuan	IMD	IMD	疃	tuan	LUJ	LUJ
团	tuan	LFT	LFTE	彖	tuan	XEU	XEU
抟	tuan	RFN	RFN				
tui							
推	tui	RWYG	RWYG	煺	tui	OVE	OVPY
颓	tui	TMDM	TWDM	蜕	tui	JUKQ	JUKQ
腿	tui	EVE	EVPY	褪	tui	PUVP	PUVP
退	tui	VEP	VPI				
tun							
吞	tun	GDK	GDK	豚	tun	EEY	EGEY
暾	tun	JYB	JYB	臀	tun	NAWE	NAWE

汉字	拼音	86版	98版	汉字	拼音	86版	98版
屯	tun	GB	GBN	兪	tun	WIU	WIU
饨	tun	QNGN	QNGN				
tuo							
乇	tuo	TAV	TAV	柁	tuo	SPX	SPX
托	tuo	RTA	RTA	酡	tuo	SGP	SGP
拖	tuo	RTB	RTB	鸵	tuo	QYNX	QGPX
脱	tuo	EUK	EUK	跎	tuo	KHPX	KHPX
驮	tuo	CDY	CGDY	妥	tuo	EVF	EVF
佗	tuo	WPX	WPX	庹	tuo	YANY	OANY
陀	tuo	BPX	BPX	椭	tuo	SBD	SBD
坨	tuo	FPXN	FPXN	拓	tuo	RDG	RDG
沱	tuo	IPX	IPX	柝	tuo	SRYY	SRYY
驼	tuo	CP	CGPX	唾	tuo	KTG	KTG
砣	tuo	DPX	DPX				

W

汉字	拼音	86版	98版	汉字	拼音	86版	98版
wa							
哇	wa	KFF	KFF	蛙	wa	JFF	JFF
娃	wa	VFFG	VFFG	瓦	wa	GNY	GNNY
挖	wa	RPWN	RPWN	佤	wa	WGN	WGNY
洼	wa	IFFG	IFFG	袜	wa	PUGS	PUGS
娲	wa	VKM	VKM				
wai							
歪	wai	GIG	DHGH	外	wai	QHY	QHY
崴	wai	MDGT	MDGV				
wan							
弯	wan	YOX	YOX	挽	wan	RQKQ	RQKQ
剜	wan	PQBJ	PQBJ	晚	wan	JQKQ	JQKQ

汉字	拼音	86版	98版	汉字	拼音	86版	98版
湾	wan	IYO	IYO	莞	wan	APFQ	APFQ
蜿	wan	JPQ	JPQ	惋	wan	NPQB	NPQB
豌	wan	GKUB	GKUB	绾	wan	XPNN	XPN
丸	wan	VYI	VYI	脘	wan	EPFQ	EPFQ
纨	wan	XVYY	XVYY	菀	wan	APQB	APQB
芄	wan	AVYU	AVYU	琬	wan	GPQB	GPQB
完	wan	PFQB	PFQB	皖	wan	RPFQ	RPFQ
玩	wan	GFQN	GFQN	畹	wan	LPQB	LPQB
顽	wan	FQDM	FQDM	碗	wan	DPQB	DPQB
烷	wan	OPFQ	OPFQ	万	wan	DNV	GQE
宛	wan	PQBB	PQBB	腕	wan	EPQB	EPQB
婉	wan	VPQB	VPQB				

wang							
汪	wang	IGG	IGG	惘	wang	NMUN	NMUN
亡	wang	YNV	YNV	辋	wang	LMUN	LMUN
王	wang	GGGG	GGGG	魍	wang	RQCN	RQCN
网	wang	MQQ	MRRI	妄	wang	YNVF	YNVF
往	wang	TYGG	TYGG	忘	wang	YNNU	YNNU
枉	wang	SGG	SGG	旺	wang	JGG	JGG
罔	wang	MUYN	MUYN	望	wang	YNEG	YNEG

wei							
危	wei	QDB	QDB	苇	wei	AFNH	AFNH
威	wei	DGV	DGVD	委	wei	TVF	TVF
偎	wei	WLGE	WLGE	炜	wei	OFNH	OFNH
透	wei	TVP	TVP	玮	wei	GFNH	GFNH
隈	wei	BLGE	BLGE	洧	wei	IDEG	IDEG
葳	wei	ADG	ADGV	娓	wei	VNTN	VNEN
微	wei	TMG	TMG	诿	wei	YTVG	YTVG
煨	wei	OLG	OLG	萎	wei	ATVF	ATVF
薇	wei	ATM	ATM	隗	wei	BRQC	BRQC

汉字	拼音	86版	98版	汉字	拼音	86版	98版
巍	wei	MTV	MTV	瘘	wei	UTVD	UTVD
为	wei	YLYI	YEYI	艉	wei	TEN	TUNE
韦	wei	FNHK	FNHK	韪	wei	JGHH	JGHH
圩	wei	FGFH	FGFH	鲔	wei	QGDE	QGDE
围	wei	LFNH	LFNH	卫	wei	BGD	BGD
沩	wei	IYL	IYEY	未	wei	FII	FGGY
违	wei	FNHP	FNHP	位	wei	WUG	WUG
闱	wei	UFNH	UFNH	味	wei	KFIY	KFY
桅	wei	SQDB	SQDB	畏	wei	LGEU	LGEU
涠	wei	ILFH	ILFH	胃	wei	LEF	LEF
唯	wei	KWYG	KWYG	軎	wei	GJFK	LKF
帷	wei	MHW	MHWY	尉	wei	NFIF	NFIF
惟	wei	NWYG	NWYG	谓	wei	YLEG	YLEG
维	wei	XWYG	XWYG	喂	wei	KLGE	KLGE
嵬	wei	MRQC	MRQC	渭	wei	ILEG	ILEG
潍	wei	IXWY	IXWY	猬	wei	QTLE	QTLE
伟	wei	WFN	WFNH	蔚	wei	ANFF	ANFF
伪	wei	WYL	WYEY	慰	wei	NFIN	NFIN
尾	wei	NTF	NEV	魏	wei	TVRC	TVRC
纬	wei	XFNH	XFNH				
wen							
温	wen	IJL	IJL	刎	wen	QRJH	QRJH
瘟	wen	UJLD	UJLD	吻	wen	KQRT	KQRT
纹	wen	XYY	XYY	紊	wen	YXIU	YXIU
闻	wen	UBD	UBD	稳	wen	TQV	TQVN
蚊	wen	JYY	JYY	问	wen	UKD	UKD
阌	wen	UEPC	UEPC	汶	wen	IYY	IYY
雯	wen	FYU	FYU	璺	wen	WFM	EMGY
weng							
翁	weng	WCN	WCN	瓮	weng	WCG	WCGY

W

汉字	拼音	86版	98版	汉字	拼音	86版	98版
嗡	weng	KWC	KWC	雍	weng	AYXY	AYXY
蓊	weng	AWC	AWC				
wo							
挝	wo	RFP	RFP	肟	wo	EFNN	EFNN
倭	wo	WTV	WTV	卧	wo	AHNH	AHNH
涡	wo	IKM	IKM	喔	wo	MHNF	MHNF
莴	wo	AKM	AKM	握	wo	RNG	RNG
喔	wo	KNGF	KNGF	渥	wo	ING	ING
窝	wo	PWKW	PWKW	硪	wo	DTR	DTRY
蜗	wo	JKM	JKM	斡	wo	FJWF	FJWF
我	wo	TRNT	TRNY	龌	wo	HWBF	HWBF
沃	wo	ITDY	ITDY				
wu							
乌	wu	QNG	TNNG	忤	wu	NFQ	NFQ
圬	wu	FFNN	FFNN	迕	wu	TFPK	TFPK
污	wu	IFNN	IFNN	武	wu	GAH	GAHY
邬	wu	QNGB	TNNB	侮	wu	WTX	WTXY
呜	wu	KQNG	KTNG	捂	wu	RGKG	RGKG
巫	wu	AWWI	AWWI	悟	wu	TRGK	CGKG
屋	wu	NGC	NGC	鹉	wu	GAHG	GAHG
诬	wu	YAW	YAW	舞	wu	RLG	TGLG
钨	wu	QQN	QTNG	兀	wu	GQV	GQV
无	wu	FQ	FQ	勿	wu	QRE	QRE
毋	wu	XDE	NNDE	务	wu	TLB	TER
吴	wu	KGD	KGD	戊	wu	DNY	DGTY
吾	wu	GKF	GKF	阢	wu	BGQN	BGQN
芜	wu	AFQB	AFQB	机	wu	SGQN	SGQN
唔	wu	KGKG	KGKG	芴	wu	AQRR	AQRR
梧	wu	SGK	SGK	物	wu	TRQR	CQRT
浯	wu	IGKG	IGKG	误	wu	YKGD	YKGD

汉字	拼音	86版	98版	汉字	拼音	86版	98版
蜈	wu	JKG	JKG	悟	wu	NGKG	NGKG
鼯	wu	VNUK	ENUK	晤	wu	JGK	JGK
五	wu	GG	GG	焐	wu	OGK	OGK
午	wu	TFJ	TFJ	婺	wu	CBTV	CNHV
仵	wu	WTFH	WTFH	痦	wu	UGKD	UGKD
伍	wu	WGG	WGG	骛	wu	CBTC	CNHG
坞	wu	FQNG	FTNG	雾	wu	FTL	FTER
妩	wu	VFQ	VFQ	痦	wu	PNHK	PUGK
庑	wu	YFQ	OFQV	鹜	wu	CBTG	CNHG
忤	wu	NTFH	NTFH	鋈	wu	ITDQ	ITDQ

X

汉字	拼音	86版	98版	汉字	拼音	86版	98版
xi							
夕	xi	QTNY	QTNY	嘻	xi	KFK	KFK
兮	xi	WGNB	WGNB	嬉	xi	VFKK	VFKK
汐	xi	IQY	IQY	滕	xi	ESWI	ESWI
西	xi	SGHG	SGHG	樨	xi	SNIH	SNIG
吸	xi	KE	KBYY	歙	xi	WGKW	WGKW
希	xi	QDM	RDMH	熹	xi	FKUO	FKUO
昔	xi	AJF	AJF	羲	xi	UGT	UGTY
析	xi	SR	SR	螅	xi	JTHN	JTHN
矽	xi	DQY	DQY	蟋	xi	JTON	JTON
穸	xi	PWQ	PWQU	醯	xi	SGYL	SGYL
诶	xi	YCT	YCT	曦	xi	JUG	JUGY
郗	xi	QDMB	RDMB	鼷	xi	VNUD	ENUD
唏	xi	KQD	KRDH	习	xi	NUD	NUD
奚	xi	EXDU	EXDU	席	xi	YAM	OAMH
息	xi	THNU	THNU	袭	xi	DXYE	DXYE
浠	xi	IQDH	IRDH	觋	xi	AWWQ	AWWQ

汉字	拼音	86版	98版	汉字	拼音	86版	98版
牺	xi	TRS	CSG	媳	xi	VTHN	VTHN
悉	xi	TON	TON	隙	xi	BJX	BJX
惜	xi	NAJG	NAJG	檄	xi	SRY	SRY
欷	xi	QDMW	RDMW	洗	xi	ITF	ITF
淅	xi	ISRH	ISRH	玺	xi	QIG	QIG
烯	xi	OQDH	ORDH	徙	xi	THHY	THHY
硒	xi	DSG	DSG	铣	xi	QTFQ	QTFQ
菥	xi	ASRJ	ASRJ	喜	xi	FKU	FKU
晰	xi	JSRH	JSRH	蒽	xi	ALNU	ALNU
犀	xi	NIR	NITG	屣	xi	NTHH	NTHH
稀	xi	TQD	TRDH	莅	xi	ATH	ATH
粞	xi	OSG	OSG	禧	xi	PYFK	PYFK
翕	xi	WGKN	WGKN	戏	xi	CA	CAY
舾	xi	TESG	TUSG	系	xi	TXIU	TXIU
溪	xi	IEX	IEX	饩	xi	QNRN	QNRN
皙	xi	SRR	SRRF	细	xi	XLG	XLG
锡	xi	QJQ	QJQ	郤	xi	QDC	RDCB
僖	xi	WFKK	WFKK	阋	xi	UVQ	UEQV
熄	xi	OTHN	OTHN	舄	xi	VQO	EQOU
熙	xi	AHKO	AHKO	隟	xi	BIJ	BIJ
蜥	xi	JSRH	JSRH	褉	xi	PYDD	PYDD
xia							
呷	xia	KLH	KLH	暇	xia	JNHC	JNHC
虾	xia	JGHY	JGHY	瑕	xia	GNHC	GNHC
瞎	xia	HPDK	HPDK	辖	xia	LPDK	LPDK
匣	xia	ALK	ALK	霞	xia	FNHC	FNHC
侠	xia	WGU	WGUD	黠	xia	LFOK	LFOK
狎	xia	QTLH	QTLH	下	xia	GHI	GHI
峡	xia	MGUW	MGUD	吓	xia	KGHY	KGHY
柙	xia	SLH	SLH	夏	xia	DHTU	DHTU

汉字	拼音	86版	98版	汉字	拼音	86版	98版
狭	xia	QTGW	QTGD	厦	xia	DDHT	DDHT
硖	xia	DGUW	DGUD	罅	xia	RMHH	TFBF
遐	xia	NHFP	NHF				
xian							
仙	xian	WMH	WMH	鹇	xian	USQG	USQG
先	xian	TFQB	TFQB	嫌	xian	VU	VUVW
纤	xian	XTFH	XTFH	冼	xian	UTFQ	UTFQ
氙	xian	RNM	RMK	显	xian	JO	JOF
祆	xian	PYGD	PYGD	险	xian	BWG	BWGG
籼	xian	OMH	OMH	猃	xian	QTWI	QTWG
莶	xian	AWGI	AWGG	蚬	xian	JMQ	JMQ
掀	xian	RRQW	RRQW	筅	xian	TTFQ	TTFQ
跹	xian	KHTP	KHTP	跣	xian	KHTQ	KHTQ
酰	xian	SGTQ	SGTQ	藓	xian	AQGD	AQGU
锨	xian	QRQW	QRQW	县	xian	EGC	EGC
鲜	xian	QGU	QGUH	岘	xian	MMQN	MMQN
暹	xian	JWYP	JWYP	苋	xian	AMQB	AMQB
闲	xian	USI	USI	现	xian	GMQN	GMQN
弦	xian	XYXY	XYXY	线	xian	XG	XGAY
贤	xian	JCM	JCM	限	xian	BV	BVY
咸	xian	DGK	DGKD	宪	xian	PTFQ	PTFQ
涎	xian	ITHP	ITHP	陷	xian	BQV	BQEG
娴	xian	VUS	VUS	馅	xian	QNQV	QNQE
舷	xian	TEYX	TUYX	羡	xian	UGUW	UGUW
衔	xian	TQF	TQGS	腺	xian	ERIY	ERIY
痫	xian	UUSI	UUSI	霰	xian	FAET	FAET
xiang							
乡	xiang	XTE	XTE	翔	xiang	UDNG	UNG
芗	xiang	AXT	AXT	享	xiang	YBF	YBF
相	xiang	SHG	SHG	响	xiang	KTMK	KTMK

汉字	拼音	86版	98版	汉字	拼音	86版	98版
香	xiang	TJF	TJF	饷	xiang	QNTK	QNTK
厢	xiang	DSHD	DSHD	飨	xiang	XTW	XTWV
湘	xiang	ISHG	ISHG	想	xiang	SHNU	SHNU
缃	xiang	XSHG	XSHG	鲞	xiang	UDQG	UGQG
葙	xiang	ASHF	ASHF	向	xiang	TMKD	TMKD
箱	xiang	TSHF	TSHF	巷	xiang	AWNB	AWNB
襄	xiang	YKKE	YKKE	项	xiang	ADMY	ADMY
骧	xiang	CYK	CGYE	象	xiang	QJE	QKEU
镶	xiang	QYKE	QYKE	像	xiang	WQJ	WQKE
详	xiang	YUD	YUH	橡	xiang	SQJ	SQKE
庠	xiang	YUDK	OUK	蟓	xiang	JQJ	JQKE
祥	xiang	PYU	PYUH				
xiao							
枭	xiao	QYNS	QSU	魈	xiao	RQCE	RQCE
削	xiao	IEJ	IEJ	嚣	xiao	KKDK	KKDK
哓	xiao	KAT	KAT	崤	xiao	MQDE	MRDE
枵	xiao	SKGN	SKGN	淆	xiao	IQD	IRDE
骁	xiao	CATQ	CGAQ	小	xiao	IH	IH
宵	xiao	PI	PI	晓	xiao	JAT	JATQ
消	xiao	IIE	IIE	筱	xiao	TWH	TWH
绡	xiao	XIE	XIE	孝	xiao	FTB	FTB
逍	xiao	IEP	IEP	肖	xiao	IEF	IEF
萧	xiao	AVI	AVHW	哮	xiao	KFT	KFT
硝	xiao	DIE	DIE	效	xiao	UQT	URTY
销	xiao	QIE	QIE	校	xiao	SUQ	SURY
潇	xiao	IAVJ	IAVW	笑	xiao	TTD	TTD
箫	xiao	TVIJ	TVHW	啸	xiao	KVI	KVHW
霄	xiao	FIE	FIE				
xie							
些	xie	HXF	HXF	绁	xie	XANN	XANN

汉字	拼音	86版	98版	汉字	拼音	86版	98版
楔	xie	SDH	SDHD	卸	xie	RHB	TGHB
歇	xie	JQWW	JQWW	屑	xie	NIED	NIED
蝎	xie	JJQ	JJQ	械	xie	SAAH	SAAH
协	xie	FL	FEWY	亵	xie	YRV	YRV
邪	xie	AHTB	AHTB	渫	xie	IANS	IANS
胁	xie	ELW	EEWY	谢	xie	YTM	YTM
挟	xie	RGU	RGUD	榍	xie	SNIE	SNIE
偕	xie	WXXR	WXXR	榭	xie	STM	STM
斜	xie	WTUF	WGSF	廨	xie	YQE	OQEG
谐	xie	YXXR	YXXR	懈	xie	NQ	NQEG
携	xie	RWYE	RWYB	獬	xie	QTQH	QTQG
飔	xie	LLLN	EEEN	薤	xie	AGQG	AGQG
撷	xie	RFKM	RFKM	避	xie	QEVP	QEVP
缬	xie	XFKM	XFKM	燮	xie	OYO	YOOC
鞋	xie	AFFF	AFFF	瀣	xie	IHQ	IHQ
写	xie	PGN	PGN	蟹	xie	QEVJ	QEVJ
泄	xie	IANN	IANN	躞	xie	KHOC	KHYC
泻	xie	IPGG	IPGG				
xin							
心	xin	NY	NY	新	xin	USR	USR
忻	xin	NRH	NRH	歆	xin	UJQW	UJQW
芯	xin	ANU	ANU	薪	xin	AUS	AUS
辛	xin	UYGH	UYGH	馨	xin	FNM	FNWJ
昕	xin	JRH	JRH	鑫	xin	QQQ	QQQF
欣	xin	RQW	RQW	信	xin	WY	WY
莘	xin	AUJ	AUJ	衅	xin	TLU	TLUG
锌	xin	QUH	QUH				
xing							
兴	xing	IW	IGWU	型	xing	GAJF	GAJF
星	xing	JTG	JTG	硎	xing	DGAJ	DGAJ

汉字	拼音	86版	98版	汉字	拼音	86版	98版
惺	xing	NJT	NJT	醒	xing	SGJ	SGJ
猩	xing	QTJG	QTJG	擤	xing	RTHJ	RTHJ
腥	xing	EJT	EJT	杏	xing	SKF	SKF
刑	xing	GAJH	GAJH	姓	xing	VTG	VTG
行	xing	TF	TGSH	幸	xing	FUF	FUF
邢	xing	GAB	GAB	性	xing	NTG	NTG
形	xing	GAE	GAE	荇	xing	ATFH	ATGS
陉	xing	BCA	BCA	悻	xing	NFUF	NFUF
xiong							
凶	xiong	QB	RBK	洶	xiong	IQBH	IRBH
兄	xiong	KQB	KQB	胸	xiong	EQ	EQRB
匈	xiong	QQB	QRBK	雄	xiong	DCWY	DCWY
芎	xiong	AXB	AXB	熊	xiong	CEXO	CEXO
xiu							
休	xiu	WS	WS	绣	xiu	XTEN	XTBT
修	xiu	WHT	WHT	锈	xiu	QTEN	QTBT
咻	xiu	KWS	KWS	朽	xiu	SGNN	SGNN
庥	xiu	YWS	OWSI	秀	xiu	TE	TBR
羞	xiu	UDN	UNHG	岫	xiu	MMG	MMG
鸺	xiu	WSQ	WSQ	袖	xiu	PUM	PUM
貅	xiu	EEW	EWSY	溴	xiu	ITHD	ITHD
馐	xiu	QNUF	QNUG	嗅	xiu	KTHD	KTHD
xu							
戌	xu	DGN	DGD	旭	xu	VJ	VJ
盱	xu	HGF	HGF	序	xu	YCB	OCNH
砉	xu	DHDF	DHDF	叙	xu	WTC	WGSC
胥	xu	NHE	NHE	恤	xu	NTL	NTL
须	xu	ED	ED	洫	xu	ITLG	ITLG
顼	xu	GDM	GDM	畜	xu	YXL	YXL
虚	xu	HAO	HOD	绪	xu	XFT	XFT

汉字	拼音	86版	98版	汉字	拼音	86版	98版
嘘	xu	KHAG	KHOG	续	xu	XFN	XFN
需	xu	FDM	FDM	酗	xu	SGQB	SGRB
墟	xu	FHAG	FHOG	婿	xu	VNHE	VNHE
徐	xu	TWT	TWGS	溆	xu	IWTC	IWGC
许	xu	YTF	YTF	絮	xu	VKX	VKX
诩	xu	YNG	YNG	煦	xu	JQKO	JQKO
栩	xu	SNG	SNG	蓄	xu	AYX	AYX
糈	xu	ONH	ONH	蓿	xu	APWJ	APWJ
醑	xu	SGNE	SGNE				
xuan							
轩	xuan	LF	LFH	漩	xuan	IYTH	IYTH
宣	xuan	PGJ	PGJ	璇	xuan	GYTH	GYTH
谖	xuan	YEF	YEGC	选	xuan	TFQP	TFQP
喧	xuan	KP	KP	癣	xuan	UQG	UQGU
揎	xuan	RPG	RPG	泫	xuan	IYX	IYX
萱	xuan	APGG	APGG	炫	xuan	OYX	OYX
暄	xuan	JPG	JPG	绚	xuan	XQJ	XQJ
煊	xuan	OPG	OPG	眩	xuan	HYX	HYX
玄	xuan	YXU	YXU	铉	xuan	QYX	QYX
痃	xuan	UYX	UYX	渲	xuan	IPGG	IPGG
悬	xuan	EGCN	EGCN	楦	xuan	SPG	SPG
旋	xuan	YTN	YTNH	碹	xuan	DPGG	DPGG
xue							
靴	xue	AFWX	AFWX	踅	xue	RRKH	RRKH
薛	xue	AWNU	ATNU	雪	xue	FV	FV
穴	xue	PWU	PWU	鳕	xue	QGFV	QGFV
学	xue	IP	IPB	血	xue	TLD	TLD
泶	xue	IPI	IPI	谑	xue	YHA	YHA
xun							
勋	xun	KML	KMET	浔	xun	IVFY	IVFY

汉字	拼音	86版	98版	汉字	拼音	86版	98版
埙	xun	FKMY	FKMY	荀	xun	AQJ	AQJ
窨	xun	PWUJ	PWUJ	循	xun	TRFH	TRFH
獯	xun	QTTO	QTTO	鲟	xun	QGV	QGVF
薰	xun	ATGO	ATGO	训	xun	YKH	YKH
嚑	xun	JTGO	JTGO	讯	xun	YNF	YNF
醺	xun	SGTO	SGTO	汛	xun	INF	INFH
寻	xun	VF	VF	迅	xun	NFP	NFP
巡	xun	VP	VPV	徇	xun	TQJ	TQJ
旬	xun	QJ	QJ	殉	xun	GQQ	GQQ
询	xun	YQJ	YQJ	逊	xun	BIP	BIP
峋	xun	MQJG	MQJG	巺	xun	NNA	NNA
恂	xun	NQJ	NQJ	熏	xun	TGL	TGLO
洵	xun	IQJ	IQJ	蕈	xun	ASJ	ASJ

Y

汉字	拼音	86版	98版	汉字	拼音	86版	98版
			ya				
丫	ya	UHK	UHK	睚	ya	HD	HDFF
压	ya	DFY	DFY	衙	ya	TGK	TGKS
呀	ya	KA	KA	疋	ya	NHI	NHI
押	ya	RL	RL	哑	ya	KGO	KGO
鸦	ya	AHTG	AHTG	痖	ya	UGOG	UGOD
桠	ya	SGOG	SGOG	雅	ya	AHTY	AHTY
鸭	ya	LQY	LQGG	亚	ya	GOG	GOD
牙	ya	AHT	AHTE	讶	ya	YAH	YAH
伢	ya	WAH	WAH	迓	ya	AHTP	AHTP
岈	ya	MAH	MAH	垭	ya	FGO	FGO
芽	ya	AAH	AAH	娅	ya	VGO	VGO
琊	ya	GAHB	GAHB	砑	ya	DAH	DAH
蚜	ya	JAH	JAH	氩	ya	RNGG	RGOD

汉字	拼音	86版	98版	汉字	拼音	86版	98版
崖	ya	MDFF	MDFF	揠	ya	RAJV	RAJV
涯	ya	IDF	IDF				
			yan				
咽	yan	KLD	KLD	俨	yan	WGO	WGOT
恹	yan	NDDY	NDDY	衍	yan	TIF	TIGS
烟	yan	OL	OLDY	偃	yan	WAJV	WAJV
胭	yan	ELD	ELD	厣	yan	DDL	DDL
崦	yan	MDJ	MDJ	掩	yan	RDJN	RDJN
淹	yan	IDJ	IDJ	眼	yan	HV	HVY
焉	yan	GHG	GHG	郾	yan	AJV	AJV
菸	yan	AYWU	AYWU	琰	yan	GOO	GOO
阉	yan	UDJN	UDJN	罨	yan	LDJN	LDJN
湮	yan	ISFG	ISFG	演	yan	IPG	IPGW
腌	yan	EDJN	EDJN	魇	yan	DDR	DDR
鄢	yan	GHGB	GHGB	鼹	yan	VNUV	ENUV
嫣	yan	VGH	VGH	彦	yan	UTER	UTEE
讠	yan	YYN	YYN	砚	yan	DMQ	DMQ
延	yan	THP	THNP	唁	yan	KYG	KYG
闫	yan	UDD	UDD	宴	yan	PJV	PJV
严	yan	GOD	GOTE	晏	yan	JPV	JPV
妍	yan	VGA	VGA	艳	yan	DHQ	DHQ
芫	yan	AFQB	AFQB	验	yan	CWG	CGWG
言	yan	YYY	YYY	谚	yan	YUT	YUT
岩	yan	MDF	MDF	堰	yan	FAJV	FAJV
沿	yan	IMK	IWKG	焰	yan	OQV	OQEG
炎	yan	OO	OO	焱	yan	OOOU	OOOU
研	yan	DGA	DGA	雁	yan	DWW	DWW
盐	yan	FHL	FHL	滟	yan	IDHC	IDHC
阎	yan	UQVD	UQED	酽	yan	SGGD	SGGT
筵	yan	TTHP	TTHP	谳	yan	YFM	YFM

Y

汉字	拼音	86版	98版	汉字	拼音	86版	98版
奄	yan	DJN	DJN	蜒	yan	JTHP	JTHP
颜	yan	UTEM	UTEM	魇	yan	DDW	DDWV
檐	yan	SQDY	SQDY	燕	yan	AU	AKUO
兖	yan	UCQ	UCQ	赝	yan	DWWM	DWWM
yang							
央	yang	MD	MD	徉	yang	TUD	TUH
泱	yang	IMDY	IMDY	洋	yang	IU	IUH
殃	yang	GQM	GQM	烊	yang	OUD	OUH
秧	yang	TMDY	TMDY	蛘	yang	JUD	JUH
鸯	yang	MDQ	MDQ	仰	yang	WQBH	WQBH
鞅	yang	AFMD	AFMD	养	yang	UDYJ	UGJJ
扬	yang	RNR	RNR	氧	yang	RNU	RUK
羊	yang	UDJ	UYTH	痒	yang	UUD	UUK
阳	yang	BJ	BJ	怏	yang	NMDY	NMDY
杨	yang	SNR	SNR	恙	yang	UGN	UGN
炀	yang	ONRT	ONRT	样	yang	SU	SUH
佯	yang	WUDH	WUH	漾	yang	IUGI	IUGI
疡	yang	UNR	UNR				
yao							
幺	yao	XNNY	XXXX	摇	yao	RER	RETB
夭	yao	TDI	TDI	遥	yao	ER	ETFP
吆	yao	KXY	KXY	瑶	yao	GER	GETB
妖	yao	VTD	VTDY	繇	yao	ERMI	ETFI
腰	yao	ESV	ESV	鳐	yao	QGEM	QGEB
邀	yao	RYTP	RYTP	杳	yao	SJF	SJF
爻	yao	QQU	RRU	咬	yao	KUQ	KURY
尧	yao	ATGQ	ATGQ	窈	yao	PWXL	PWXE
肴	yao	QDE	RDEF	舀	yao	EVF	EEF
姚	yao	VIQ	VQIY	崾	yao	MSV	MSV
轺	yao	LVK	LVK	药	yao	AX	AX

汉字	拼音	86版	98版	汉字	拼音	86版	98版
珧	yao	GIQ	GQIY	要	yao	SVF	SVF
窑	yao	PWR	PWTB	鹞	yao	ERMG	ETFG
谣	yao	YER	YETB	曜	yao	JNW	JNW
徭	yao	TERM	TETB	耀	yao	IQNY	IGQY
ye							
椰	ye	SBB	SBB	曳	ye	JXE	JNTE
噎	ye	KFP	KFP	页	ye	DMU	DMU
爷	ye	WQB	WRBJ	邺	ye	OGB	OBH
耶	ye	BBH	BBH	夜	ye	YWT	YWT
揶	ye	RBB	RBB	晔	ye	JWX	JWX
铘	ye	QAHB	QAHB	烨	ye	OWX	OWX
也	ye	BN	BN	掖	ye	RYW	RYWY
冶	ye	UCK	UCK	液	ye	IYW	IYWY
野	ye	JFC	JFCH	谒	ye	YJQ	YJQ
业	ye	OG	OHHG	腋	ye	EYWY	EYWY
叶	ye	KF	KF	靥	ye	DDDD	DDDF
yi							
一	yi	GGLL	GGLL	忆	yi	NNN	NNN
伊	yi	WVT	WVT	艺	yi	ANB	ANB
衣	yi	YE	YE	仡	yi	WTNN	WTNN
医	yi	ATD	ATD	议	yi	YYQ	YYRY
依	yi	WYE	WYE	亦	yi	YOU	YOU
咿	yi	KWVT	KWVT	屹	yi	MTNN	MTNN
猗	yi	QTDK	QTDK	异	yi	NAJ	NAJ
铱	yi	QYE	QYE	佚	yi	WRW	WTGY
壹	yi	FPG	FPG	呓	yi	KANN	KANN
揖	yi	RKB	RKB	役	yi	TMC	TWCY
欹	yi	DSKW	DSKW	抑	yi	RQB	RQB
漪	yi	IQTK	IQTK	译	yi	YCF	YCGH
噫	yi	KUJN	KUJN	邑	yi	KCB	KCB

Y

汉字	拼音	86版	98版	汉字	拼音	86版	98版
黟	yi	LFOQ	LFOQ	俋	yi	WWEG	WWEG
仪	yi	WYQ	WYRY	峄	yi	MCF	MCGH
圯	yi	FNN	FNN	怿	yi	NCFH	NCGH
夷	yi	GXW	GXW	易	yi	JQR	JQR
沂	yi	IRH	IRH	绎	yi	XCF	XCGH
诒	yi	YCK	YCK	诣	yi	YXJ	YXJ
宜	yi	PEG	PEG	驿	yi	CCF	CGCG
怡	yi	NCK	NCK	奕	yi	YOD	YOD
迤	yi	TBPV	TBPV	弈	yi	YOA	YOA
饴	yi	QNC	QNC	疫	yi	UMC	UWCI
咦	yi	KGX	KGXW	羿	yi	NAJ	NAJ
姨	yi	VGXW	VGXW	轶	yi	LRW	LTGY
荑	yi	AGX	AGX	悒	yi	NKC	NKC
贻	yi	MCK	MCK	挹	yi	RKC	RKC
眙	yi	HCK	HCK	益	yi	UWL	UWL
胰	yi	EGX	EGX	谊	yi	YPE	YPEG
酏	yi	SGB	SGB	埸	yi	FJQ	FJQ
痍	yi	UGXW	UGXW	翊	yi	UNG	UNG
移	yi	TQQ	TQQ	翌	yi	NUF	NUF
遗	yi	KHGP	KHGP	逸	yi	QKQP	QKQP
颐	yi	AHKM	AHKM	意	yi	UJN	UJN
疑	yi	XTDH	XTDH	溢	yi	IUW	IUW
嶷	yi	MXTH	MXTH	缢	yi	XUW	XUW
彝	yi	XGO	XOXA	肆	yi	XTDH	XTDG
乙	yi	NNL	NNL	裔	yi	YEM	YEMK
已	yi	NNNN	NNNN	瘗	yi	UGUF	UGUF
以	yi	NYWY	NYWY	蜴	yi	JJQR	JJQR
钇	yi	QNN	QNN	毅	yi	UEMC	UEWC
矣	yi	CT	CT	熠	yi	ONRG	ONRG
苡	yi	ANYW	ANYW	镒	yi	QUW	QUW

汉字	拼音	86版	98版	汉字	拼音	86版	98版
舣	yi	TEYQ	TUYR	劓	yi	THLJ	THLJ
蚁	yi	JYQ	JYRY	殪	yi	GQFU	GQFU
倚	yi	WDS	WDS	薏	yi	AUJN	AUJN
椅	yi	SDS	SDS	翳	yi	ATDN	ATDN
旖	yi	YTDK	YTDK	翼	yi	NLA	NLA
义	yi	YQ	YRI	臆	yi	EUJ	EUJ
亿	yi	WN	WN	癔	yi	UUJN	UUJN
弋	yi	AGNY	AYI	镱	yi	QUJN	QUJN
刈	yi	QJH	RJH	懿	yi	FPGN	FPGN
yin							
因	yin	LD	LD	银	yin	QVE	QVY
阴	yin	BE	BE	鄞	yin	AKGB	AKGB
姻	yin	VLD	VLD	龂	yin	QPGW	QPGW
洇	yin	ILDY	ILDY	龈	yin	HWBE	HWBV
茵	yin	ALD	ALD	霪	yin	FIEF	FIEF
荫	yin	ABE	ABE	乑	yin	PNY	PNY
音	yin	UJF	UJF	尹	yin	VTE	VTE
殷	yin	RVN	RVN	引	yin	XH	XH
氤	yin	RNL	RLDI	吲	yin	KXH	KXH
铟	yin	QLDY	QLDY	饮	yin	QNQ	QNQ
喑	yin	KUJ	KUJ	蚓	yin	JXH	JXH
堙	yin	FSFG	FSFG	隐	yin	BQVN	BQVN
吟	yin	KWYN	KWYN	瘾	yin	UBQ	UBQ
垠	yin	FVE	FVY	印	yin	QGB	QGB
狺	yin	QTYG	QTYG	茚	yin	AQGB	AQGB
寅	yin	PGM	PGM	胤	yin	TXEN	TXEN
淫	yin	IET	IET				
ying							
应	ying	YID	OIGD	萤	ying	APJ	APJ
英	ying	AMD	AMD	营	ying	APK	APK

Y

汉字	拼音	86版	98版	汉字	拼音	86版	98版
莺	ying	APQG	APQG	紫	ying	APX	APX
婴	ying	MMV	MMV	楹	ying	SEC	SBCL
瑛	ying	GAM	GAM	滢	ying	IAPY	IAPY
嘤	ying	KMM	KMM	鋈	ying	APQF	APQF
撄	ying	RMM	RMM	潆	ying	IAPI	IAPI
缨	ying	XMM	XMM	蝇	ying	JK	JK
罂	ying	MMR	MMTB	蠃	ying	YNKY	YEVY
樱	ying	SMMV	SMMV	赢	ying	YNKY	YEMY
璎	ying	GMMV	GMMV	瀛	ying	IYNY	IYEY
鹦	ying	MMVG	MMVG	郢	ying	KGBH	KGBH
膺	ying	YWWE	OWWE	颍	ying	XID	XID
鹰	ying	YWWG	OWWG	颖	ying	XTD	XTDM
迎	ying	QBP	QBP	影	ying	JYIE	JYIE
茔	ying	APFF	APFF	瘿	ying	UMM	UMM
盈	ying	ECL	BCLF	映	ying	JMD	JMD
荥	ying	APIU	APIU	硬	ying	DGJ	DGJR
荧	ying	APO	APO	媵	ying	EUDV	EUGV
莹	ying	APGY	APGY				

				yong			
佣	yong	WEH	WEH	喁	yong	KJM	KJM
拥	yong	REH	REH	永	yong	YNI	YNI
痈	yong	UEK	UEK	甬	yong	CEJ	CEJ
邕	yong	VKC	VKC	咏	yong	KYN	KYN
庸	yong	YVEH	OVEH	泳	yong	IYNI	IYNI
雍	yong	YXT	YXT	俑	yong	WCE	WCE
塝	yong	FYVH	FOVH	勇	yong	CEL	CEER
慵	yong	NYVH	NOVH	涌	yong	ICE	ICE
壅	yong	YXTF	YXTF	恿	yong	CEN	CENU
镛	yong	QYVH	QOVH	蛹	yong	JCEH	JCEH
臃	yong	EYX	EYX	踊	yong	KHC	KHC

汉字	拼音	86版	98版	汉字	拼音	86版	98版
鳙	yong	QGYH	QGOH	用	yong	ETNH	ETNH
饔	yong	YXTE	YXTV				
you							
优	you	WDN	WDNY	蝣	you	JYTB	JYTB
忧	you	NDN	NDNY	友	you	DC	DC
攸	you	WHTY	WHTY	有	you	E	E
呦	you	KXL	KXET	卣	you	HLN	HLN
幽	you	XXM	MXXI	酉	you	SGD	SGD
悠	you	WHTN	WHTN	莠	you	ATE	ATBR
尢	you	DNV	DNV	铕	you	QDEG	QDEG
尤	you	DNV	DNYI	牖	you	THGY	THGS
由	you	MH	MH	黝	you	LFOL	LFOE
犹	you	QTDN	QTDY	右	you	DK	DK
邮	you	MB	MB	幼	you	XLN	XET
柚	you	SMG	SMG	佑	you	WDK	WDK
疣	you	UDNV	UDNY	侑	you	WDE	WDE
莜	you	AWH	AWH	囿	you	LDE	LDE
莸	you	AQTN	AQTY	宥	you	PDEF	PDEF
铀	you	QMG	QMG	诱	you	YTE	YTBT
蚰	you	JMG	JMG	蚴	you	JXL	JXET
游	you	IYTB	IYTB	釉	you	TOM	TOM
鱿	you	QGD	QGDY	鼬	you	VNUM	ENUM
猷	you	USGD	USGD				
yu							
纡	yu	XGF	XGF	俣	yu	WKG	WKG
迂	yu	GFP	GFP	禹	yu	TKM	TKM
淤	yu	IYWU	IYWU	语	yu	YGK	YGK
渝	yu	IWGJ	IWGJ	圄	yu	LGKD	LGKD
瘀	yu	UYWU	UYWU	圉	yu	LFU	LFU
于	yu	GF	GF	庾	yu	YVWI	OEWI

汉字	拼音	86版	98版	汉字	拼音	86版	98版
予	yu	CBJ	CNHJ	瘐	yu	UVW	UEWI
余	yu	WTU	WGSU	窳	yu	PWRY	PWRY
妤	yu	VCBH	VCNH	龉	yu	HWBK	HWBK
钦	yu	GNGW	GNGW	玉	yu	GY	GY
於	yu	YWU	YWU	驭	yu	CCY	CGCY
盂	yu	GFL	GFL	吁	yu	KGFH	KGFH
臾	yu	VWI	EWI	聿	yu	VFHK	VGK
鱼	yu	QGF	QGF	芋	yu	AGF	AGF
俞	yu	WGEJ	WGEJ	妪	yu	VAQ	VARY
禹	yu	JMHY	JMHY	饫	yu	QNTD	QNTD
竽	yu	TGF	TGF	育	yu	YCE	YCE
舁	yu	VAJ	EAJ	郁	yu	DEB	DEB
娱	yu	VKGD	VKGD	昱	yu	JUF	JUF
狳	yu	QTWT	QTWS	狱	yu	QTYD	QTYD
谀	yu	YVWY	YEWY	峪	yu	MWWK	MWWK
馀	yu	QNW	QNWS	浴	yu	IWW	IWW
渔	yu	IQGG	IQGG	钰	yu	QGYY	QGYY
黄	yu	AVW	AEWU	预	yu	CBD	CNHM
隅	yu	BJM	BJM	域	yu	FAKG	FAKG
雩	yu	FFNB	FFNB	欲	yu	WWKW	WWKW
嵛	yu	MWG	MWGJ	谕	yu	YWGJ	YWGJ
愉	yu	NW	NWG	阈	yu	UAK	UAK
揄	yu	RWGJ	RWGJ	喻	yu	KWGJ	KWGJ
腴	yu	EVW	EEWY	寓	yu	PJM	PJM
逾	yu	WGEP	WGEP	御	yu	TRH	TTGB
愚	yu	JMHN	JMHN	裕	yu	PUW	PUW
榆	yu	SWGJ	SWGJ	遇	yu	JM	JM
瑜	yu	GWG	GWG	鹆	yu	WWKG	WWKG
虞	yu	HAK	HKGD	愈	yu	WGEN	WGEN
觎	yu	WGEQ	WGEQ	煜	yu	OJU	OJU

汉字	拼音	86版	98版	汉字	拼音	86版	98版
窬	yu	PWWJ	PWWJ	蓣	yu	ACBM	ACNM
舆	yu	WFL	ELGW	誉	yu	IWYF	IGWY
蝓	yu	JWGJ	JWGJ	毓	yu	TXGQ	TXYK
与	yu	GN	GN	蜮	yu	JAK	JAK
伛	yu	WAQY	WARY	豫	yu	CBQ	CNHE
宇	yu	PGF	PGF	燠	yu	OTM	OTM
屿	yu	MGN	MGN	鹆	yu	CBTG	CNHG
羽	yu	NNY	NNY	鬻	yu	XOXH	XOXH
雨	yu	FGHY	FGHY				
yuan							
鸢	yuan	AQYG	AYQG	鼋	yuan	FQKN	FQKN
冤	yuan	PQK	PQK	塬	yuan	FDR	FDR
鸳	yuan	QBHF	QBHF	源	yuan	IDR	IDR
鸳	yuan	QBQ	QBQ	猿	yuan	QTFE	QTFE
渊	yuan	ITOH	ITOH	辕	yuan	LFK	LFK
箢	yuan	TPQ	TPQ	圜	yuan	LLG	LLG
元	yuan	FQB	FQB	橼	yuan	SXXE	SXXE
员	yuan	KM	KM	蝾	yuan	JDR	JDR
园	yuan	LFQ	LFQ	远	yuan	FQP	FQP
沅	yuan	IFQ	IFQ	苑	yuan	AQB	AQB
垣	yuan	FGJG	FGJG	怨	yuan	QBN	QBN
爰	yuan	EFT	EGDC	院	yuan	BPF	BPF
原	yuan	DR	DR	垸	yuan	FPF	FPF
圆	yuan	LKMI	LKMI	媛	yuan	VEFC	VEGC
袁	yuan	FKE	FKE	掾	yuan	RXE	RXEY
援	yuan	REF	REGC	瑗	yuan	GEFC	GEGC
缘	yuan	XXE	XXE	愿	yuan	DRIN	DRIN
yue							
曰	yue	JHNG	JHNG	阅	yue	UUK	UUKQ
约	yue	XQ	XQ	跃	yue	KHTD	KHTD

汉字	拼音	86版	98版	汉字	拼音	86版	98版
月	yue	EEE	EEE	粤	yue	TLO	TLO
刖	yue	EJH	EJH	越	yue	FHA	FHAN
岳	yue	RGM	RMJ	樾	yue	SFHT	SFHN
钥	yue	QEG	QEG	龠	yue	WGKA	WGKA
悦	yue	NUK	NUK	瀹	yue	IWGA	IWGA
钺	yue	QANT	QANN				
yun							
云	yun	FCU	FCU	孕	yun	EBF	BBF
匀	yun	QU	QU	运	yun	FCP	FCP
纭	yun	XFC	XFC	郓	yun	PLB	PLB
芸	yun	AFCU	AFCU	恽	yun	NPL	NPL
昀	yun	JQU	JQU	酝	yun	SGF	SGFC
郧	yun	KMB	KMB	晕	yun	JP	JPL
耘	yun	DIFC	FSFC	愠	yun	NJLG	NJLG
氲	yun	RNJL	RJLD	韫	yun	FNHL	FNHL
允	yun	CQ	CQB	蕴	yun	AXJ	AXJ
狁	yun	QTC	QTCQ	韵	yun	UJQU	UJQU
陨	yun	BKM	BKM	熨	yun	NFIO	NFIO
殒	yun	GQK	GQKM				

Z

汉字	拼音	86版	98版	汉字	拼音	86版	98版
za							
匝	za	AMH	AMH	杂	za	VS	VS
咂	za	KAM	KAM	砸	za	DAMH	DAMH
拶	za	RVQ	RVQ				
zai							
灾	zai	POU	POU	载	zai	FA	FALD
甾	zai	VLF	VLF	崽	zai	MLN	MLN
哉	zai	FAK	FAK	再	zai	GMF	GMF

汉字	拼音	86版	98版	汉字	拼音	86版	98版
栽	zai	FAS	FAS	在	zai	DHFD	DHFD
宰	zai	PUJ	PUJ				
zan							
糌	zan	OTHJ	OTHJ	趱	zan	FHT	FHT
簪	zan	TAQ	TAQ	暂	zan	LRJ	LRJ
咱	zan	KTH	KTH	赞	zan	TFQM	TFQM
昝	zan	THJ	THJ	錾	zan	LRQ	LRQ
攒	zan	RTFM	RTFM	瓒	zan	GTFM	GTFM
zang							
赃	zang	MYF	MOFG	奘	zang	NHDD	UFDU
臧	zang	DND	AUAH	脏	zang	EYF	EOFG
驵	zang	CEG	CGEG	葬	zang	AGQA	AGQA
zao							
遭	zao	GMAP	GMAP	灶	zao	OF	OFG
糟	zao	OGMJ	OGMJ	皂	zao	RAB	RAB
凿	zao	OGU	OUFB	唣	zao	KRA	KRA
早	zao	JH	JH	造	zao	TFKP	TFKP
枣	zao	GMIU	SMUU	噪	zao	KKKS	KKKS
蚤	zao	CYJ	CYJ	燥	zao	OKK	OKK
澡	zao	IK	IKK	躁	zao	KHKS	KHKS
藻	zao	AIK	AIK				
ze							
则	ze	MJ	MJ	笮	ze	TTHF	TTHF
择	ze	RCF	RCGH	舴	ze	TETF	TUTF
泽	ze	ICF	ICGH	箦	ze	TGMU	TGMU
责	ze	GMU	GMU	赜	ze	AHKM	AHKM
迮	ze	THFP	THFP	仄	ze	DWI	DWI
啧	ze	KGM	KGMY	昃	ze	JDWU	JDWU
帻	ze	MHGM	MHGM				

Z

汉字	拼音	86版	98版	汉字	拼音	86版	98版
zei							
贼	zei	MADT	MADT				
zen							
怎	zen	THFN	THFN	潜	zen	YAQJ	YAQJ
zeng							
曾	zeng	UL	ULJ	罾	zeng	LUL	LUL
增	zeng	FU	FU	锃	zeng	QKG	QKG
憎	zeng	NUL	NUL	甑	zeng	ULJN	ULJY
缯	zeng	XUL	XUL	赠	zeng	MU	MU
zha							
吒	zha	KTAN	KTAN	铡	zha	QMJ	QMJ
咋	zha	KTHF	KTHF	眨	zha	HTP	HTP
哳	zha	KRRH	KRRH	砟	zha	DTH	DTH
喳	zha	KSJ	KSJ	乍	zha	THF	THFF
揸	zha	RSJG	RSJG	诈	zha	YTH	YTHF
渣	zha	ISJG	ISJG	咤	zha	KPTA	KPTA
楂	zha	SSJ	SSJ	栅	zha	SMM	SMMG
齄	zha	THLG	THLG	炸	zha	OTH	OTH
扎	zha	RNN	RNN	痄	zha	UTHF	UTHF
札	zha	SNN	SNN	蚱	zha	JTHF	JTHF
轧	zha	LNN	LNN	榨	zha	SPW	SPW
闸	zha	ULK	ULK				
zhai							
斋	zhai	YDM	YDM	债	zhai	WGMY	WGMY
摘	zhai	RUM	RYUD	砦	zhai	HXD	HXD
宅	zhai	PTA	PTA	寨	zhai	PFJS	PAWS
翟	zhai	NWYF	NWYF	瘵	zhai	UWFI	UWFI
窄	zhai	PWTF	PWTF				
zhan							
沾	zhan	IHK	IHK	崭	zhan	MLRJ	MLRJ

汉字	拼音	86版	98版	汉字	拼音	86版	98版
毡	zhan	TFNK	EHKD	辗	zhan	LNA	LNA
旃	zhan	YTMY	YTMY	占	zhan	HK	HK
粘	zhan	OH	OHKG	战	zhan	HKA	HKAY
詹	zhan	QDW	QDW	栈	zhan	SGT	SGAY
谵	zhan	YQDY	YQDY	站	zhan	UHKG	UHKG
瞻	zhan	HQD	HQD	绽	zhan	XPG	XPG
斩	zhan	LRH	LRH	湛	zhan	IAD	IDWN
展	zhan	NAE	NAE	骣	zhan	CNB	CGNB
盏	zhan	GLF	GALF	蘸	zhan	ASGO	ASGO
搌	zhan	RNAE	RNAE				
zhang							
张	zhang	XT	XTA	掌	zhang	IPKR	IPKR
章	zhang	UJJ	UJJ	丈	zhang	DYI	DYI
鄣	zhang	UJB	UJB	仗	zhang	WDYY	WDYY
嫜	zhang	VUJH	VUJH	帐	zhang	MHT	MHT
彰	zhang	UJE	UJE	杖	zhang	SDY	SDY
漳	zhang	IUJ	IUJ	胀	zhang	ETA	ETA
獐	zhang	QTUJ	QTUJ	账	zhang	MTA	MTA
樟	zhang	SUJ	SUJ	障	zhang	BUJ	BUJ
璋	zhang	GUJ	GUJ	嶂	zhang	MUJ	MUJ
蟑	zhang	JUJH	JUJH	幛	zhang	MHUJ	MHUJ
仉	zhang	WMN	WWN	瘴	zhang	UUJK	UUJK
涨	zhang	IXTY	IXTY				
zhao							
钊	zhao	QJH	QJH	诏	zhao	YVK	YVK
招	zhao	RVK	RVK	赵	zhao	FHQ	FHRI
昭	zhao	JVK	JVK	笊	zhao	TRHY	TRHY
啁	zhao	KMF	KMF	棹	zhao	SHJ	SHJ
找	zhao	RAT	RAY	照	zhao	JVKO	JVKO
沼	zhao	IVK	IVK	罩	zhao	LHJ	LHJ

汉字	拼音	86版	98版	汉字	拼音	86版	98版
召	zhao	VKF	VKF	肇	zhao	YNTH	YNTG
兆	zhao	IQV	QII				
zhe							
蜇	zhe	RRJ	RRJ	者	zhe	FTJ	FTJ
遮	zhe	YAOP	OAOP	锗	zhe	QFT	QFT
折	zhe	RRH	RRH	赭	zhe	FOFJ	FOFJ
哲	zhe	RRK	RRK	褶	zhe	PUNR	PUNR
辄	zhe	LBN	LBN	这	zhe	P	P
蛰	zhe	RVYJ	RVYJ	柘	zhe	SDG	SDG
谪	zhe	YUM	YYUD	浙	zhe	IRR	IRR
摺	zhe	RNRG	RNRG	蔗	zhe	AYA	AOAO
磔	zhe	DQAS	DQGS	鹧	zhe	YAOG	OAOG
辙	zhe	LYC	LYC				
zhen							
贞	zhen	HM	HM	枕	zhen	SPQ	SPQ
针	zhen	QFH	QFH	胗	zhen	EWE	EWE
侦	zhen	WHM	WHM	轸	zhen	LWE	LWE
浈	zhen	IHM	IHM	畛	zhen	LWET	LWET
珍	zhen	GW	GW	疹	zhen	UWE	UWE
桢	zhen	SHM	SHM	缜	zhen	XFH	XFH
真	zhen	FHW	FHW	稹	zhen	TFHW	TFHW
砧	zhen	DHKG	DHKG	圳	zhen	FKH	FKH
祯	zhen	PYHM	PYHM	阵	zhen	BL	BL
斟	zhen	ADWF	DWNF	鸩	zhen	PQQ	PQQ
甄	zhen	SFGN	SFGY	振	zhen	RDF	RDFE
蓁	zhen	ADWT	ADWT	朕	zhen	EUDY	EUDY
榛	zhen	SDWT	SDWT	赈	zhen	MDFE	MDFE
箴	zhen	TDGT	TDGK	镇	zhen	QFHW	QFHW
臻	zhen	GCFT	GCFT	震	zhen	FDF	FDF
诊	zhen	YWE	YWE	帧	zhen	MHHM	MHHM

汉字	拼音	86版	98版	汉字	拼音	86版	98版
zheng							
争	zheng	QV	QV	蒸	zheng	ABI	ABI
征	zheng	TGH	TGH	徵	zheng	TMGT	TMGT
怔	zheng	NGH	NGH	拯	zheng	RBI	RBI
峥	zheng	MQV	MQV	整	zheng	GKIH	SKTH
挣	zheng	RQVH	RQVH	正	zheng	GHD	GHD
狰	zheng	QTQH	QTQH	证	zheng	YGH	YGH
钲	zheng	QGHG	QGHG	净	zheng	YQVH	YQVH
睁	zheng	HQV	HQV	郑	zheng	UDB	UDB
铮	zheng	QQV	QQV	政	zheng	GHT	GHT
筝	zheng	TQVH	TQVH	症	zheng	UGH	UGH
zhi							
之	zhi	PPPP	PPPP	斋	zhi	OGUI	OIU
支	zhi	FCU	FCU	酯	zhi	SGX	SGX
卮	zhi	RGBV	RGBV	至	zhi	GCF	GCF
汁	zhi	IFH	IFH	志	zhi	FN	FN
芝	zhi	AP	AP	忮	zhi	NFCY	NFCY
吱	zhi	KFC	KFC	豸	zhi	EER	ETYT
枝	zhi	SFC	SFC	制	zhi	RMHJ	TGMJ
知	zhi	TD	TD	帙	zhi	MHRW	MHTG
织	zhi	XKW	XKW	帜	zhi	MHKW	MHKW
肢	zhi	EFC	EFC	治	zhi	ICK	ICK
栀	zhi	SRGB	SRGB	炙	zhi	QO	QO
祗	zhi	PYQY	PYQY	质	zhi	RFM	RFM
胝	zhi	EQA	EQA	郅	zhi	GCFB	GCFB
脂	zhi	EX	EX	峙	zhi	MFF	MFF
蜘	zhi	JTDK	JTDK	栉	zhi	SAB	SAB
执	zhi	RVY	RVY	陟	zhi	BHI	BHHT
侄	zhi	WGCF	WGCF	挚	zhi	RVYR	RVYR
直	zhi	FH	FH	桎	zhi	SGCF	SGCF

汉字	拼音	86版	98版	汉字	拼音	86版	98版
值	zhi	WFHG	WFHG	秩	zhi	TRW	TTGY
职	zhi	BK	BK	致	zhi	GCFT	GCFT
植	zhi	SFHG	SFHG	贽	zhi	RVYM	RVYM
殖	zhi	GQF	GQF	轾	zhi	LGC	LGC
絷	zhi	RVYI	RVYI	掷	zhi	RUDB	RUDB
跖	zhi	KHDG	KHDG	痔	zhi	UFFI	UFFI
摭	zhi	RYA	ROAO	窒	zhi	PWGF	PWGF
蹠	zhi	KHUB	KHUB	骘	zhi	RVYG	RVYG
夂	zhi	TTNY	TTNY	巇	zhi	XGX	XXTX
止	zhi	HHHG	HHGG	智	zhi	TDKJ	TDKJ
只	zhi	KW	KW	滞	zhi	IGK	IGK
旨	zhi	XJ	XJ	痣	zhi	UFNI	UFNI
址	zhi	FHG	FHG	蛭	zhi	JGC	JGC
纸	zhi	XQA	XQA	骘	zhi	BHIC	BHHG
芷	zhi	AHF	AHF	稚	zhi	TWYG	TWYG
祉	zhi	PYHG	PYHG	置	zhi	LFHF	LFHF
咫	zhi	NYK	NYK	雉	zhi	TDWY	TDWY
指	zhi	RXJ	RXJG	膣	zhi	EPWF	EPWF
枳	zhi	SKW	SKW	觯	zhi	QEUF	QEUF
轵	zhi	LKW	LKW	踬	zhi	KHRM	KHRM
趾	zhi	KHH	KHH				

			zhong				
中	zhong	K	K	肿	zhong	EKH	EKH
忠	zhong	KHN	KHN	种	zhong	TKH	TKH
终	zhong	XTU	XTU	冢	zhong	PEY	PGEY
盅	zhong	KHL	KHL	踵	zhong	KHTF	KHTF
钟	zhong	QKHH	QKHH	仲	zhong	WKHH	WKHH
舯	zhong	TEK	TUKH	众	zhong	WWW	WWW
衷	zhong	YKHE	YKHE	重	zhong	TGJ	TGJ
螽	zhong	TUJJ	TUJJ				

汉字	拼音	86版	98版	汉字	拼音	86版	98版
			zhou				
州	zhou	YTYH	YTYH	纣	zhou	XFY	XFY
舟	zhou	TEI	TUI	咒	zhou	KKM	KKWB
诌	zhou	YQVG	YQVG	宙	zhou	PM	PM
周	zhou	MFKD	MFKD	绉	zhou	XQV	XQV
洲	zhou	IYTH	IYTH	昼	zhou	NYJ	NYJ
粥	zhou	XOXN	XOXN	胄	zhou	MEF	MEF
妯	zhou	VMG	VMG	荮	zhou	AXF	AXF
轴	zhou	LMG	LMG	皱	zhou	QVHC	QVBY
碡	zhou	DGX	DGXY	酎	zhou	SGFY	SGFY
肘	zhou	EFY	EFY	骤	zhou	CBC	CGBI
帚	zhou	VPMH	VPMH	籀	zhou	TRQL	TRQL
			zhu				
朱	zhu	RI	TFI	渚	zhu	IFT	IFT
侏	zhu	WRI	WTFY	属	zhu	NTK	NTK
诛	zhu	YRI	YTFY	煮	zhu	FTJO	FTJO
邾	zhu	RIB	TFBH	嘱	zhu	KNT	KNT
洙	zhu	IRI	ITFY	麈	zhu	YNJG	OXXG
茱	zhu	ARI	ATFU	瞩	zhu	HNT	HNT
株	zhu	SRI	STFY	伫	zhu	WPG	WPG
珠	zhu	GR	GTFY	住	zhu	WYGG	WYGG
诸	zhu	YFT	YFT	助	zhu	EGL	EGET
猪	zhu	QTFJ	QTFJ	苎	zhu	APGF	APGF
铢	zhu	QRI	QTFY	杼	zhu	SCB	SCNH
蛛	zhu	JRI	JTFY	注	zhu	IYGG	IYGG
槠	zhu	SYFJ	SYFJ	贮	zhu	MPG	MPG
潴	zhu	IQTJ	IQTJ	驻	zhu	CY	CGYG
橥	zhu	QTFS	QTFS	柱	zhu	SYG	SYG
竹	zhu	TTG	THTH	炷	zhu	OYGG	OYGG
竺	zhu	TFF	TFF	祝	zhu	PYK	PYK

汉字	拼音	86版	98版	汉字	拼音	86版	98版
烛	zhu	OJY	OJY	疰	zhu	UYGD	UYGD
逐	zhu	EPI	GEPI	著	zhu	AFT	AFT
舳	zhu	TEMG	TUMG	蛀	zhu	JYG	JYG
瘃	zhu	UEY	UGEY	筑	zhu	TAM	TAWY
躅	zhu	KHLJ	KHLJ	铸	zhu	QDT	QDT
主	zhu	YGD	YGD	箸	zhu	TFT	TFT
拄	zhu	RYG	RYG	翥	zhu	FTJN	FTJN
zhua							
抓	zhua	RRHY	RRHY	爪	zhua	RHYI	RHYI
zhuai							
拽	zhuai	RJX	RJNT				
zhuan							
专	zhuan	FNY	FNY	赚	zhuan	MUV	MUVW
砖	zhuan	DFNY	DFNY	撰	zhuan	RNNW	RNNW
颛	zhuan	MDMM	MDMM	篆	zhuan	TXE	TXE
转	zhuan	LFN	LFN	馔	zhuan	QNNW	QNNW
啭	zhuan	KLFY	KLFY				
zhuang							
妆	zhuang	UVG	UVG	壮	zhuang	UFG	UFG
庄	zhuang	YFD	OFD	状	zhuang	UDY	UDY
桩	zhuang	SYF	SOFG	幢	zhuang	MHU	MHU
装	zhuang	UFY	UFY	撞	zhuang	RUJ	RUJ
zhui							
隹	zhui	WYG	WYG	坠	zhui	BWFF	BWFF
追	zhui	WNNP	TNPD	缀	zhui	XCC	XCC
骓	zhui	CWYG	CGWY	惴	zhui	NMDJ	NMDJ
椎	zhui	SWY	SWY	缒	zhui	XWNP	XTNP
锥	zhui	QWY	QWY	赘	zhui	GQTM	GQTM
zhun							
肫	zhun	EGB	EGB	谆	zhun	YYBG	YYBG

汉字	拼音	86版	98版	汉字	拼音	86版	98版
宒	zhun	PWGN	PWGN	准	zhun	UWYG	UWYG
zhuo							
卓	zhuo	HJJ	HJJ	浞	zhuo	IKHY	IKHY
拙	zhuo	RBM	RBM	诼	zhuo	YEY	YGEY
倬	zhuo	WHJH	WHJH	酌	zhuo	SGQ	SGQ
捉	zhuo	RKH	RKH	啄	zhuo	KEYY	KGEY
桌	zhuo	HJS	HJS	着	zhuo	UDH	UHF
涿	zhuo	IEYY	IGEY	琢	zhuo	GEY	GGEY
灼	zhuo	OQY	OQY	禚	zhuo	PYUO	PYUO
茁	zhuo	ABM	ABM	擢	zhuo	RNWY	RNWY
斫	zhuo	DRH	DRH	濯	zhuo	INW	INW
浊	zhuo	IJ	IJ	镯	zhuo	QLQJ	QLQJ
zi							
仔	zi	WBG	WBG	龇	zi	HWBX	HWBX
孜	zi	BTY	BTY	髭	zi	DEHX	DEHX
兹	zi	UXXU	UXXU	鲻	zi	QGVL	QGVL
咨	zi	UQWK	UQWK	籽	zi	OBG	OBG
姿	zi	UQWV	UQWV	子	zi	BBBB	BBBB
赀	zi	HXMU	HXMU	姊	zi	VTNT	VTNT
资	zi	UQWM	UQWM	秭	zi	TTNT	TTNT
淄	zi	IVLG	IVLG	秄	zi	DIB	FSBG
缁	zi	XVLG	XVLG	第	zi	TTNT	TTNT
谘	zi	YUQK	YUQK	梓	zi	SUH	SUH
孳	zi	UXXB	UXXB	紫	zi	HXXI	HXXI
嵫	zi	MUXX	MUXX	滓	zi	IPUH	IPUH
滋	zi	IUXX	IUXX	訾	zi	HXYF	HXYF
粢	zi	UQWO	UQWO	字	zi	PBF	PBF
辎	zi	LVLG	LVLG	自	zi	THD	THD
觜	zi	HXQ	HXQ	恣	zi	UQWN	UQWN
趑	zi	FHUW	FHUW	渍	zi	IGMY	IGMY

汉字	拼音	86版	98版	汉字	拼音	86版	98版
锱	zi	QVLG	QVLG	眦	zi	HHXN	HHXN
zong							
宗	zong	PFIU	PFIU	鬃	zong	DEPI	DEPI
综	zong	XPFI	XPFI	总	zong	UKNU	UKNU
棕	zong	SPFI	SPFI	偬	zong	WQRN	WQRN
腙	zong	EPFI	EPFI	纵	zong	XWWY	XWWY
踪	zong	KHPI	KHPI	粽	zong	OPFI	OPFI
zou							
邹	zou	QVBH	QVBH	鄹	zou	BCTB	BCIB
驺	zou	CQV	CGQV	鲰	zou	QGBC	QGBC
诹	zou	YBC	YBC	走	zou	FHU	FHU
陬	zou	BBC	BBC	奏	zou	DWGD	DWGD
zu							
租	zu	TEG	TEG	镞	zu	QYTD	QYTD
菹	zu	AIE	AIE	诅	zu	YEG	YEG
足	zu	KHU	KHU	组	zu	XEG	XEGG
卒	zu	YWWF	YWWF	俎	zu	WWEG	WWEG
族	zu	YTT	YTT	祖	zu	PYE	PYE
zuan							
躜	zuan	KHTM	KHTM	钻	zuan	QHK	QHK
缵	zuan	XTFM	XTFM	攥	zuan	RTHI	RTHI
纂	zuan	THDI	THDI				
zui							
嘴	zui	KHX	KHX	罪	zui	LDJ	LHDD
最	zui	JB	JB	醉	zui	SGYF	SGYF
zun							
尊	zun	USG	USG	鳟	zun	QGUF	QGUF
遵	zun	USGP	USGP	撙	zun	RUS	RUS
樽	zun	SUSF	SUSF				

汉字	拼音	86版	98版	汉字	拼音	86版	98版
zuo							
作	zuo	WTHF	WTHF	祚	zuo	PYTF	PYTF
昨	zuo	JTHF	JTHF	胙	zuo	ETHF	ETHF
左	zuo	DAF	DAF	唑	zuo	KWW	KWW
佐	zuo	WDAG	WDAG	座	zuo	YWW	OWWF
坐	zuo	WWFF	WWFD	做	zuo	WDT	WDT
阼	zuo	BTHF	BTHF	撮	zuo	RJBC	RJBC
作	zuo	NTHF	NTHF	嘬	zuo	KJBC	KJBC
柞	zuo	STHF	STHF				

Z

销售分类建议：计算机办公应用

ISBN 978-7-122-44391-5

9 787122 443915 >

定价：59.90元

五笔打字
新手速成
一本通

博蓄诚品　编著

化学工业出版社
·北京·

内容简介

　　本书从打字习惯认知入手，首先对汉字的编码、键盘的使用、输入法的类型进行了简要介绍，随后对五笔输入法、键位分区、击键指法、字根表与助记词、汉字的拆分、简码的输入、词组的输入，以及98版五笔输入法等内容作了详细介绍。同时，还汇总整理了难拆难打汉字汇总表、拼音打字快速入门，以及五笔字型编码查询手册，供读者随时查阅。

　　全书结构合理、内容翔实、图文并茂、通俗易懂，对于广大办公人员来讲，是一本实用性很强的学习用书。本书可作为企事业单位办公人员的工具书，还可作为职业院校、培训机构的教材及辅导用书。

图书在版编目（CIP）数据

　　五笔打字新手速成一本通 / 博蓄诚品编著. —北京：
化学工业出版社，2024.2（2024.11重印）
　　ISBN 978-7-122-44391-5

　　Ⅰ.①五… Ⅱ.①博… Ⅲ.①五笔字型输入法-基本
知识 Ⅳ.①TP391.14

　　中国国家版本馆CIP数据核字（2023）第210923号

责任编辑：耍利娜　　　　　　　　　　　文字编辑：张钰卿　王　硕
责任校对：杜杏然　　　　　　　　　　　装帧设计：王晓宇

出版发行：化学工业出版社（北京市东城区青年湖南街13号　邮政编码100011）
印　　刷：北京云浩印刷有限责任公司
装　　订：三河市振勇印装有限公司
710mm×1000mm　1/16　印张14¼　字数194千字　　2024年11月北京第1版第2次印刷

购书咨询：010-64518888　　　　　　　　售后服务：010-64518899
网　　址：http://www.cip.com.cn
凡购买本书，如有缺损质量问题，本社销售中心负责调换。

定　　价：59.90元　　　　　　　　　　　　　　　　版权所有　违者必究

前言 Preface

在信息时代的今天，自动化办公已经成为现实。无论是文档管理，还是信息交流与共享，都离不开数据信息的输入，五笔字型输入法的出现及应用便很好地解决了准确输入这一难题。五笔字型输入法简称五笔，是当今使用最为广泛的一种形码汉字输入方法，它可以让用户以最快的速度输入汉字，是许多部门要求办公人员必须掌握的输入法之一。

内容特点

五笔字型输入法采用字根输入方法，具有符合汉字书写习惯、重码少、录入速度快和不受方言限制等优点。它以极短的平均码长和极低的重码率等优点成为众多使用者的首选方案。其特点介绍如下。

- 通用性良好。学会五笔字型输入法后，对于认识或不认识的汉字均可在电脑中准确地输入。
- 击键次数少。无论多复杂的汉字，最多只敲4个键，而且字与词之间不要任何切换或附加操作。
- 输入效率高。由于这是一种按字型来设计的编码方法，平均每输入10000个汉字，才有1～2个字需要挑选。
- "眼到即手到"。经过标准指法训练，录入速度将会有质的提升，每分钟向电脑中输入120个汉字是件很容易的事情。

学习方法

学习五笔的方法可以概括为以下3点。

第一，端正学习态度，熟悉键盘分布，按照规定的坐姿和击键指法进行练习。

第二，掌握汉字拆分原理，在这一基础上熟记字根表，有计划地进行练习。

第三，熟记一级简码、二级简码，练习词组的快速输入，学习+实践+思考。

本书结构合理，内容通俗易懂，注重图解化教学，强调计算机技术的实用性和可操作性。对于办公人员来讲，是一本实用性很强的工具书。在学习过程中，欢迎加入读者交流群（QQ群：693652086）进行学习探讨。

本书在编写过程中力求严谨细致，但由于时间与精力有限，疏漏之处在所难免，望广大读者批评指正。

编著者

86版 五笔字根表及助记词

金 35Q	金钅勹鱼儿 人乂义丷 ク夕ク勹⺈
人 34W	八 人乂 亻 癶
月 33E	月彡𠂇衤ⱽ 用舟乃⺆ 豕⺕⺄⺈氏
白 32R	白斤手扌手 钅手⽚斤斤 厂
禾 31T	禾竹丿彳攵 竹⺮一丿 彳攵夂丿
言 41Y	言讠㇇亠 丶冫广㇇ 讠㇏文方广
立 42U	立丬辛䒑 丷冫亠𰀁丬 六门疒
水 43I	水氺冫丷 水氺乊丷丷 小⺗业小倒立
火 44O	火灬⺌ 火业⺌ 灬灬米
之 45P	之廴辶 之宀冖辶 辶辶礻
工 15A	工廾廿匚 戈弋七七匸 ⺻⺬⺱世七七
木 14S	木丁 西
大 13D	大犬三手 长石古石厂 厂ナ犬古石
土 12F	土士二干 十寸未甲十 廾十二雨
王 11G	王一 一戋 五
目 21H	目且上卜 目且⼓丨丨 ⺊⺊⼁止卜
日 22J	日早两竖 日曰丷刂刂刂 川虫
口 23K	口 川
田 24L	田口皿Ⅲ 田甲口四罒 四车力
纟 55X	纟纟幺幺 纟纟口匕 弓匕匕匕
又 54C	又 厶 马 巴马
女 53V	女刀九臼 刀九彐彐 九彐彐彐
子 52B	子孑孓耳 卩阝⼓也⼓⼓ 了了マⱽ凵
已 51N	已巳乙乛乚 己己已尸心忄 乙羽⼓丶⼏
山 25M	山由几 山几门门 由贝
Z 万能键	

一区（横起笔）

- G 王旁青头戋（兼）五一
- F 土士二干十寸雨
- D 大犬三羊古石厂
- S 木丁西
- A 工戈草头右框七

二区（竖起笔）

- H 目具上止卜虎皮
- J 日早两竖与虫依
- K 口与川，字根稀
- L 田甲方框四车力
- M 山由贝，下框几

三区（撇起笔）

- T 禾竹一撇双人立，反文条头共三一
- R 白手看头三二斤
- E 月彡（衫）乃用家衣底
- W 人和八，三四里
- Q 金勺缺点无尾鱼，犬旁留叉儿一点夕，氏无七

四区（捺起笔）

- Y 言文方广在四一，高头一捺谁人去
- U 立辛两点六门疒
- I 水旁兴头小倒立
- O 火业头，四点米
- P 之宝盖，摘礻（示）衤（衣）

五区（折起笔）

- N 已半巳满不出己，左框折尸心和羽
- B 子耳了也框向上
- V 女刀九臼山朝西
- C 又巴马，丢矢矣
- X 慈母无心弓和匕，幼无力

目 录 Contents

第3章 初识五笔输入法——基础知识

第6章 简码与词组输入——高级提速秘笈

第7章 98版五笔输入法——扩展知识

附录

01

第1章

文字输入方法多

——入门必知

文字输入法是指为了将汉字输入计算机或其他电子设备而采用的编码方法，是中文信息处理的重要技术。本章将对常用的文字输入方式、输入法种类，以及输入法的安装与设置进行介绍，为后面的学习奠定基础。

1.1 汉字输入的方法

文字输入的编码方法，基本上都是采用将音、形、义与特定的键相联系，再根据不同字进行组合来完成输入的。

▶ 1.1.1 了解汉字的输入形式

目前，将汉字输入计算机有两种基本途径，即键盘输入和非键盘输入两大类。

（1）键盘输入

汉字的键盘输入是指对汉字进行编码后，通过计算机标准键盘键入编码来输入汉字。

目前，利用键盘输入汉字的现状主要是"易学的打不快，打得快的不易学"，而且计算机应用的普及，形成对汉字输入技术市场的多层次需求。专业打字员愿意选用"速度型"输入法；作家、科技人员愿意选用"易学型"输入法；不会拼音的人员愿意选用形码输入法。虽然市面上主流的各种汉字输入法各有优缺点，但是都在向系统化、智能化、标准化的方向发展。

（2）非键盘输入

无论哪种键盘输入法，都需要使用者经过一段时间的练习才可能达到基本要求的速度，至少用户的指法必须很熟练才行。对于不会使用键盘的用户来讲，困难显而易见。因此很多人另辟蹊径，不通过键盘而利用其他途径实现汉字的输入，我们把这类输入方式统称为非键盘输入。它们的特点就是使用简单，但都需要特殊设备。

非键盘输入方式包括手写、听写、读听写等，具体地说就是利用手写笔、语音识别、手写加语音识别、手写语音识别加 OCR（optical character recognition，光学字符识别）扫描阅读器的方式进行输入。

① 手写输入法。手写输入法是一种笔式环境下的手写中文识别输入法，符合国人用笔写字的习惯，只要在手写板上按平常的书写形式写字，电脑上就可以识别并显示出来。

② 语音输入法。语音输入法，顾名思义，是将声音通过话筒转换成文字的一种输入方法。在硬件方面要求电脑必须配备能进行正常录音的声卡，然后调试好话筒，便可以用与主机相连的话筒读出汉字的语音。

③ 扫描输入法。扫描输入法，即指使用 OCR 光学字元辨识核心技术进行输入，办公常用的主要有手持扫描仪、平板扫描仪两种。

▶ 1.1.2 熟悉汉字的编码方法

根据汉字编码方法的不同，输入法归纳起来可分为三大类：按照汉字读音编码的音码输入法、按照笔画字型编码的形码输入法、音码与形码混合编码的输入法。

（1）音码

拼音输入是一种最简单的汉字输入方法，凡是会拼音的用户都会使用，基本上不用学习，因此尽管它存在重码多、输入速度慢等缺点，但仍然被广泛使用。拼音输入法主要有：全拼、双拼、微软拼音输入法、智能 ABC 等。

拼音输入法的发展非常快，从以字输入为主发展到以词输入为主，并具有智能调频功能，又发展到语句输入（即一次性输入整句话的拼音，由计算机自动转化为整句中文，用户不需调整或仅需稍微调整即可，从而大大减少了重码选择时间），加快了输入速度。但拼音输入法也有缺点：

- 同音字太多，重码率高，输入效率低；
- 对用户的发音要求较高；
- 难以处理不认识的生字。

某些拼音输入法虽然有满足口音的容错码设计，但目前主流拼音是立足于义务教育的拼音知识、汉字知识和普通话水平之上的，所以对使用者普通话和识字及拼音水平的提高有促进作用。拼音定型输入法通过分词连打及分化定型同音字、词等手段，可以较好地解决重码问题。

（2）形码

形码是按汉字的字形（笔画、部首）来进行编码的，典型代表是五笔字型，其各项技术指标为快速输入提供了可能。汉字是由许多相对独立的基本部分组成的，例如：

"好"字是由"女"和"子"组成；

"助"字是由"且"和"力"组成。

这里的"女""子""且""力"在汉字编码中称为字根或字元。形码是一种将字根或笔画规定为基本的输入编码，再由这些编码组合成汉字的方法。这类编码与能否正确发音没有关系，因此即使不会拼音，也能实现汉字的输入。

（3）音形码

音形码是"音码"与"形码"的混合物。它吸取了音码和形码的优点，将二者混合使用。但也可能把"音码"与"形码"的缺点不同程度地继承下来。"二笔码"（原名是"阴阳码"）就是其中的一种。

总之，无论是哪一类的大键盘输入法，都要记住拼音或字根（部件）与大键盘上的每个键位的对应关系。当然，对绝大多数大键盘汉字输入法来说，只要经过比较严格的指法训练，并经常巩固练习，每分钟输入 100 个以上的汉字是不成问题的。

1.2 汉字输入法类型

常用汉字输入法种类繁多，但常用的也只有为数不多的几种，这些输入法的普及率相对较高，下面将对其进行简单介绍。

▶ 1.2.1 拼音输入法

拼音输入法是按照拼音规定来输入汉字的，它操作难度低，不需要特殊记忆，符合人的思维习惯，只要会拼音就可以轻松且快速输入汉字。同时拼音输入法还拥有智能拼字、查错等功能，可以让用户们拥有一个舒适的输入环境。

（1）搜狗拼音输入法

搜狗拼音输入法为主流汉字拼音输入法之一，是基于搜索引擎技术的、特别适合网民使用的、新一代的输入法产品，用户可以通过互联网备份自己的个性化词库和配置信息。搜狗拼音输入法状态栏如图 1-1 所示。在标准模式下，搜狗输入法还可以设置为全拼输入、简拼输入、混拼输入、双拼输入等多种输入形式。

图 1-1

搜狗拼音输入法之所以受到更多人的喜欢，是因为它具有如下特点：

● 内置细胞词库，输入更准确；

● 汉字输入统计，即自动计算出输入汉字的总字数、输入速度、今日输入的字数、输入时段；

● 更换皮肤随心所欲，各种精彩皮肤的选择只需要轻轻一点即可；

● 个性化设置，输入更快捷，如模糊音设置、词语联系设置、拼音纠错设置等。

（2）QQ拼音输入法

QQ 拼音输入法（简称 QQ 拼音）是由腾讯公司开发的一款汉语拼音输入法软件，运行于 Windows、macOS 等系统下。QQ 拼音输入法是特别适合互联网应用的、快速敏捷的输入法产品。

QQ 拼音输入法与大多数拼音输入法一样，支持全拼、简拼、双拼三种基本的拼音输入模式。而在输入方式上，QQ 拼音输入法支持单字、词组、整句的输入方式。基本字句的输入操作方面，QQ 拼音输入法与常用的拼音输入法无太大的差别。它默认显示五个候选字，以横向的方式呈现；最多可同时显示九个候选字，可以改变为纵向显示候选字，这与其他输入法相比给用户带来了很大的方便，如图 1-2 所示。

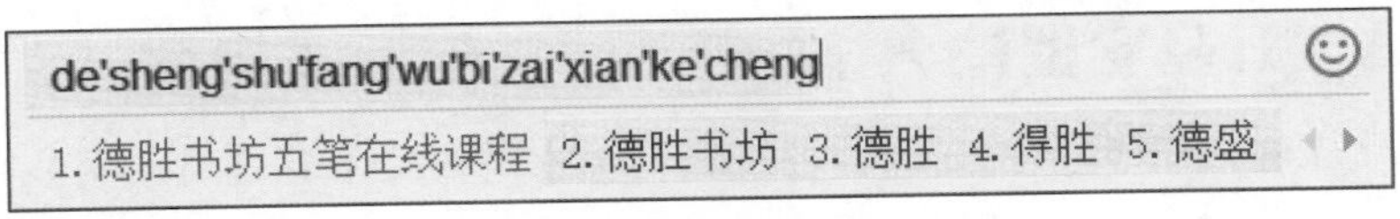

de'sheng'shu'fang'wu'bi'zai'xian'ke'cheng
1. 德胜书坊五笔在线课程 2. 德胜书坊 3. 德胜 4. 得胜 5. 德盛

图 1-2

QQ 拼音输入法的特点如下：

- 提供多套精美皮肤，让书写更加享受；
- 输入速度快，占用资源少，轻松提高打字速度；
- 最新、最全的流行词汇，不仅仅适合多种场合，而且是最适合在聊天软件和其他互联网应用中使用的输入法；
- 用户词库网络迁移绑定QQ号码、个人词库随身带；
- 智能整句生成，打长句子不费吹灰之力，得心应手。

（3）微软拼音输入法

微软拼音输入法（MSPY）是一种基于语句的智能型的拼音输入法，采用拼音作为汉字的录入方式，用户不需要经过专门的学习和培训，就可以使用并熟练掌握这种汉字输入技术。微软拼音输入法更为一些地区的用户着想，提供了模糊音设置，对于那些说话带口音的用户，不必担心微软拼音输入法“听不懂”非标准普通话。

若要启动该输入法，则只需单击语言栏中的“中文（简体，中国）”按钮，在展开的列表中进行相应的选择即可，如图 1-3 所示。

键盘布局
空格键
中文(简体，中国)
搜狗拼音输入法
拼
中文(简体，中国)
微软拼音
更多键盘设置

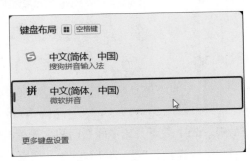

图 1-3

微软拼音输入法的特点介绍如下：

- 采用基于语句的整句转换方式，用户连续输入整句话的拼音，不必人工分词、挑选候选词语，这样既保证了用户的思维，又大大提高了输入的效率；
- 为用户提供了许多特性，比如自学习和自造词功能，使用这两种功能，经过短时间的与用户交流，微软拼音输入法能够学会用户的专业术语和用词习惯；
- 自带语音输入功能，具有极高的辨识度，并集成语音命令的功能；
- 与Office系列办公软件密切联系在一起，安装了Office办公软件即安装了该输入法，也可以手动安装；
- 支持手写功能。

▶ 1.2.2 五笔字型输入法

五笔字型输入法（简称五笔输入法），是王永民教授在 1983 年 8 月发明的一种汉字输入法。因为发明人姓王，所以也称为"王码五笔"。五笔字型完全依据笔画和字形特征对汉字进行编码，是典型的形码输入法。

五笔字型输入法的编码属于形码。形码有效地避免了按发音输入的缺陷，为那些使用方言的用户输入汉字提供了便利。或以汉字的笔画为依据，或以汉字的偏旁部首为基础，总结出一定的规律进行编码，使得这类编码与汉字读音无任何关系。同时形码的重码率也相对较低，为实现汉字的盲打提供了可能，成为专业人员的首选汉字输入码。

五笔字型输入法采用了 130 个基本字根。基本字根按起笔分为五类，对应键盘上的五个区。每区又细分为五组，每组对应一个键盘字母。在一个汉字中，字根间的关系被归纳为"单、散、连、交"四种。在汉字拆分时，遵循"书写顺序，取大优先，兼顾直观，能连不交，能散不连"的原则。五笔字型将汉字分为键面汉字和键外汉字两种，分别服从不同的编码规则。

另外，字的编码还有一、二、三级简码，其形成方法是取相应全码的前一、二、三个字母。五笔字型将词组也分为二字词组、三字词组、四字词组和多字词组四种。二字词组按顺序取各字的前两个字根来编码。三字词组按顺序取前两个字的第一个字根和末字的前两个字根来编码。四字词组和多字词组按顺序取第一、第二、第三、末字的第一个字根来编码。

▶ 1.2.3 笔画输入法

笔画输入法是一种简单易学的、最直观的输入法。笔画输入法是按照汉字的书写顺序，一笔一画按顺序进行拆分。笔画拆分规则与电脑的五笔输入法一样。先横后竖，先撇后捺，先左后右，先上后下，先中间后两边，先里头后开口。

由于电脑键盘上没有"横竖撇捺折"五个笔画的键，所以小键盘上的"1、2、3、4、5"五个数字对应汉字的五个基本笔画"横竖撇捺折"，故叫"12345 数字打字输入法"。

笔记本电脑用 D、F、J、K、L 键输入，并用 1、2、3、4、5、6、7、8、9、0 十个数字键来选字，同时也可用鼠标直接点击输入，使得输入更方便。

要想使用笔画输入法，必须熟知汉字以及书写的方法。比如上下结构、左右结构等，最重要的是笔顺，错一点就输不出想要的汉字，如图 1-4 所示。

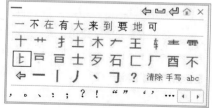

图 1-4

▶ 1.2.4　语音输入法

汉字语音输入法是利用语音识别技术将语音转换为文字的输入方法，通常采用马尔可夫信息模型进行统计处理和基于规则方法进行歧义判别。20 世纪 90 年代中后期，IBM 终于推出非特定人连续语音识别系统 ViaVoice，这是当时语音识别中的佼佼者。与此同时，国内很多从事汉字语音识别研究的人员运用在研究所或大学学到的知识或研究成果，建立了巨大的中文语言资料库（又叫语料库），推出了中文普通话的语音输入系统。

科大的讯飞语音输入法 PC 版本集语音、手写、拼音输入于一体，具有强大的语音识别能力，创新的触摸板手写、极简的输入界面，可大大提升输入速度，而且使用更加方便快捷。尤其是语音输入和触摸板叠写功能，对于打字不太熟练的中老年用户非常受用。

随着智能手机的普及，很多智能手机的输入法都自带语音输入功能，如百度手机输入法、讯飞语音输入法等，用户也可以方便地利用手机进行语音输入文字。但是，语音输入目前还不能提供非常精确的文字输入。

1.3 ┃ 输入法的安装与设置

在电脑上输入文字的时候，经常需要切换输入法，以满足不同用户的需要，这时用户该如何安装并切换到适合自己的输入法呢？本节将对输入法的安装、设置、切换等内容进行介绍。

▶ 1.3.1　安装输入法

通过官网下载搜狗拼音输入法安装包后，即可进行安装。

步骤 01 双击应用程序，进入安装向导界面，单击"立即安装"按钮，如图 1-5 所示。

步骤 02 开始安装。在整个安装过程中，软件将会以进度条的形式对当前的安装进度给出相应的提示，如图 1-6 所示。用户需耐心等待。

图 1-5

图 1-6

步骤 03 安装完成后，将会显示完成信息，如图 1-7 所示。

步骤 04 随后在桌面上便可看到该输入法的状态栏，如图 1-8 所示。

图 1-7

图 1-8

为了更好地使用该输入法，用户可以对其进行相应的设置，以使其最大限度满足自己的使用需求。通过状态栏打开"我的输入法"对话框，便可有选择性地设置。

（1）设置输入法外观

单击"属性设置"下的"外观"选项，从中可以设置"我的皮肤""候选项数"等，如图 1-9 所示。

（2）设置所需词库

单击"属性设置"下的"词库"选项，从中可以选择自己需要的词库信息，以提高输入效率，如图 1-10 所示。

图 1-9

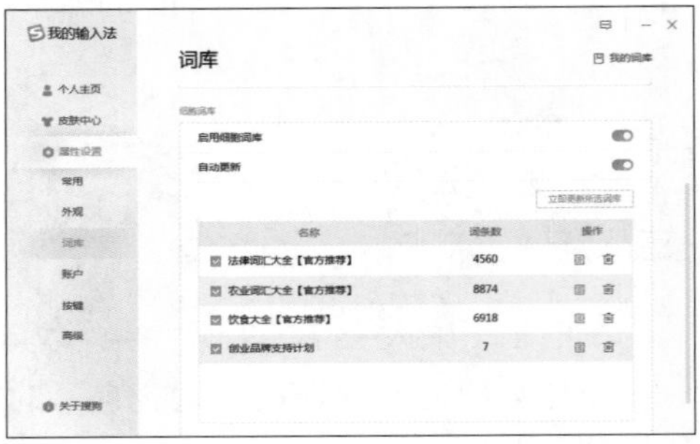

图 1-10

（3）注册输入法账户

单击"属性设置"下的"账户"选项，从中可根据需要设置并登录账户，以实现自己的词库及其他个性化设置无论何时何地都保持同步，如图 1-11 所示。

（4）配置输入习惯

在"属性设置"选项下的"按键"选项，根据个人习惯设置快捷键，如图 1-12 所示。

图 1-11

图 1-12

▶ 1.3.2 切换输入法

输入法是电脑的基本功能，所以经常切换输入法在所难免，下面介绍其中最常用的两种方法：一种是鼠标切换法，一种是快捷键切换法。

（1）鼠标切换法

这种方法主要是针对初学者来讲，单击任务栏右下角的 ▦ 图标，然后在弹出的菜单中选择适合自己的输入法即可，如图 1-13 所示。

图 1-13

（2）快捷键切换法

这种方法既简单又快捷，用户需要切换输入法的时候只要同时按住 Ctrl 键和 Shift 键，即可在多种输入法中来回切换。

1.4 技能提升课

Windows 系统中本身就自带一部分字体，当这些字体不能满足用户需要时，就需要自行安装其他样式的字体。下面将对字体的安装与删除进行介绍。

（1）安装字体

在 Windows 操作系统中，字体的安装操作包括以下两种方法：一种是利用复制的方式安装字体；另一种是利用快捷方式安装字体。

无论采用哪种方式进行安装，都需要先下载所需要的字体。下面主要对第一种安装方式进行详细介绍。

步骤 01 选择所要安装的字体文件，然后按 Ctrl+C 组合键进行复制，如图 1-14 所示。

步骤 02 通过控制面板，打开"字体"窗口，按 Ctrl+V 组合键进行粘贴即可，如图 1-15 所示。

图 1-14

图 1-15

（2）删除字体

若想将电脑中不需要的字体进行删除，可按如下操作执行。

步骤 01 选择字体。通过控制面板，打开"字体"窗口，从中选择所要删除的字体。可以选择一种，也可以同时选择多种，如图 1-16 所示。

步骤 02 删除字体。右键单击该字体，从弹出的快捷菜单中选择"删除"选项，如图 1-17 所示。

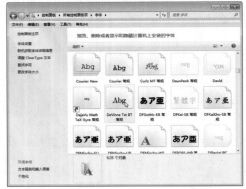

图 1-16

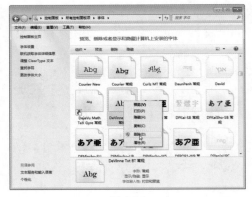

图 1-17

此外，选中字体后也可以直接单击窗口中的"删除"按钮进行删除。

02

键盘与键位指法练习

——预备知识

　　提到打字，肯定离不开键盘的输入。因此，掌握键盘击键技术是提高打字效率的基础。本章将介绍键盘、打字的姿势、键位指法的分布以及练习。了解并掌握键盘的基本操作知识，为以后的学习打下坚实的基础。

2.1 认识电脑键盘

如果说 CPU 是电脑的"心脏"，显示器是电脑的"脸"，那么键盘就是电脑的"嘴"，是它实现了人和电脑的顺畅沟通。电脑键盘是最常用的输入设备，通过键盘可以将英文字母、汉字、数字、符号等输入到计算机中，从而向计算机发出命令、输入数据等。本节将介绍键盘、利用键盘输入信息的正确打字姿势。

▶ 2.1.1 键盘

如今的电脑键盘是从英文打字机键盘演变而来的。它把文字控制信息输入到电脑通道，是计算机最重要的输入设备，也是每台电脑必不可少的标准配件之一，如图 2-1 所示。

- 键盘根据接口的不同分为PS/2接口（圆头）键盘、USB接口（扁头）键盘两种。
- 根据线的长短不一分为有线键盘和无线键盘。有线键盘反应快捷，且更灵活，无线键盘主要用于商务办公。

图 2-1

▶ 2.1.2 正确的打字姿势

正确的打字姿势有利于提高打字的准确率和速度，也使身体不容易疲倦。不正确的坐姿不但会影响身体健康，还很有可能导致身体的发育畸形，例如脊椎骨的畸形等，所以正确的姿势是不容忽视的。正确的打字姿势如图 2-2 所示，包括以下几点。

- 计算机屏幕与眼睛之间要保持 15°～20°的角度，30～40厘米的距离。
- 屏幕的中心应比眼睛的水平位置低，屏幕离眼睛至少要有一个手臂的距离。
- 手、手腕及手肘应保持在一条直线上。
- 大腿应尽量保持与前手臂平行的状态。
- 座椅的高度应调到使手肘有近90°弯曲的位置，以手指能够自然地架在键盘的正上方为准。

● 腰背贴在椅背上，靠背斜角保持在10°～30°。

● 打文稿时应将其放在键盘的左边，可用专用夹夹在显示器旁边。打字时眼观文稿，身体不要跟着倾斜。

● 当连续操作了2小时后，就要让眼睛休息一下，以保护视力。

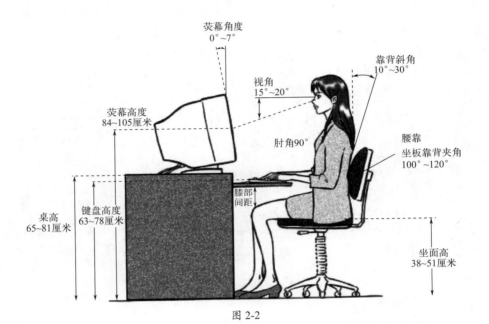

图 2-2

2.2 键盘的键位分区

键盘是电脑最重要的输入工具之一。键盘按功能不同分为主键盘区、功能键区、控制键区、数字键区和状态指示区，如图2-3所示。

图 2-3

▶ 2.2.1 主键盘区

这一键区主要进行信息录入，也叫打字键区。主键盘区又分为数字键与符号键、字母键和控制键。

（1）字母键

字母键共 26 个，字母键面上只写有大写字母，当然小写字母的输入也可以通过它，如图 2-4 所示。按 Caps Lock 键时，大小写字母的指示灯会亮起或熄灭。当指示灯亮起时按字母键输入的是大写字母，当指示灯熄灭时按字母键则输入小写字母。大小写字母的转换还可以通过 Shift 键。当指示灯的状态是输入小写字母时，按住 Shift 键再按字母键输入的是对应的大写字母。

图 2-4

（2）数字键与符号键

数字键与符号键共 21 个，这 21 个键是双字符键。所谓双字符键，是指每个键有上挡符号和下挡符号两种（图 2-5）。当按住 Shift 键时再按下数字或符号键，输入的则是上挡符号。例如按"8"键，则输入数字"8"；而按下 Shift 键再按"8"键，则输入的是上挡符号"*"。

图 2-5

（3）控制键

控制键共 14 个（图 2-6）。其中 Shift、Ctrl、Alt 和 Windows 键各有两个，并且对称分布在空格键两边。设置两个功能相同的键是为了操作方便。

图 2-6

控制键的功能介绍如表 2-1 所示。

表2-1

键 名	功 能
Shift换挡键	用于大小写转换以及上挡符号的输入
Caps Lock大小写切换键	按此键切换大小写状态，灯亮表示大写，灯灭表示小写
Space空格键	按此键可显示一个空格并且光标右移一格
Enter回车键	此键有两个功能。其一，发出指令后，按此键，有执行指令的功能；其二，当输入的内容需要换行时，按此键，光标移到下一行
Backspace退格键	按此键可删除光标前的一个字符
Ctrl控制键	配合其他键使用，产生控制效果，完成一些特定功能。例如一些常用的功能：Ctrl+F查找、Ctrl+Z撤销、Ctrl+C复制、Ctrl+V粘贴。还有一些与Ctrl键组合的快捷键，用户在使用电脑的过程中会逐步发现并熟悉
Alt转换键	与Ctrl键一样，不单独完成一定功能，也不会输入对应的字符
Tab制表键	按一下此键，光标右移8个字符。按住Shift键不放再按此键，光标左移8个字符

▶ 2.2.2 功能键区

功能键区一共有 16 个键（图 2-7）。所谓功能键，是指按这些键时能实现某些功能。这些功能键还可以和其他键组合，如 Ctrl、Shift、Alt，组成一些很有用的快捷键。

图 2-7

功能键区各键位的功能介绍如表 2-2 所示。

表2-2

键　名	功　能
Esc	取消键或退出键。在操作系统和应用程序中，该键经常用来退出某一操作或正在执行的命令
F1	在Windows操作系统中，如果处在一个选定的程序中按F1键，常常会出现帮助。如果未处在任何程序中，而是处在资源管理器或桌面，那么按F1键就会出现Windows的帮助程序
F2	如果在资源管理器中选定了一个文件或文件夹，按F2键可以对这个选定的文件或文件夹重命名
F3	按下F3键，则会出现"搜索文件"的窗口，因此如果想对某个文件夹中的文件进行搜索，那么直接按F3键就能快速打开搜索窗口，并且搜索范围已经默认设置为该文件夹
F4	它具有非常实用的功能，当在IE中工作时，可以用这个键打开IE中的地址栏列表，同时也可以用Alt+F4组合键关闭当前工作的窗口
F5	刷新键，用来刷新IE或资源管理器中当前所在窗口的内容
F6	可以在资源管理器及IE中快速定位到地址栏
F7	在Windows中没有任何作用，主要用于DOS环境下
F8	在启动电脑时，可以用它来显示启动菜单。有些电脑还可以在启动最初按下这个键来快速调出启动设置菜单，从中可以快速选择是光盘启动，还是直接用硬盘启动，不必进入BIOS进行启动顺序的修改
F9	在Windows中同样没有任何作用
F10	用来激活Windows或程序中的菜单，按Shift+F10组合键会出现右键快捷菜单。而在Windows Media Player中，它的功能是提高音量
F11	在Windows下工作时，按F11键会使IE或资源管理器变成全屏模式，使菜单栏消失，这样就可以在屏幕上看到更多的信息，再次按下便可以恢复
F12	在Windows中同样没有任何作用。但在Word中，按下它会弹出"另存为"对话框
Print Screen (PrtSc)/SysRq	拷屏键，通过此键可以迅速抓取当前屏幕内容，复制到Windows的剪贴板上。在打印机联机的情况下，按下该键可以将计算机屏幕的显示内容通过打印机输出
Scroll Lock	也称滚动锁定键，在Excel等文档中按上、下键，会锁定光标而滚动页面；如果没按此键，则只是移动光标不会滚动页面
Pause/Break	中断/暂停键，功能如下： ①在Windows状态下按Windows键+Pause/Break键显示系统属性。 ②中止某些程序的执行，比如BIOS和DOS程序。在没进入操作系统之前的DOS界面显示自检内容的时候按下此键，会暂停信息翻滚，以便查看屏幕内容，之后按任意键可以继续。 ③在电脑开机的时候按住Pause/Break键会暂停开机程序的启动，之后按任意键可以继续

▶ 2.2.3 控制键区

控制键区有 10 个键（如图 2-8 所示），主要用于屏幕编辑和光标移动，下面将分别介绍该键区的各键及其功能。

图 2-8

（1）Insert键

Insert 键在编辑状态时，用于插入 / 改写状态的切换。在插入状态下，输入的字符插入到光标处，同时光标右边的字符依次后移一个字符位置。继续按 Insert 键，编辑状态变为改写状态，这时在光标处输入的字符将覆盖原来有的字符。系统默认的编辑状态为插入状态。

（2）Delete键

Delete 键是删除键，用于删除当前光标右侧的字符，同时光标后面的字符依次前移一个字符位置。

（3）Home键和End键

Home 键和 End 键分别为光标归首键和光标归尾键，其功能是快速移动光标至当前编辑行的行首或行尾。

（4）Page Up键和Page Down键

Page Up 和 Page Down 这两个键统称为翻页键。其中 Page Up 键是上翻页键，按该键后光标不动，屏幕向上滚动一页；Page Down 键是下翻页键，按该键后光标不动，屏幕向下滚动一页。

（5）方向键

←、↑、↓和→这四个键，统称为方向键或光标移动键，如表 2-3 所示。

表2-3

方向键	功能说明
光标左移键（←）	可使光标左移一个字符位置
光标右移键（→）	可使光标右移一个字符位置
光标上移键（↑）	使光标上移一行，所在列不变
光标下移键（↓）	使光标下移一行，所在列不变

▶ 2.2.4 数字键区

数字键区位于键盘的右侧，又称"小键盘区"，主要功能是输入数据信息。该区共有 17 个键，其中大部分是双字符键，其中包括 0 ～ 9 数字键和常用的加减乘除运算符号，这些按键主要用于输入数字和运算符号（图 2-9）。

小键盘区左上角的 Num Lock 键（数字锁定键）是数字小键盘锁定转换键：按下该键，键盘上的 Num Lock 灯亮，此时小键盘上的数字键输入数字；再按一次 Num Lock 键，该指示灯灭，数字键作为光标移动键使用。故数字锁定键又称"数字 / 光标移动"转换键。

▶ 2.2.5 状态指示区

状态指示区位于数字键区的上方，区内有 3 个状态指示灯，用于提示键盘的工作状态，如图 2-10 所示。

图 2-9

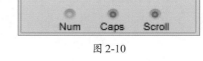

图 2-10

2.3 键位指法的分布

为了提高文字录入的速度，我们对十指进行了详细的分工，并为每个手指划定了区域，如图 2-11 所示。正确掌握键位指法要领，可为用户以后快速高效打字奠定坚实的基础。

图 2-11

2.3.1 基准键位指法

掌握基准键的操作方法是正确使用键盘的关键所在，本小节主要介绍基准键位指法。

基准键位是确定其他键位置的标准，它位于主键盘区，分别是 A、S、D、F、J、K、L、；八个键。其中 F 和 J 上面有凸出的小横线，它的作用是通过手指触摸来确定十指的位置，如图 2-12 所示。

图 2-12

在练习基准键的时候应该注意以下几点。

第一，按照图 2-12 所示的方法把手放在键盘上。放的时候眼睛不要看键盘，双目平视显示器。左右手的食指分别去寻找 F 和 J 键上的凸起横线。食指定位完毕后，其余手指再自然分开，放在各自对应的基准键上，两个拇指放在空格键上。

第二，击键时，只有击键的手指才可以伸出去击键，击完后立即回到基准键位，其他手指不要偏离基准键位。

第三，击键时双手不要外掰，手掌和前臂保持在一条直线上，这样可以有效地避免长期打字造成的手腕疲劳。

第四，击键时手指尖垂直对准键位轻轻按下，随着按键的弹性快速抬起，以免按键时间过长造成字母连续输入，其余手指自然放在相应的键面上即可。切忌按键时用力过猛，以免损坏键盘。如有的键难以按下或难以弹起，应尽快修理。

2.3.2 上挡键位指法

基准键位的上面一排键称为上挡键位。上挡键包括左手四指往上稍抬即可击到的 "Q" "W" "E" "R" "T" 以及右手四指向上可击到的 "Y" "U" "I" "O" "P"，共 10 个键。其中左右食指各负责两个键（"R" "T" 以及 "Y" "U"），其余 6 个手指各负责一个键，如图 2-13 所示。

在练习上挡键的时候应该注意以下几点。

第一，练习上挡键位录入时，仍将双手放于基准键位上。按照手指的明确分工，分别录入相应的字母，击键完成后手指迅速回到相应的基准键位上。

第二，左手食指负责"R""T"两键，右手食指负责"Y""U"两键，其余 6 个手指各负责其基准键左上方的一个键。应注意，由于上挡键与基准键不是上下对齐的，所以左右手在上移时有着不对称性。其中"Y"键距离右手食指的基准键"J"键较远，应多加练习以便能够迅速、准确地定位。

图 2-13

▶ 2.3.3 下挡键位指法

基准键位的下面一排键位称为下挡键位。下挡键包括"Z""X""C""V""B""N""M"，另外还有 3 个标点符号键。"Z""X""C" 3 个键分别由左手小指、无名指、中指负责，"V""B"两个键由左手食指负责，"N""M"两个键由右手食指负责，如图 2-14 所示。

图 2-14

在练习下挡键的时候应该注意以下几点。

第一，练习方法与上挡键基本一致。击键时按手指分工，下移一个键的距离到相应的键位即可。

第二，记清每个手指与其对应的下挡键的位置关系，左右手的下移方向有着不对称性。其中要特别注意左手食指负责的"B"键与其基准键相距较远；右手食指负责的"N""M"两键与基准键都相距较近，容易混淆。

2.3.4　食指键位指法

由于人的食指在五指中最为灵活，因而在键盘操作中负责了较多的键位。而所谓食指键，就是指双手的食指所管辖的范围内的所有键位。这些键有数字键"4""5""6""7"，上排键"R""T""Y""U"，基准键"F""J"及其邻近的"G""H"，还有下排键"V""B""N""M"。可见食指管辖的范围是相当大的，练好食指键指法尤为重要，如图 2-15 所示。

图 2-15

由于两个食指所负责的键位较多，因而极易出现混淆。在练习中应注意以下几点。

第一，左手食指负责上排两个比较靠近的键"R""T"，右手食指负责下排两个比较靠近的键"M""N"，在按键的时候注意不要用中指敲击这四个键。同时也注意"C"和"I"键不要用食指去敲击。

第二，上排键"Y"和下排键"B"距双手食指基准键较远，且基本位于两手正中。在练习的时候应注意分清负责两个键的手指，并熟练掌握手指移动的距离与方向。

五笔点睛　连续击键，就是连续多次敲击同一个键。由于在五笔字型输入法中，很多字需要连续击键（如键名字根的输入）。因而这一步练习很重要，连续击键的关键是每次击键的速度要保持一致，频率切不可有快有慢。开始练习时敲击频率要由低到高，逐渐加快敲击速度，一定要保持均匀的节奏，只有这样才可以避免多敲或少敲。

2.3.5　键位指法练习要领

指法练习时常会出现一些错误，这些错误会影响输入的速度和准确性，所以用户在练习指法的过程中一定要注意。希望用户重视这些常规的错误，并且多加练习。常见的指法错误包括以下几种。

- 击键后手指未能快速、准确地回到基准键上。并且在输入时，"A""S""D""F""J""K""L"";"这8个键必须用规定的手指进行操作，切不可错位。
- 节拍不匀。如果盲目贪快或用力过猛，超出应有的均匀节拍，就会出现错打、漏打的现象，甚至会损坏键盘。

- 左右手互帮。有两种情况：一是用左手击打的键错用右手打了出来；二是把右手某个手指分管的键错记为左手的相应手指，使得输入的字符出错。
- 用错换挡键。在输入上挡符号时，要先用小指按下Shift键，等另一只手击过符号键后，再回到基准键上。击键时手指变形、手指翘起、垂直击键或向里钩都有可能会输错字符。
- 邻键混淆。击某键时却错击了附近的键。这多在小指和上下排食指击键时发生。主要原因是小指灵活性差、容易翘起；食指分管的键位比其他手指多，容易混淆键位。
- 击键次序颠倒。没有按编码的正常次序击键。

2.4 使用金山打字通练习指法

想要提高录入速度，达到"盲打"的境界，需要大量的练习。下面我们将通过安装"金山打字通2016"来进行指法练习。

▶ 2.4.1 安装金山打字通软件

金山打字通2016应用程序的安装操作过程如下。

步骤 01 双击安装程序，弹出安装向导界面，单击"下一步"按钮，如图 2-16 所示。

步骤 02 弹出"许可证协议"对话框，阅读许可协议并单击"我接受"按钮，如图 2-17 所示。

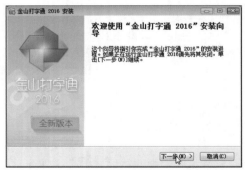

图 2-16

图 2-17

步骤 03 弹出 WPS Office 对话框，选择是否安装 WPS 应用程序，在此保持默认，随后单击"下一步"按钮，如图 2-18 所示。

步骤 04 在"选择安装位置"对话框中，单击"浏览"按钮，选择安装位置，单击"下一步"按钮，如图 2-19 所示。

图 2-18

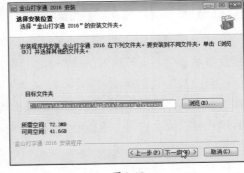

图 2-19

步骤 05 打开"选择'开始菜单'文件夹"对话框，单击"安装"按钮，开始安装，如图 2-20 所示。

步骤 06 进入"软件精选"界面，从中可以根据需要选择该程序附带的其他应用程序，随后单击"下一步"按钮，如图 2-21 所示。

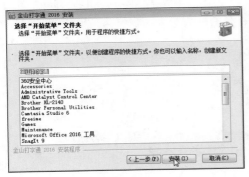

图 2-20

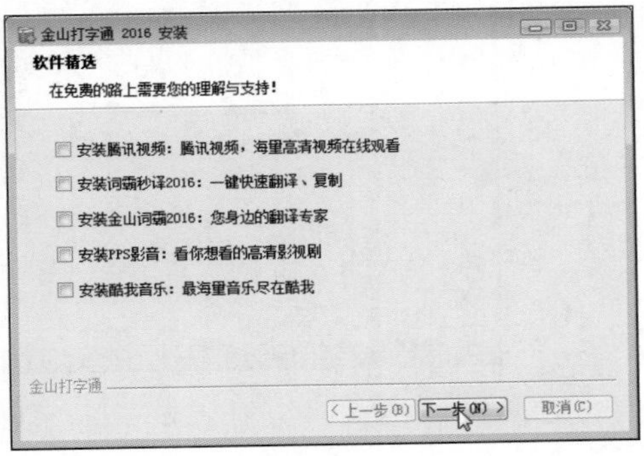

图 2-21

步骤 07 稍等片刻即可完成安装，在出现的完成界面中单击"完成"，如图 2-22 所示。

步骤 08 安装软件后，就可以进入练习了。打开程序，其主界面如图 2-23 所示。根据需要选择相应的选项进行练习即可。

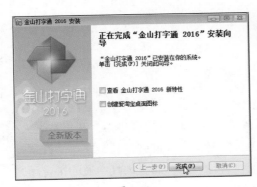

图 2-22

图 2-23

▶ 2.4.2　英文打字练习

　　学习了键位指法的分布，通过金山打字通软件就可以进行指法练习。熟练掌握键盘指法是学习五笔输入法最基本，也是最为重要的技能之一。

　　金山打字通的英文打字练习，主要分为单词练习、语句练习以及文章练习，如图2-24所示，其实用性和难度也是依次递增的。大家在金山打字通练习英文打字的时候，可以依次练习，逐步增加练习难度。

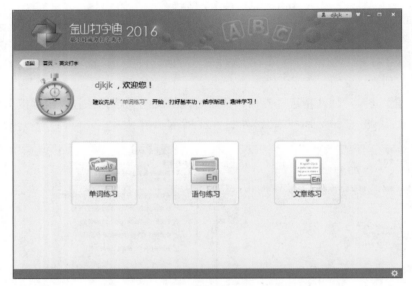

图 2-24

　　练习英文打字一段时间后，即可开启里面的"测试模式"。为了以后更好地进行练习，那我们就一起看看"英文测试模式"的合格标准。

- 单词练习，金山打字通单词练习的合格标准是70字/分钟，且正确率达到95%及以上。
- 语句练习，其合格标准是75字/分钟，正确率95%及以上。
- 文章练习，也是要求最高的，需要我们达到100字/分钟的速度，且正确率仍要保证95%及以上。

▶ 2.4.3　拼音打字的练习

　　随着时代的发展，互联网技术也逐渐发达，电脑也从初期的罕见之物成为现在的常见电子设备。不光是生于这个年代的孩子，越来越多的成年人，甚至是老人，也加入到学习电脑的行列中。在学习使用电脑的时候，大家就得从最基本的打字开始学，由于个人的习惯，一些人会选择学习拼音输入法。而金山打字通的拼音学习可满足大家的学习需求。

金山打字通学习分为新手入门、英文打字、拼音打字、五笔打字，如图 2-25 所示。对于初次接触键盘的人群，可以先看一看新手入门，了解一下打字的知识，并且学习一下键盘的正确操作键位。而对键盘稍有了解、需要学拼音的人群，可以直接选择拼音打字，去进一步学习拼音打字。

在拼音输入界面中，可以看到四个入口，对于刚开始学习拼音输入的人来说，可以先选择第一个入口，先去了解拼音输入法，学习一些关于拼音输入法的基础操作，例如切换输入法、中英文输入、全半角等。这些看似和学习拼音输入的关系不大，但也是为了日后的飞速进步打下扎实的基础，如图 2-26 所示。

图 2-25

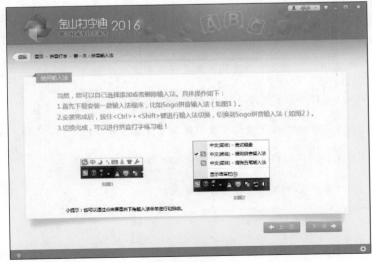

图 2-26

　　在了解完基础知识后，就可以学习音节了，这是拼音输入的入门技巧，如图 2-27 所示。只有对音节非常熟悉，将来才可以做到打字速度飞快。

　　熟悉基础知识和音节以后，就可以开始学一些进阶技巧了，那就是词组。在词组练习中，可以通过练习来考验之前学习的成果，如图 2-28 所示。待较为熟练地打出词组的时候，就可以尝试打文章了，这也是最接近实战环境的练习。或许最初还是 50 字 / 分钟的水平，但如果每天肯用功一点点，相信在不久的将来，便可以达到 100 字 / 分钟的水平。

图 2-27

图 2-28

2.5 技能提升课

学习本章内容后，在接下来的打字练习中，一定要按照正确的坐姿、正确的击键方式进行。在此，安排了一些针对性的指法练习内容供参考。

（1）基准键位指法练习

dkdldj	ghdjsd	ghjdkd	ldj;sd	djlsgh	Jfgh;a
ddddjk	;kdjgh	adk;jd	fjdkdl	gjkdl;	dk;jkl
jjjjgh	dkgsg;	aghgk;	sjsjsj	ghdkda	asjkl;
sldkl;	j;ghskd	dksl;d	jhjkjk	ghdk;k	dls;dj
djdkas	ghll;d	dhgkl;	jklkl;	ghghgl	d;d;dj
ghjk;h	gjdlsd	d;kd;j	dfff;k	dkskdk	gh;kdl
dklsdk	ghklds	gh;jk;	ggg;kd	a;dk;;	a;g;dk
ghdkls	asdklj	dk;jkl	sssjkl	g;a;d;	ghd;dk

（2）上挡键位指法练习

tueiow	yuyuoe	yurtey	yueoto	yuwori
wowpti	iopqwo	yutiop	uyoepe	rywert
tueiwo	opopop	yutiru	pouier	qwtuyi
ytuieo	uuuuuu	uitoer	utweqw	yueitu
tueooe	tuyoee	wrpeot	ertwyi	piyort
tuyyeo	yuitoe	yuirop	pouyei	yuireo
ioyiro	yuitop	yueryi	ytuert	uyitoe
uyyeoe	yuitor	poiwut	yuitop	utiwpq

（3）下挡键位指法练习

b,mvnb	znvb,c	vn,cmb	bnvm,v	xnv.v/
cnvbcx	c/v,cv	xnvm.z	zcnc.v	vn./cv
nmvncx	vnb/bm	cnv/cm	nvbx,b	cnv.c/
zxvmbn	zx,v.b	vnbm/x	cbvn.x	zcvn/v
m,b./b	vncx,b	bnv,vz	vncm/x	cbn/v,
vnbm/b	z/c.x,	bnmv.v	xmv,/v	vbb.c/
vncb.v	vnbm/x	bnm/c,	znv,c/	c/v.c,
bnz.vn	vnzx.c	zx,.cv	bm,c.b	xv/c,/

（4）食指键位指法练习

45ghbn	fhgbnm	bmgjt7	vmbjgu	6j7n6m
vnbghj	4567ty	fjtu76	bmgjtu	gj475h
rtuhng	gjbm56	vngh57	rutygj	vng6t7
ghbmv	vnfhj5	4657gh	vnbm54	gjvmbf
rty567	gh576g	bmngu7	gjtu76	tyrugn
fh567g	rujgu7	5674fh	fngh65	57tugj
bnm457	gjbm57	bmgut7	4657gh	bmvngh
rtu765	fhtu57	thg76f	5h6j4j	5y6j7m

03

第3章

初识五笔输入法
——基础知识

汉字输入法编码可分为音码、形码、音形码、无理码等。广泛使用的汉字输入法有拼音输入法、五笔输入法、郑码输入法等，本章将逐一对五笔字型输入法的概念、版本、安装、设置以及常用的五笔输入法进行介绍。

3.1 选择五笔输入法的原因

在用拼音输入法打字时，耗费时间和精力较多，这并不是因为击键，而是因为要看候选框，以及在候选框里面翻找想要的字、词、句。同样是两个助理，做同一个会议记录，一个人很快记录完毕，并无错字，而另一个不仅慢，还要针对内容看是否有错别字的麻烦。那么，竞争力何来？这正是五笔输入法的最大优势，也是我们选择学习五笔输入法的重要原因之一。

当熟悉五笔输入法后，可以通过打词语来提高录入速度。虽然这时还需要偶尔看一下候选框，但你完全不用担心有错字出现。甚至可以说熟练者在保证正确率的情况下完全不需要看候选框。这是因为五笔的重码率极低。所谓重码，以拼音来举例，就是当敲下按键后，会出来一堆编码相同的汉字。而五笔不会这样，当敲击按键后，只会出来相对应的汉字。因为它的重码率极低，所以全程不用看候选框，这就免去了一个随时选择的过程。

3.2 五笔输入法简史

五笔输入法（简称五笔）是一种完全依照汉字的字型，不考虑读音，不受方言和地域限制，只用标准英文键盘的 25 个字母键，以字词兼容的方式，高效率输入汉字的编码法。五笔字型完全依据笔画和字形特征对汉字进行编码，是典型的形码输入法。五笔字型的研创被国内外专家评价为"其意义不亚于活字印刷术"，王永民首创"汉字字根周期表"，发明了 25 键 4 码高效汉字输入法和字词兼容技术，在世界上首破汉字输入电脑每分钟 100 字大关。

为了完善五笔输入法，王永民教授在 1998 年推出了 98 版五笔输入法。这一版本对 86 版五笔字型做了一些改进，对字根进行了重新编排和调整。虽然 98 版五笔输入法较 86 版有许多改进，但 86 版在国内推广了多年，已有数以千万计的用户使用该版本，至今 86 版五笔输入法仍是普及度最高的五笔输入法。

五笔输入法自诞生以来，共有三代定型版本：第一代的 86 版、第二代的 98 版和第三代的新世纪版（新世纪五笔输入法）。这三种五笔统称为王码五笔。

五笔输入法发展至今，经历了不断的更新和发展，产生的种类众多，如 QQ 五笔输入法、搜狗五笔输入法、万能五笔输入法、极品五笔输入法等。但这些都是个人或企业开发的五笔输入法软件，大部分采用 86 版五笔编码标准，所以编码规则、文字输入与王码五笔相同。

▶ 3.2.1　五笔输入法介绍

汉字是一种象形文字，形体复杂、笔画繁多，它最基本的成分是笔画，由基本笔画构成汉字的偏旁部首，再由偏旁部首组成汉字。偏旁部首在五笔输入法中称为字根。

五笔输入法是将汉字拆分为许多字根，通过这些字根可以像搭积木那样组合出全部的中文文字与词组。汉字的字数多、笔画多，而键盘上只有 26 个字母键，不可能把汉字都摆上去。所以要将汉字分解开来之后，再进行输入。例如，将"智"字分解成"𠂉、大、口、日"，"呐"字分解为"口、冂、人"等。因为五笔字型的字根有 130 种，这样就把处理几万个汉字的问题，变成了只处理 130 种字根的问题，同时把输入一个汉字的问题变成输入几个字根的问题，这正如输入几个英文字母才能构成一个英文单词一样。初学者应当注意分解过程是构成汉字的一个逆过程。分解就是拆分的过程，其基本规则是：整字分解为字根，字根分解为笔画。

五笔输入法的编码规则简单明了、重码少，5 区 25 个键位井井有条，规律性强，键位负荷与手指功能协调一致，字词兼容，简繁通用，效率高。

五笔输入法之所以是高效率的汉字输入法，主要是因为其有一套严谨的方法和规则，使得"字"同"码"，有着良好的唯一性。但是要真正掌握这些规则，并养成习惯是需要下功夫学习的。它有如下几个特点。

- 五笔输入法是专职和非专职人员均可使用的一种汉字输入法，主要不是解决"会不会"的问题，而是解决"快不快"的问题。五笔字型是一种象形设计的编码方法，编码的唯一性好，平均每输入10000个汉字，才有1~2个字需要挑选。因此，效率特别高。

- 五笔输入法与拼音输入法相比，五笔只打单字，同样可以达到手写无法企及的速度。

- 用五笔输入法既能输入单字，也能输入词。无论多复杂的汉字最多只敲4个键。而且字与词之间不要任何切换或附加操作，既符合汉字构词灵活、一句话中很难断词的特点，又能大幅度提高输入速度。

- 五笔输入法作为专业打字员的第一选择，优势之一就是纯形码拆字，不考虑字的读音，即使不认识这个字也可以打出来。当打五笔熟练到一定程度时，可达到"眼见手拆"的境界。

▶ 3.2.2　学习五笔输入法的必要性

现代社会其实真正会用五笔输入法的人并不在多数，大家更多的是使用拼音输入法，如搜狗输入法等。的确，拼音输入法是一种易学的输入法，不像五笔输入法需要背字根、拆字等，学起来麻烦。而且现在的拼音输入法越来越智能，在智能和快捷方面甚至超越了五笔。但是学习五笔输入法还是很有必要的。

（1）少打错别字

拼音输入法的特点是根据拼音打字，汉字的特点是好多字是音同字不同。比如："唉声叹气"用拼音输入法写成"哀声叹气"，"提纲"写成"题纲"等。时间一长，连正确的字怎么写都忘记了，给以后的学习和生活带来了众多不便。即使知道字的正确写法，但总是依赖拼音输入法。只要输入汉字的拼音，就能打出汉字，久而久之，我们会发现不会写的字越来越多，很多字只记得模糊轮廓。而使用五笔则不用担心发生这些事，因为五笔输入法的前提是必须知道汉字的写法才能打出汉字，如果基本功不行或不知道汉字的写法，很容易写成错别字，所以使用五笔输入法输入汉字既能记住每个字的正确写法，又锻炼脑力。

（2）解决了输入不认识字的问题

汉字博大精深，如果对汉字掌握得并不是太好，有些字只认识其中某个部分，有时认为是某个读音，其实打不出来。比如"棒槌"，有些人在输入拼音时，输入"bangzhui"肯定打不出来，这时就要发挥五笔的重要作用。不管认识或不认识"槌"这个字，都可以通过字形拆分为"SDSW"来输入。在日常生活和学习中遇到不认识的字，使用五笔输入法便可以轻松解决。

（3）解决了方言问题

中国的方言特别多，要想每个人都知道每个汉字的标准发音，那可困难多了。如果要一个习惯讲方言的人用拼音打字，他还得想想将自己的方言"翻译"成普通话，然后将普通话"翻译"成拼音输入，输入效率就比五笔输入法低多了。因为五笔输入只要知道字根口诀和汉字笔画的书写顺序就行。

（4）输入速度快

汉字具有音同字不同的特点，对于拼音输入法来说，带来的就是重码太多。即使拼音输入法支持词组的输入，也避免不了这一点。比如在拼音输入法中输入"tiaobo"就会得出"挑拨"和"调拨"。如果用拼音输入法简拼输入"jj"，会得出"解决""姐姐""讲解""经济""积极""拒绝""纠结"等，就得需要翻页查找，影响输入速度。而五笔输入法的特点就是重码率低，只要输入正确，一般不会重码。所以五笔输入法在学习和生活中都是很有优势的。

五笔点睛 什么是重码

所谓重码是指汉字编码完全相同，如在智能ABC输入法中输入"YOU"的时候，会出现很多音同形不同的汉字，如有、由、又、优等，这就是重码。

3.3 初次使用五笔输入法

用键盘输入文字是使用电脑的基本要求，如要快速、准确地输入汉字，五笔输入法应是首选。接下来就介绍一下五笔输入法的版本、安装以及相关的设置操作。

▶ 3.3.1 了解五笔输入法的版本

（1）86版五笔输入法

86 版五笔输入法，是一款经典的五笔输入法软件，其特点是体积小、重码率低、词库丰富等。它仅仅使用 25 个字母，完全依据笔画和字形特征对汉字进行编码，按王永民教授的说法，就是"用科学的方法和设计，让汉字跨越数字化鸿沟"，从而实现了汉字的快速输入。目前，86 版五笔输入法仍是使用人数最多的版本。

（2）98版五笔输入法

为了完善 86 版五笔输入法，王永民教授在 1998 年推出了五笔字型第二代版本。98 版五笔增加了不少大字根，对 86 版五笔的字根进行了少时增删和移位，并可处理 GBK 字符集的 21003 字，而且更加规范。98 版五笔将汉字拆分为 240 多种码元，并将这些码元与键盘中的 25 个字母键一一建立对应关系，通过击打 25 个字母键即可将汉字输入到电脑中。

（3）新世纪五笔输入法

新世纪版五笔输入法，简称新世纪五笔，是王永民教授对 86 版、98 版五笔字型的字根体系优化分析和调整之后，创新设计的一个编码方案。

新世纪五笔输入法通过对各个键位上字根的增减或移位、简繁汉字的简码设计、汉字"大小写"的定义和应用、容错码的设计以及助记词的更改等，从而实现汉字输入重码率频度降低、取码更规范化、上手更容易。

▶ 3.3.2 安装五笔输入法

通常，安装五笔输入法有两种方法：系统自带输入法的安装和运行应用程序安装。

（1）系统自带输入法的安装

对于不熟悉电脑操作的用户来说，可能不知道 Windows10 系统添加五笔输入法到底该如何设置。在此以 Windows10 操作系统为例进行介绍。

步骤 01 单击操作系统的"开始"菜单，在弹出的菜单列表中选择"设置"选项，如图 3-1 所示。

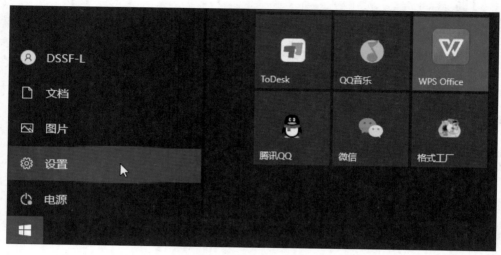

图 3-1

步骤 02 在控制面板中单击"时间和语言"选项，如图 3-2 所示。

图 3-2

步骤 03 在"设置"窗口中，单击左侧的"语言"按钮，如图 3-3 所示。

图 3-3

步骤 04 在"语言"选项界面中，在"首选语言"选项下方，单击"中文（简体，中国)"，然后单击"选项"按钮，如图 3-4 所示。

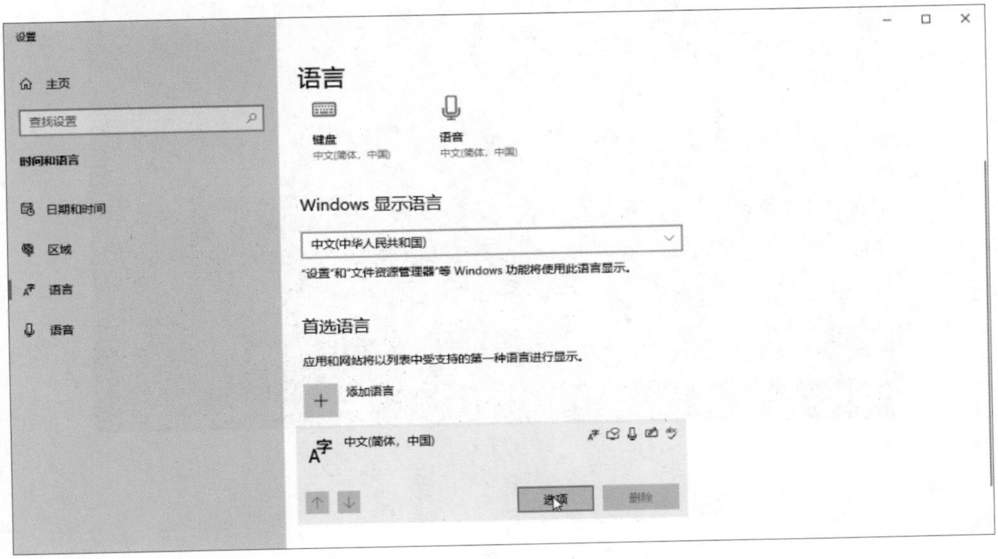

图 3-4

步骤 05 在弹出的"添加键盘"选项中选择"微软五笔输入法"，如图 3-5 所示。如果看不到想要的键盘/输入法，可能需要新增新的语言以取得其他输入法选项。

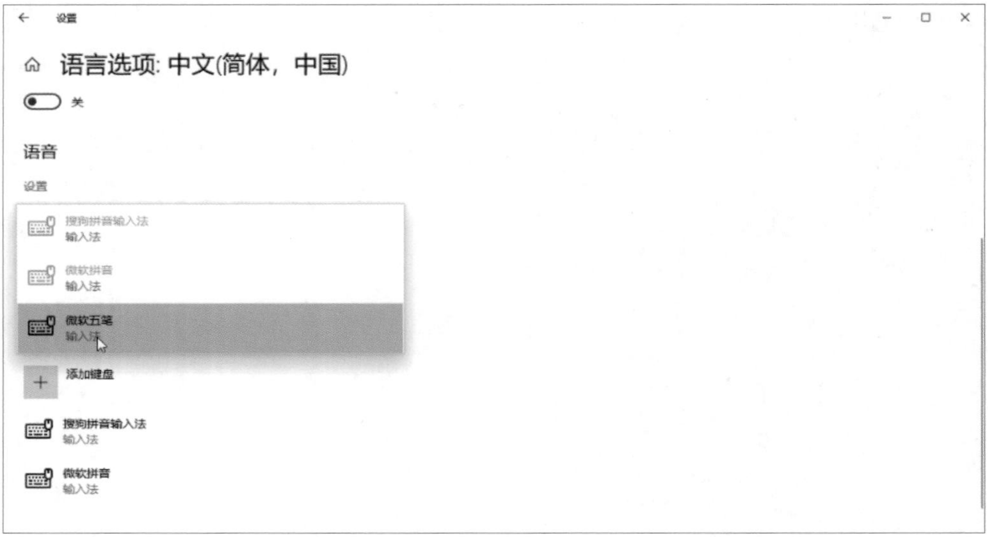

图 3-5

步骤 06 这时单击任务栏右下角的输入法按钮，即可看到添加的"微软五笔"输入法，如图 3-6 所示。

图 3-6

（2）运行应用程序安装

如果操作系统中并不自带五笔输入法安装程序，那么用户需要自行下载并安装，其安装文件可以在网站中下载。在此以安装搜狗五笔输入法为例进行介绍。

步骤 01 双击搜狗五笔输入法应用程序，弹出相应的安装向导对话框，勾选"我已阅读并同意"选项，单击"立即安装"按钮，如图 3-7 所示。

图 3-7

步骤 02 弹出"正在安装"进度条，如图 3-8 所示。

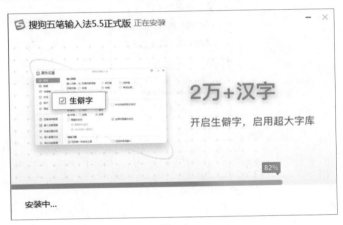

图 3-8

步骤 03 安装完成后，单击"立即体验"按钮即可开始使用，如图 3-9 所示。

图 3-9

▶ 3.3.3 设置五笔输入法

五笔输入法安装后还可根据需要对其进行设置，例如常规设置、设置快捷键、外观设置等。

（1）默认设置

搜狗五笔输入法安装完成后，单击状态栏右下角的输入法图标，在弹出的菜单中可以看到用户添加的所有输入法。

使用五笔输入法的用户可以将其设置为默认的输入法，即开机后自动换到搜狗五笔输入法（一般情况下默认为英文输入法），以方便使用，具体操作步骤如下。

步骤 01 用鼠标右键单击任务栏右下角的输入法图标。在弹出的快捷菜单中选择"设置"选项，如图 3-10 所示。

图 3-10

步骤 02 打开"文本服务和输入语言"对话框。单击"常规"选项下的"默认输入语言"右下角的下拉按钮，在打开的列表中可以看到用户安装的所有输入法，如图 3-11 所示。

步骤 03 从输入法中选择"搜狗五笔输入法"，如图 3-12 所示。

图 3-11

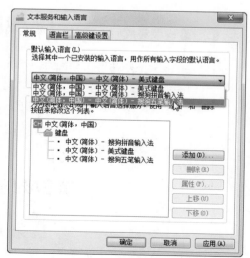

图 3-12

步骤 04 单击"应用"按钮，最后单击"确定"按钮，如图 3-13 所示。

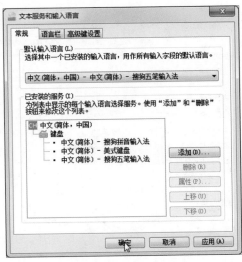

图 3-13

（2）常规设置

① 常用属性设置。常用属性中，考虑到个人的使用习惯不同，用户可以设置输入法的风格，查看默认状态下的输入方式，还可以对特殊习惯进行设置，如图 3-14 所示。

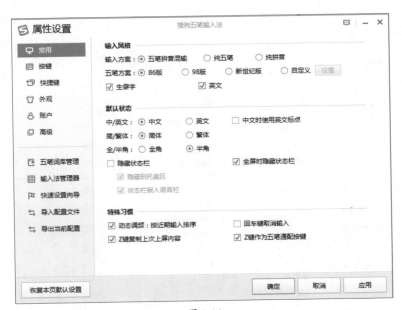

图 3-14

② 按键。用户可以对中英文切换的按键进行设置，还可根据自己的需求对候选字词进行选择，如图 3-15 所示。

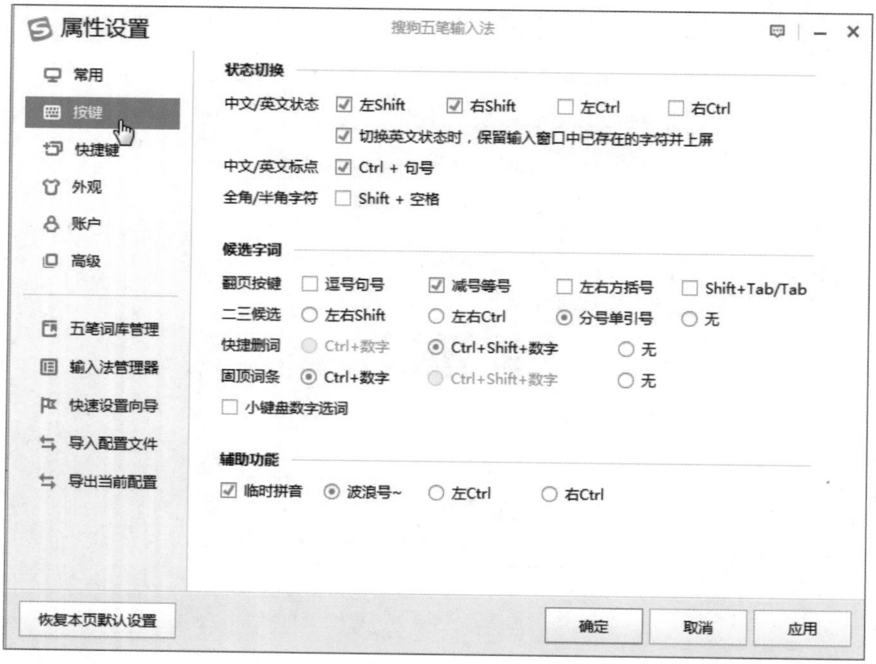

图 3-15

③ 快捷键。用户可以根据个人习惯对工具和切换进行快捷键的设置，以提高输入时的效率，如图 3-16 所示。

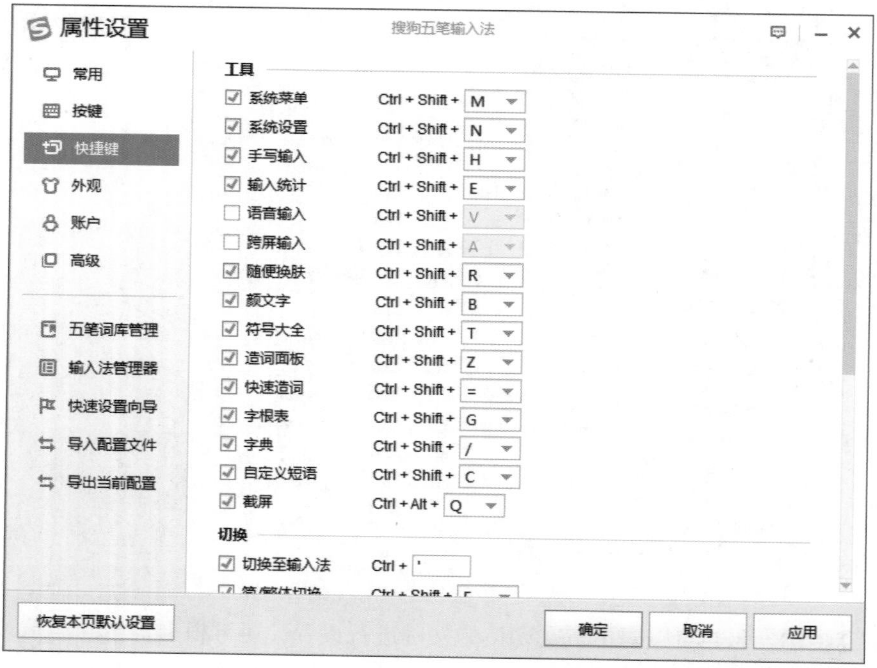

图 3-16

④ 外观。根据个人习惯，可以将搜狗输入法的显示设置为横排显示或竖排显示，并可对字体大小和颜色进行个性化设置、更换皮肤，也可以到搜狗输入法官网下载喜欢的皮肤，如图 3-17 所示。

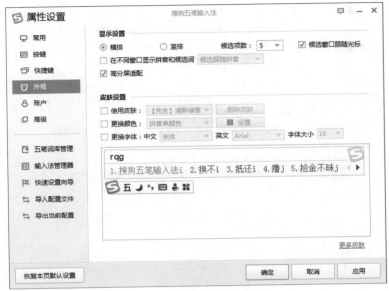

图 3-17

⑤ 账户。用户登录后，可以查看今日输入的总字数，还能进行打字速度的分析，如图 3-18 所示。

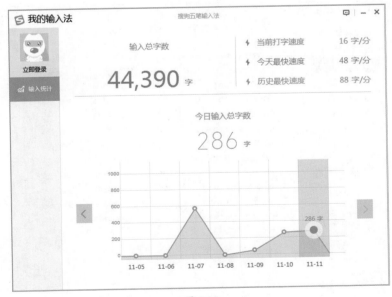

图 3-18

⑥ 高级设置。对五笔、拼音、辅助功能和升级选项进行选择，以满足自身需求，还能显示当前打字的速度，如图 3-19 所示。

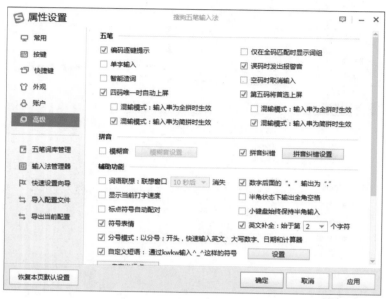

图 3-19

⑦ 五笔词库管理。五笔词库管理可查看拥有的词库，也可根据需要进行添加或删除词库，如图 3-20 所示。

图 3-20

3.4 常用五笔输入法

通过以上学习，我们对五笔输入法已经有了初步的了解。由于市面上五笔输入法种类繁多，下面将介绍几种常用的五笔输入法。

3.4.1 搜狗五笔输入法

搜狗五笔输入法是一款互联网五笔输入法，它提供多种输入模式的选择，同时具有词库随身、人性化设置、皮肤／界面美观、搜狗手写等特色功能。更值得一提的是，其具有五笔＋拼音、纯五笔、纯拼音多种模式可选，使得输入法适合更多用户，如图 3-21 所示。

图 3-21

搜狗五笔输入法的主要特点如下。

● 多种输入模式：优化系统词库，五笔拼音混合输入、纯五笔、纯拼音，多种输入模式向用户提供便捷的输入途径。

● 词库随身：包括自造词在内的便捷的同步功能，对用户配置、自造词甚至皮肤，都能上传下载。

● 人性化设置：功能强大，兼容多种输入习惯。即便是在某一输入模式下，也可以对多种输入习惯进行配置，如四码唯一上屏、四码截止输入、固定词频与否等，可以随心所欲地让输入法随用户而变。

● 界面美观：兼容所有搜狗拼音可用的皮肤，资源丰富。

● 搜狗手写：在搜狗的菜单选中拓展功能——手写输入。手写还可以关联QQ，适合不会打字的用户使用。

3.4.2 万能五笔输入法

万能五笔是集国内目前流行的五笔字型及拼音、英语、笔画、拼音＋笔画等多种输入法于一体的多元输入法，如图 3-22 所示。全部输入法只在一个输入法窗口里，不需要反复切换。如果输入五笔时，找不到要输入的字，可以用拼音或英语单词输入想要的字词。软件发明人是邓世强。万能五笔输入法起步于"音形码"，又叫"快笔"，其名来源于其输入速度较"快"。发展到现在称之"万能快笔"。

图 3-22

万能五笔输入法的主要特点如下。

- 输入精准，稳定流畅。融入新词库算法，底层全面重构优化，在拼音长句输入准确性、五笔输入流畅度、Win10兼容性全面大幅度提升，给用户全新输入体验。
- 多元输入，万能五笔，不仅仅是极好用的五笔输入法，而且支持拼音、混输、双拼等输入方式，更好满足用户需求。
- 关注核心，简洁流畅。摒弃累赘功能，低耗电脑内存，回归输入这一最纯粹的需求。
- 一键登录，同步词库。一键安装，独家快速下载技术，尽享极速安装，第三方快速登录，将词库随身携带，随时随地调用！

▶ 3.4.3　QQ五笔输入法

QQ 五笔输入法（简称 QQ 五笔）是腾讯公司继 QQ 拼音输入法之后，推出的一款界面清爽、功能强大的五笔输入法软件，如图 3-23 所示。QQ 五笔吸取了 QQ 拼音的优点和经验，结合五笔输入的特点，专注于易用性、稳定性和兼容性，实现各输入风格的平滑切换。同时引入分类词库、网络同步、皮肤等个性化功能，让五笔用户在输入中感觉更流畅、打字效率更高，界面也更漂亮、更容易享受打字的乐趣。

图 3-23

QQ五笔输入法的主要特点如下。

- 词库开放：提供词库管理工具，用户可以方便地替换系统词库。
- 输入速度快：输入速度快，占用资源小，让五笔输入更顺畅。
- 兼容性高，更加稳定：专业的兼容性测试，让QQ五笔表现更加稳定。
- 大量精美皮肤：提供多套精美皮肤，让打字更加享受。
- 五笔拼音混合输入：使输入更方便、更快捷。

3.4.4 极点五笔输入法

极点五笔输入法是一款免费的多功能五笔拼音输入法软件，如图3-24所示。极点五笔输入法同时支持86版和98版两种五笔编码，全面支持GBK。它功能强劲，安全与自制性极佳；五笔拼音混合输入状态，稳定可靠，真正的混输大师级输入法。它吸收了众多输入法的优点，如自动造词、单键切换中英文、方便的在线删词和调频、简入繁出。

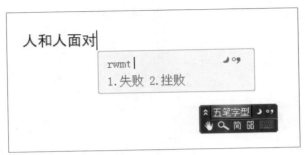

图 3-24

极点五笔输入法的主要特点如下。

- 五笔拼音同步录入：会五笔打五笔，不会五笔打拼音，且不影响盲打。
- 屏幕取词：随选随造，可以包含任意标点与字符。
- 屏幕查询：在屏幕上选词后复制到剪切板再按它即可。
- 在线删词：有重码时可以使用此快捷键删除不需要的词组。
- 在线调频：当要调整重码的顺序时按此键，同时也可选用自动调频。
- 删除刚刚录入的词组：可以从系统词库中一键删除刚刚录入的词组。
- 自动智能造词：首次以单字录入，第二次后即可以词组的形式录入。

3.4.5 选用适合自己的输入法

五笔输入法的主要优点：输入速度快，输入错误率低，生僻字不认识也可输入，重码少，输入时节省了认字选词的时间。

目前，五笔输入法种类繁多，基本已经全覆盖了用户的需求。除非有特别严格的要求，如重码少。但针对初学者来说，还是建议使用"搜狗五笔输入法"。因为该输入法可以任意选择输入方式，如拼音、五笔、拼音+五笔混合，输入流畅、使用便捷，深受好评。搜狗五笔输入法拥有强大的词库，输入快。软件键盘丰富易用，支持造词功能，支持输入文字的统计。而且更换简体繁体方便，亦有"字符画"，可以发些字符组成的图画。搜狗五笔输入法深受五笔输入者的喜爱，宜工作亦宜娱乐。

3.5 技能提升课

❶ 在记事本程序中输入以下字符，在练习时尽量做到盲打。

bmnl◇;56	vmb,.[]4	b,.?tyui	gmbln;[]	vnbhk678
fjgiv$%&	bmaz)(*&	vnbje[[]	bn◇,.67	bmru23*(
gjbm{}/;	bngjh*&%$	jhmb,.[]	[]pokl.,	&*()ljmn
Aaaaaa	dkleitowls	DDKDLwo	IIIIII	dkldEOWIE
gjbn&*()	|}{poi()	◇>?vbn@#	gjbn:{}\	jhkbm()*
jgnv◇:"	[]poik()	%%$$ty&*	\[];bnm<	bnnm:" {}
vnbu^&*(	ln,:" hju	vnbg[]\%	bngu^&*(	^&*()nmj
gjnd#$()	◇>lj()&*	gh()^%$#	###@@	%%% &&&
**** ^^	~~}}} {{{	<% >&:?#/	[[[///]]]	〈〈〈〉〉〉?

❷ 在记事本程序中输入一篇英文文章，并记录所用时长。

If you go to Hong Kong by air, you will arrive at Hong Kong International Airport. Because there was not enough land it was built（被建造）out into the sea. It is in the part of Hong Kong called Kowloon. Kowloon is one of the two big cities in Hong Kong.

The other city is Hong Kong itself. It is on an island. You can get there by ship or through a tunnel（隧道）under the sea. Much of Hong Kong is farmland and mountains. The population of Hong Kong is over six million. Chinese and English are spoken by many people. Clothes, computers, radios and TVs are made in Hong Kong. You can buy all kinds of things, such as watches and computers there.

People from all over the world travel to Hong Kong every year. You can watch dog racing or motor racing. Some places are quiet and beautiful. When you are hot and tired, there are small cool gardens to rest in.

There are also a lot of hotels to live in. Hong Kong is also a good place for wonderful Chinese food. You can enjoy many kinds of food, for example, fish vegetables and the famous Beijing Duck. There is certainly a lot to see and to do in Hong Kong.

04

字根表及分布记忆
——牢记知识

　　五笔字根表是五笔输入法的基本单元，也是学好五笔输入法的关键部分。本章将详细介绍五笔键盘的分区、汉字拆分的基本原理、五笔字根表的分布以及规律等，进而对各区字根进行详细解析，最后通过"金山打字通 2016"软件对字根进行综合的练习。

4.1 五笔键盘分区

不管是拼音输入法，还是五笔输入法，都需要对键盘的分布有所了解。只有通过正确的指法练习，才能迅速实现盲打。这样不仅可以提高打字速度，同时还可以降低错误率。

众所周知，标准键盘上有 26 个英文字母键位，通过这 26 个英文字母键能轻松输入相应的字母。而五笔输入法是将汉字拆分为最常用的基本单位，叫作字根，其中字根可以是汉字的偏旁部首，也可以是部首的一部分，甚至是笔画。五笔设计者将所有字根分布在除 Z 键以外的 25 个英文字母对应的键位，从而形成五笔键盘。

汉字有五种基本笔画，横、竖、撇、捺、折，所有的字根都是由这五种笔画组成的。

五笔字型按照每个字根的起笔笔画，把字根分为五个"区"。以横起笔的在第一区，从字母 G 到 A；以竖起笔的在第二区，从字母 H 到 L，再加上 M；以撇起笔的在第三区，从字母 T 到 Q；以捺起笔的在第四区，从 Y 到 P；以折起笔的在第五区，从字母 N 到 X。

为了便于区分每个区各个键位上的字根，把每个区又划分成 5 个位置，即一个字母占一个位置，简称为一个"位"。每个区有 5 个位，按一定顺序编号，就叫"区位号"。

五笔键盘形成了 5 个区，每个区 5 个位，共 25 个键位的一个字根键盘。每个区的位号从键盘中部起，向左右两端顺序排列，如图 4-1 所示。

例如：第三区的顺序是从 T 到 Q，T 为第三区的第一位，它的区位号就是 31。

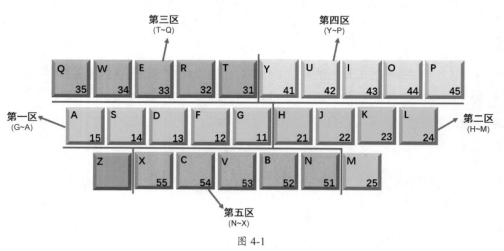

图 4-1

下面介绍五笔键盘各分区的情况。

第一区为横起笔字根，由 G、F、D、S、A 五个键组成，对应的区位号分别为"11、12、13、14、15"，故称横区字根。

第二区为竖起笔字根，由 H、J、K、L、M 五个键组成，对应的区位号分别为 "21、22、23、24、25"，故称竖区字根。

第三区为撇起笔字根，由 T、R、E、W、Q 五个键组成，对应的区位号分别为 "31、32、33、34、35"，故称撇区字根。

第四区为捺起笔字根，由 Y、U、I、O、P 五个键组成，对应的区位号分别为 "41、42、43、44、45"，故称捺区字根。

第五区为折起笔字根，由 N、B、V、C、X 五个键组成，对应的区位号分别为 "51、52、53、54、55"，故称折区字根。

4.2 汉字拆分的基本原理

如果说五笔键盘是学习五笔打字的基础，那么汉字拆分的基本原理就是奠基石。深入了解汉字之间的各种联系，便于以后记忆五笔字根表及助记词，同时也为以后学习汉字拆分原则打下基础。本节将介绍汉字的 3 个层次、汉字的 5 种笔画、汉字的 4 个类型、汉字的 3 种字型结构。

▶ 4.2.1 汉字的3个层次

汉字是一种意形结合的象形文字，它最基本的成分是笔画，由基本笔画构成汉字的偏旁部首，再由基本笔画及偏旁部首就可组成有形有意的汉字。而在五笔输入法中汉字是一种拼形文字，它们是由一些构字的基本单位按照一定的规律组合成相对独立的结构。五笔字型将这些构成汉字的基本单位称为字根。

可见，五笔字型将汉字分为笔画、字根、单字 3 个层次。

（1）笔画

在书写汉字时，不间断地一次写成的线段叫汉字的笔画，笔画是构成汉字的基本单位。对汉字加以分析，只考虑笔画的方向，不计长短、轻重，可以得出汉字的 5 种基本笔画：横（一）、竖（丨）、撇（丿）、捺（丶）（笔画点也在捺区）、折（乙）。

五笔点睛 笔画必须是一笔写成的，一个连续的笔画不能分为几段来写。

（2）字根

由若干笔画复合连接、交叉形成的相对不变的结构组合就是字根。这些类似于我们查字典时的偏旁部首，在五笔输入法中为了编码的需要，把字根作为汉字的基本单位。相比于笔画，把汉字按照字根拆分更能够反映汉字结构的本质。同时字根结构更为规范，形态固定，便于掌握。基于字根进行编码正是五笔输入法可以高速输入的奥秘所在。

（3）笔画、字根、单字的联系

五笔输入法利用汉字的笔画组成字根，通过字根按照一定位置关系拼装组合成单字。因此字根是组成汉字的最基本的单位。三者的关系如图 4-2 所示。

图 4-2

例如："按"字中"扌"可分为"一横一竖一横"3 个笔画；"宀"又可分为 3 个笔画，"女"也分为 3 个笔画。按照五笔输入法，"按"拆分为"扌""宀""女"三个字根。

4.2.2 汉字的5种笔画

汉字的 5 种基本笔画：横、竖、撇、捺、折。为了便于记忆，依次用 1、2、3、4、5 作为代号。除基本笔画外，对其笔势变形也进行了归类，如表 4-1 所示。

表4-1

代号	笔画	笔画名称	笔画走向	笔画变形
1	一	横	从左到右	⌒
2	丨	竖	从上到下	丿
3	丿	撇	从右上到左下	
4	丶	捺	从左上到右下	丶
5	乙	折	各个方向转折	ㄴ ㄱ ㄱ 乙 ㄋ ㄟ

（1）横

凡是笔画走向为从左到右或者是从左下到右上的笔画全部归在"横"笔画中。因此，笔画规则中把"提"这个笔画视为"横"。例如"扣""刁""现"字中的提笔都视为横笔。

（2）竖

凡是笔画走向为从上到下的笔画全部归在"竖"笔画中。在笔画规则中把"左竖钩"视为"竖"。例如"才""判""丁"字中的"左竖钩"都视为"竖"。

（3）撇

凡是笔画走向为从右上到左下的笔画全部包括在"撇"笔画中。笔画规则将各种角度的"撇"都视为"撇"一类。例如"入""失""每"字的首笔都视为"撇"。

（4）捺

凡是笔画走向为左上到右下的笔画都归为一类，称为"捺"。根据汉字的书写习惯，把"点"视为"捺"一类。例如"六""兴""注"字中的点都视为"捺"。

（5）折

凡笔画走向中带转折的笔画，全都归在"折"笔画中（左竖钩除外）。可以说，"折"是包含笔画最多的一类笔画。例如"氏""匕""以"字中的折笔。总之除左竖钩外，只要带有拐弯的笔画，就归"折"。

通过了解汉字的笔画，不但可以掌握5种基本笔画，还能够通过观察笔画的走向清晰地辨别它们的变体。之所以称为"五笔字型输入法"，就是缘于汉字的这5种基本笔画。因此掌握好笔画的分类，是学好五笔输入法的重要环节之一。

▶ 4.2.3 汉字的4个类型

由5种基本笔画组成各种字根，字根又组成所有的汉字。五笔字型中拆分汉字，是将一个汉字分解成五笔字根。根据字根在组成汉字时它们之间的位置关系，可以将汉字分为以下4种类型。

（1）单

"单"就是指这个字根本身就是一个独立的汉字，即这个汉字只有一个字根。具有这种结构的汉字包括5种基本笔画"一""｜""丿""、""乙"和25个键名字根与成字字根，如言、虫、米、夕等。

这里需要强调的是，要将字根和笔画区别开。构成汉字最基本的单位是字根而不是笔画，字根是由笔画按一定的方式组成的。

（2）散

散是指构成汉字的字根不止一个，且字根之间有一定的距离。比如"条"字，由"夂"和"木"两个字根组成，字根间还有一定的距离。再比如"汉、昌、花、笔、型、苗、家"等。

（3）连

连是指一个基本字根与一个单笔画相连，如"且"，就是基本字根"月"和一横相连组成的。单笔画可连前，也可连后。但是字根与单笔画之间不能当作散的关系。一个基本字根和其之前或之后的点组成的汉字，一律视为相连结构。比如"勺、太、义"等。

要注意的是，有一些汉字的字根虽然连着，但是在五笔字型中并不认为它们是相连的，如"充""足""首""页"等；还有的单笔画与字根间有明显距离，则不属于相连的结构，比如"个""么""少"等。

（4）交

交是指两个或多个字根交叉重叠构成的汉字。如"里"是由"日"和"土"相交构成，再比如"甩、巾、丰、井、果"等。混合型即几个字根之间有连的关系，又有交的关系。如"丙"是由"一"连一个"内"，而"内"又是由"冂"与"人"相交形成的，所以这类字也属于相交型。

▶ 4.2.4 汉字的3种字型结构

有些汉字，所含的字根相同，但字根之间的相对位置不同。例如："吧"和"邑"；"叭"和"只"。可见，字根的位置关系，也是汉字的一种重要特征信息。因此，把汉字各部分间的位置关系类型叫作字型。在五笔输入法中，汉字分为3种字型结构：左右型结构、上下型结构、杂合型结构。3种字型的结构及对应的特征如表4-2所示。

表4-2

代号	字型	图示	字例	特征
1	左右	□□ □□ □□	冯、微、担、刮	字根间可有间距，总体左右排列
2	上下	☰ ☰ ☰ ☷	哀、晃、昂、堡	字根间可有间距，总体上下排列
3	杂合	□□□□ □ □⊠□	回、斗、又、出	字根间虽有间距，但各个字根之间存在着相交、相连或包围的关系

五笔点睛 表中的最后一种字型又叫独体字，前两种统称合体字。两部分合并在一起的汉字又叫双合字，三部分合并在一起的又叫三合字。3种字型的划分是基于对汉字整体轮廓的认识，指的是整个汉字中有着明显界线，彼此间隔一定距离的几个部分之间的相互位置关系。

（1）左右型结构

左右型结构，它是由多个字根构成，左右排列。

左右型结构的汉字分为如下两种。

① 双合字：一个字可以明显地分成左右两个部分，从左至右排列，其间有一定的距离。如"冯、时、打、戏、让"等。此外，虽然"烟"和"讷"的右边也由两个字根构成，且这两个字根之间是内外型关系，但整个汉字却属于左右字型。

② 三合字：一个汉字的字根分为三个部分，从左至右排列；或者独占一边的部分与另外两个部分左右排列，如"树、部、横、抢"等，都应属于左右型。

（2）上下型结构

上下型结构是由多个字根组成，组成汉字字根间的排列顺序为从上到下。同左右型汉字一样，判断时应从整体着眼，考虑最大的结构。上下型结构的汉字可分为如下三种。

① 双合字：一个字可以明显地分成上下两个部分，上下排列，且这两部分间有一定距离，如"奇、节、看"等。

② 三合字：一个字可以明显地分为三部分，分为上中下三层，或者单占一层的部分与另外两部分成上下排列，如"想、定、音、怒"等。

③ 组成四合字或多合字的字根在整体上也明显地分成上下两部分，则无论是上半部分字根数多一些或是下半部分字根数多一些，这样的汉字也都属于上下结构型汉字，如"赢、离、聚、整"等。

（3）杂合型结构

杂合型结构指组成整个汉字的各部分之间不存在明确的左右或上下型关系，字根间都是内外或包围的关系。也就是说除了左右型和上下型汉字之外的汉字都是杂合型汉字。杂合型汉字包括单体、内外、包围三种类型。

① 单体：只包括一个字根或不能拆为两个独立字根的汉字，如"大""力""为"等。

② 内外：组成汉字字根间是内外关系，如"团""凶""句""同""困""区"等汉字。

③ 包围：组成汉字字根间是包围或半包围的关系，如"可""尾""太""闪"等。

五笔点睛 五笔输入法中，对一些特殊的汉字结构的划分需注意以下几个点。

第一，凡单笔画与字根相连者或带点结构的都视为杂合型。

第二，含两字根且相交者属杂合型，如"世、甘、东、串、无、甩"。

第三，下含"辶、廴"的字视为杂合型，如"迷、廷、建、近、辽、达"等。

第四，汉字结构区分时，也要按"能散不连"的原则。如"卡、严、矢"都视为上下型结构。

第五，以下汉字为杂合型："司、床、厅、龙、尼、式、后、处"等。但相似的"右、左、有、布、灰"等视为上下型。

4.3 识记五笔字根表及助记词

读者通过学习五笔键盘的分区及汉字拆分的基本原理，为学习拆分汉字打下坚实的基础。那么接下来，将详细向读者介绍五笔字根表的分布及助记词解析。熟记五笔字根表，进一步分析变形字根与字根间的关系，做到融会贯通，对记忆五笔字根表（图4-3）有很大帮助。

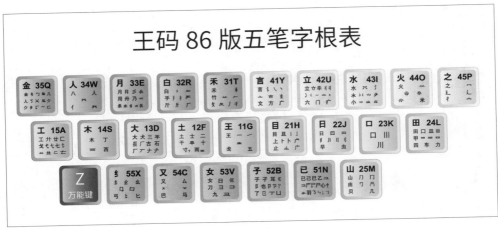

图 4-3

▶ 4.3.1 五笔字根表

五笔字型字根总表（五笔字根表）如表4-3所示，其中列出了所有的字根及其对应的键位、区位以及助记词，以帮助读者尽快掌握各种字根。

表4-3

分区	键位	区位	助记词	键名	字根
一区横起笔	G	11	王旁青头戋（兼）五一	王	王一（一）五戋丰
	F	12	土士二干十寸雨	土	土士十干二寸（寸）雨（雪）丰
	D	13	大犬三羊古石厂	大	大犬三（羊ヨ长）古石厂ナ丆ナ
	S	14	木丁西	木	木西覀丁
	A	15	工戈草头右框七	工	工戈弋七艹廿卄匚匸七戈
二区竖起笔	H	21	目具上止卜虎皮	目	目且上止疋卜丨丨卜广卢
	J	22	日早两竖与虫依	日	日日曰刂刂刂川虫
	K	23	口与川，字根稀	口	口川川
	L	24	田甲方框四车力	田	田甲囗四皿罒皿车力
	M	25	山由贝，下框几	山	山由贝门冂几凡几
三区撇起笔	T	31	禾竹一撇双人立，反文条头共三一	禾	禾竹竹丿彳亻攵夂禾
	R	32	白手看头三二斤	白	白手扌手彡所斤厂匚
	E	33	月彡（衫）乃用家衣底	月	月月舟彡罒乃用豕豕依彡
	W	34	人和八，三四里	人	人亻八癶似
	Q	35	金勺缺点无尾鱼，犬旁留乂儿一点夕，氏无七	金	金钅鱼儿几犭儿夕夕ク乂匚匚
四区捺起笔	Y	41	言文方广在四一，高头一捺谁人去	言	言讠文方广㇒亠丶
	U	42	立辛两点六门疒	立	立立辛丬丬氵丷䒑六门疒
	I	43	水旁兴头小倒立	水	水氵氺灬小ツ小小
	O	44	火业头，四点米	火	火业丷灬灬米
	P	45	之宝盖，摘礻（示）衤（衣）	之	之辶廴宀冖礻
五区折起笔	N	51	已半巳满不出己，左框折尸心和羽	已	已己巳乙乛ユ尸尸巳心忄羽彐乚冂
	B	52	子耳了也框向上	子	子子耳阝卩卩阝了也凵巛
	V	53	女刀九臼山朝西	女	女刀九臼彐ヨ彐巛
	C	54	又巴马，丢矢矣	又	又巴马厶マ矣
	X	55	慈母无心弓和匕，幼无力	纟	纟纟纠㠯弓匕

▶ 4.3.2 助记词

字根总表中字根助记词概括出了86版五笔的字根，但其中有些词只是字根的概述，并不能真正表达字根，下面将对其中一些不易理解的部分进行讲解，如表4-4所示。

表4-4

第4章 字根表及分布记忆——牢记知识

区位	助记词	说明
11	G 王旁青头戋（兼）五一	"兼"与"戋"同音
12	F 土士二干十寸雨	
13	D 大犬三羊古石厂	"羊"指的是羊字底"⺶"
14	S 木丁西	
15	A 工戈草头右框七	"右框"即"匚"
21	H 目具上止卜虎皮	"具上"指具字的上部"且"
22	J 日早两竖与虫依	"两竖"指"刂"及其所有的变形
23	K 口与川，字根稀	
24	L 田甲方框四车力	"方框"即"口"
25	M 山由贝，下框几	
31	T 禾竹一撇双人立，反文条头共三一	"双人立"是指字根"彳"，"条头"是指"夂"
32	R 白手看头三二斤	"看头"是指"龵"
33	E 月彡（衫）乃用家衣底	"衫"即指代"彡"
34	W 人和八，三四里	"三四里"表示区位号为34
35	Q 金勺缺点无尾鱼，犬旁留叉儿 一点夕，氏无七	"氏无七"指"⺁"
41	Y 言文方广在四一， 高头一捺谁人去	"谁人去"是指"讠、辶"两个字根
42	U 立辛两点六门疒	"病"即为"疒"
43	I 水旁兴头小倒立	"水旁"是指"水、氺、氵、⺡、水"
44	O 火业头，四点米	"业头"指"⺌、业"
45	P 之宝盖，摘礻（示）衤（衣）	"之"包括"之、辶、廴"
51	N 已半巳满不出己， 左框折尸心和羽	"已半巳满不出己"是指"已、巳、己"字根
52	B 子耳了也框向上	"框向上"即"凵"
53	V 女刀九臼山朝西	"山朝西"即"彐"
54	C 又巴马，丢矢矣	"矣"去"矢"为"厶"
55	X 慈母无心弓和匕，幼无力	"慈母无心"指"口"，"幼无力"即"幺"

4.4 字根助记词详解

五笔字根表一定要反复朗读并背熟，但并不是背下字根表就会五笔打字了。不仅要了解字根总表及助记词，还要知道每个键位上的变形字根，下面详细讲解各区所包含的字根及变形字根。理解性地去记忆字根，才能迅速提高打字速度。熟悉口诀对记住字根有事半功倍之效果，此正是磨刀不误砍柴工，请务必达到熟练程度。

（1）横区字根的解析

第一区中主要是以横起笔的字根，其键位与字根如图 4-4 所示。

图 4-4

各键位字根解释如表 4-5 所示。

表4-5

序号	键位	信息	助记词说明
1	**王 11G** 王 一 丿 戋 五	区位号：11 助记词：王旁青头戋（兼）五一 键名字根：王 成字字根：一、五、戋	"王旁"即指字根"王"，"青头"即字根"𡗗"，"兼"与字根"戋"同音
2	**土 12F** 土 士 二 干 串 十 丁 寸 雨	区位号：12 助记词：土士二干十寸雨 键名字根：土 成字字根：士、干、二、十、寸、雨	助记词与字根一一对应，但字根"串"没有包含在助记词内，在背诵时应注意。"𩂀"是雨的变形字根，需要特殊记忆
3	**大 13D** 大 犬 三 羊 镸 厂 古 石 厂 アナ ナ	区位号：13 助记词：大犬三羊古石厂 键名字根：大 成字字根：犬、三、石、古、厂	"羊"即为"手"，"三"的变形字根为"镸"，"厂"的变形字根有"ナ、アナ、ナ"，需要特殊记忆。其余助记词与字根一一对应
4	**木 14S** 木 丁 覀 西	区位号：14 助记词：木丁西 键名字根：木 成字字根：丁、西	助记词与字根一一对应，"西"的变形字根"覀"需要特殊记忆
5	**工 15A** 工 卅 廿 匚 戈 弋 七 匸 艹 艹 匚 右	区位号：15 助记词：工戈草头右框七 键名字根：工 成字字根：七、廿、戈	"戈"即指字根"戈、弋"，"草头"指"艹、卅、艹、廿"，"右框"指"匚、匸"。"七"的变形字根为"𠃍、𠃌、七"

（2）竖区字根的解析

第二区中主要是以竖起笔的字根，其键位与字根如图 4-5 所示。

目 21H	日 22J	口 23K	田 24L	山 25M
目 且 丨丨	日 日 冂	口 川	田 口 皿 川	山 刀 冂
上 卜卜 广	刂 刂 刂刂	川	甲 一 一	由 冂 冉
止 业 广	早 虫		四 车 力	贝 几

图 4-5

各键位字根解释如表 4-6 所示。

表4-6

序号	键位	信息	助记词说明
1	 目 21H	区位号：21 助记词：目具上止卜虎皮 键名字根：目 成字字根：止、上、卜	"具"指字根"且"，"卜"的变形字根是"卜"，止的变形字根是"业"，"虎皮"指字根"广、广"，此外这个键位上还包括"丨、丨"两个字根 其余助记词都与字根一一对应
2	 日 22J	区位号：22 助记词：日早两竖与虫依 键名字根：日 成字字根：早、虫、曰	日字的变形字根是"曰、冂"，"两竖"指字根"刂、刂、刂、川"，其余助记词与字根一一对应
3	 口 23K	区位号：23 助记词：口与川，字根稀 键名字根：口 成字字根：川	注意此键上的"口"为小"口"，应与 L 键上的方框"口"区分。"川"的变形字根是"刂刂"
4	 田 24L	区位号：24 助记词：田甲方框四车力 键名字根：田 成字字根：甲、四、车、力、皿	方框即指"口"，在汉字中常作外框用，应与 K 键的小"口"区分。"四"的变形字根是"罒、罓、罒、皿"。"刂刂"在口诀中没有，背诵时应注意
5	 山 25M	区位号：25 助记词：山由贝，下框几 键名字根：山 成字字根：由、贝、几	"下框"指字根"冂、冂、冂"。注意字根"冉"没包含在口诀中，背诵时需要特殊记忆

（3）撇区字根的解析

第三区中主要是以撇起笔的字根，其键位与字根如图4-6所示。

图4-6

各键位字根解释如表4-7所示。

表4-7

序号	键位	信息	助记词说明
1	禾 31T 禾 禾 竹 ⺮ 一 夂 夂 丿 彳	区位号：31 助记词：禾竹一撇双人立， 　　　　反文条头共三一 键名字根：禾 成字字根：竹	"禾"指字根"禾、禾"，"竹"指字根"竹、⺮"，"一撇"指字根"丿、一"，"双人立"指字根"彳"。"反文"指字根"夂"，"条头"指"夂"，"共三一"指本键的区位号为31
2	白 32R 白 丿 扌 手 手 扌 ⺗ 斤 斤 厂	区位号：32 助记词：白手看头三二斤 键名字根：白 成字字根：手、斤	"手"的变形字根为"手、扌"，"看头"指字根"⺗"，"三二"指的是区位号，"斤"的变形字根"斤、厂"。其中"彡、ㄟ"需要特殊记忆
3	月 33E 月 月 彡 农 用 丹 乃 ⺍ 豕 豕 ⺩ 勹 氏	区位号：33 助记词：月彡（衫）乃用家衣底 键名字根：月 成字字根：用、乃	"月"的变形字根"月"，"衫"即指字根"彡"，"家衣底"指字根"豕、豕、⺩、乑、氏"。另外应注意"⺍、丹"这两个字根需特殊记忆
4	人 34W 八 人 彳 㐅 𤲃	区位号：34 助记词：人和八，三四里 键名字根：人 成字字根：八	"人"的变形字根"亻"，"三四里"表示区位号为34。字根"癶、欠"未在口诀中出现，需要特殊记忆
5	金 35Q 金 钅 勹 鱼 儿 儿 乂 扎 夕 ⺈ 夕 匚 ㄈ	区位号：35 助记词：金勹缺点无尾鱼， 　　　　犬旁留叉儿一点夕， 　　　　氏无七 键名字根：金 成字字根：儿、夕	"金"的变形字根"钅"，"勹缺点"即指"勹"，"无尾鱼"指"鱼"。"犬旁"指的是"扎"，"留叉"指的是"乂"，"一点夕"指的是字根"夕、⺈、夕、夕"。"氏无七"指字根"匚、ㄈ"，"儿"的变形字根为"儿、丿儿"，变形字根需要特殊记忆

（4）捺区字根的解析

第四区中主要是以捺起笔的字根，其键位与字根如图4-7所示。

言 41Y	立 42U	水 43I	火 44O	之 45P
言 讠 丶	立 立 辛 丬	水 氺 氵	火 灬	之
亠 古 圭	丷 冫 丬 丬	氺 冫 丱	业 小	辶 辶 乙
文 方 广	六 门 疒	小 丱 业 业	小 米	礻

图 4-7

各键位字根解释如表 4-8 所示。

表4-8

序号	键位	信息	助记词说明
1	 言 41Y 言 讠 丶 亠 古 圭 文 方 广	区位号：41 助记词：言文方广在四一， 　　　　高头一捺谁人去 键名字根：言 成字字根：文、方、广	"言"指字根"言、讠"，"在四一"表示该键的区位号为41。"高头"指字根"古、亠"，"谁人去"表示"谁"字去掉"亻"后剩下的"讠、圭"两个字根，其中"丶"未在口诀中，需要注意
2	 立 42U 立 立 辛 丬 丷 冫 丬 丬 六 门 疒	区位号：42 助记词：立辛两点六门疒 键名字根：立 成字字根：六、辛、门	"立"的变形字根为"立"，"两点"指"丷、冫、丷、丬、冫、丬、丬"字根，"病"指字根"疒"
3	 水 43I 水 氺 氵 氺 冫 丱 小 丱 业 业	区位号：43 助记词：水旁兴头小倒立 键名字根：水 成字字根：小	"水旁"指"水、氺、氵、氺、水"，"兴头"指字根"丱、业"，"小倒立"指的字根是"业、丱"，其中"丱"需要特殊记忆
4	 火 44O 火 灬 业 小 小 米	区位号：44 助记词：火业头，四点米 键名字根：火 成字字根：米	"业头"指"小、业"，"四点"即"灬"，其中"小"这个字根需要特殊记忆
5	 之 45P 之 辶 辶 乙 礻	区位号：45 助记词：之宝盖，摘礻（示）礻（衣） 键名字根：之	"之"包括"之、辶、乀"，"宝盖"指字根"宀、冖"，"摘示衣"指"礻"

（5）折区字根的解析

第五区中主要是以折起笔的字根，其键位与字根如图 4-8 所示。

纟 55X	又 54C	女 53V	子 52B	已 51N
纟 纟 幺	又	女 日 《《	子 子 耳《	已 巳 已 乙 コ
弓 ㄅ 匕	厶	刀 ㅌ ㅋ	阝 也 卩卩 阝	コ 尸 尸 心 忄
	马	九 ㅋ	了 巳 丁 凵	ㄠ 羽 乙 ㄣ 乛

图 4-8

各键位字根解释如表 4-9 所示。

表4-9

序号	键位	信息	助记词说明
1	 已 51N 已巳已乙コ コ尸尸心忄 ㄠ羽乙ㄣ乛	区位号：51 助记词：已半巳满不出己， 　　　　左框折尸心和羽 键名字根：已 成字字根：己、巳、乙、尸、心、羽	"已半巳满不出己"指的是"已、巳、己"这三个字根。"左框"是指"コ、ㄥ"，"折"指所有带转折的笔画。"尸"指字根"尸、尸、卩"。"心"指字根"心、忄"。其中"ㄠ"需要特殊记忆
2	 子 52B 子 子 耳《 阝 也 卩卩阝 了 巳 丁 凵	区位号：52 助记词：子耳了也框向上 键名字根：子 成字字根：耳、了、也、子	"子"的变形字根为"孑"，"框向上"指字根"凵"，其中"《《、阝、巳、卩、卩、阝、丁"未包含于口诀中，需要特殊记忆
3	 女 53V 女 日 《《 刀 ㅌ ㅋ 九 ㅋ	区位号：53 助记词：女刀九臼山朝西 键名字根：女 成字字根：刀、九、臼	"山朝西"指的是"ㅌ、ㅋ、ㅋ"，其中"《《"未包含于口诀中，需要特殊记忆
4	 又 54C 又 又 ㄡ 厶 马	区位号：54 助记词：又巴马，丢矢矣 键名字根：又 成字字根：巴、马	"又"的变形字根为"マ、ㄡ"，"丢矢矣"指的是"厶"
5	 纟 55X 纟 纟 幺 ㄠ 口 弓 ㄅ 匕	区位号：55 助记词：慈母无心弓和匕，幼无力 键名字根：纟 成字字根：弓、匕	"慈母无心"指"口、ㄅ"，"匕"的变形字根为"ㄤ"，"幼无力"指字根"幺、纟、纟"

4.5 字根的概念及分类

五笔输入法中字根是构成汉字的基本单位，也是学习五笔输入法的基础。

这些字根多数取自传统的汉字偏旁，少数是根据这套编码方案的需要而确定的，每个字根所对应的字母称为"编码"，五笔字型方案规定以 130 个字根为编码的基本单位，笔画起辅助作用。在计算机上要输入某个汉字，就首先要找出构成这个字的字根，根据字根对应的字母编码，在五笔字型状态下输入这几个字母键。

▶ 4.5.1　字根的区位划分

在五笔输入法中，选取了组字能力强、出现次数多的 130 个字根作为基本字根，其余所有的字，在输入时都要拆分成基本字根的组合。

这 130 个基本字根，将主键盘中除 Z 之外的 25 个英文字母按照"横""竖""撇""捺""折"划分为五个区。以横起笔为第一区，以竖起笔为第二区，以撇起笔为第三区，以捺起笔为第四区，以折起笔为第五区。每个区中的位号都是按照字母在键盘的位置由中间向两边排列的，如图 4-9 所示。

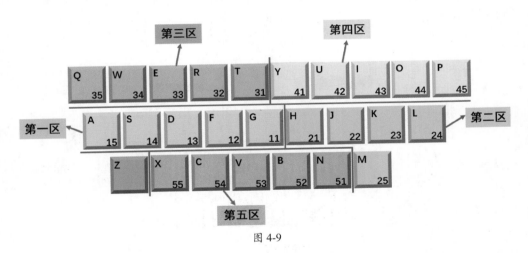

图 4-9

▶ 4.5.2　字根的分类

观察每个键位上的字根，其中有的是一个汉字，有的是汉字的一部分，还有的只是一个单笔画。根据这一特点，五笔字型将字根分为以下几类。

① 键名字根：五笔字型的字根中，为了便于记忆，在同一个键位上的几个基本字根中，选择一个最常用且具有代表性的字根作为该键的键名字根。键名字根既是使用频率很高的字根，同时又是很常用的汉字。如"R"键上的"白"。

② 成字字根：在五笔字型的字根中，除了键名字根外，本身就是汉字的字根，称为成字字根。如"L"键上的"车"。

4.6 五笔字根的键盘分布规律

前面学习了五笔键盘分区、五笔字根总表及助记词解析。有的读者会说："五笔字根在每个键位至少有三个字根，多的有十几个字根。这么多的字根，如何去记忆呢？"其实，五笔字根的键盘分布是有规律的，为了便于理解性记忆，下面我们就来分析一下五笔字根表的分布都有哪些规律吧。

（1）字根首笔笔画的代号与所在的区号一致

区号即对键盘分区的编号。汉字一共有五种基本笔画，横、竖、撇、捺、折。故五笔字根表对标准键盘进行了分区，区号为一至五，如图4-10所示。

将字根的起笔与键盘的五个区号联系起来，起笔为横的字根放在一区，起笔为竖的字根放在二区，起笔为撇的字根放在三区，起笔为捺的字根放在四区，起笔为折的字根放在五区。所以键盘上的一区称为横区，二区称为竖区，三区称为撇区，四区称为捺区，五区称为折区。也就是说要用一个字根时，就看这个字根的首笔，如果它的首笔是横，那么就在一区内查找；首笔是竖，就在二区内查找。

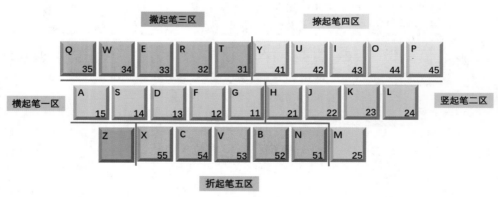

图 4-10

（2）字根的第二笔笔画与其所在的位号一致

字根的首笔画与所在的区号保持一致，那么字根的第二笔画与其所在的位号是一致的。也就是说，每个字根的第一笔定区，第二笔定位。比如，"王"这个字根的第一笔是"一（横）"，第二笔是"一（横）"，根据第一笔定区、第二笔定位的原则，这个字根应该在一区一位，也就是横区第一个键位上（第一个键，G 键）；"土"这个字根的第一笔是"一（横）"，第二笔是"丨（竖）"，根据第一笔定区、第二笔定位的原则，这个字根应该在一区二位，也就是横区第二个键位上（第二个键，F 键）。

（3）单笔画的"个数"与其所在键的"位号"一致

一些由几个单笔画重复构成的字根，如"二""刂""灬""彡"等，根据其所重复的次数，对应于相应的位号上，如"彡"是"撇"重复了三次，所以位号是三。

（4）个别字根按拼音分位

如"力"字拼音为"li"，就放在 L 位；"口"的拼音为"kou"，就放在 K 位。

（5）有些字根与键名字根或主要字根形近或渊源一致而放在同一位

在 D 键上的"厂""丆""ナ""ナ"这 4 个字根形态都差不多。B 键上的"阝、冂"很容易让你联想到字母 B。I 键的键名字根为"水"，所以"八、丷、氵、水"，包括与它相似的"小"字也在这个键位上。同样的，U 键上也有此类字根的分布，请读者自己找出。

4.7 五笔字根的练习

通过前面的学习，相信读者对字根已经有了深入的了解。为了能熟练掌握字根所对应键盘中的位置，本节将介绍如何利用金山打字通 2016 进行字根的练习，具体操作如下。

步骤 01 双击桌面上的"金山打字通 2016"快捷方式，启动该程序，如图 4-11所示。

图 4-11

步骤 02 在打开的界面中，单击"五笔打字"选项，进入五笔打字界面。根据用户需要进行选择，这里选择"字根分区及讲解"选项，如图 4-12 所示。

步骤 03 进入字根练习区，在默认的状态下，练习的是横区字根，如图 4-13 所示。

步骤 04 若用户需要练习其他区的字根，如练习捺区字根，则可以单击"课程选择"右侧的下拉按钮，在弹出的下拉列表中选择"捺区字根"的练习即可，如图 4-14 所示。

图 4-12

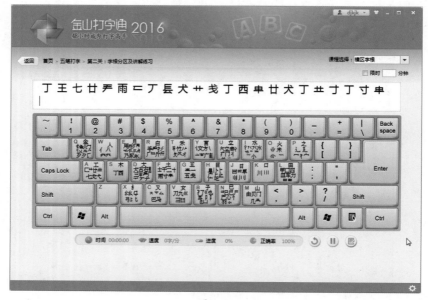

图 4-13

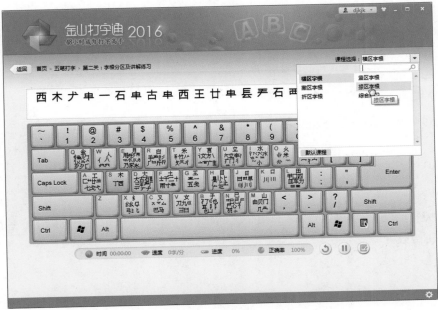

图 4-14

4.8 技能提升课

❶ 请在下列汉字的括号内写出该汉字的结构。

影（　） 贵（　） 善（　） 边（　） 末（　）

包（　） 连（　） 卡（　） 赞（　） 国（　）

团（　） 耐（　） 最（　） 考（　） 场（　）

弱（　） 想（　） 慢（　） 文（　） 边（　）

掌（　） 查（　） 台（　） 奉（　） 会（　）

❷ 请写出分布在以下键上的键名字根和成字字根。

Y 键名字根（　） 成字字根（　）

U 键名字根（　） 成字字根（　）

I 键名字根（　） 成字字根（　）

O 键名字根（　） 成字字根（　）

P 键名字根（　） 成字字根（　）

W 键名字根（　） 成字字根（　）

E 键名字根（　） 成字字根（　）

X 键名字根（　　）　　成字字根（　　）

C 键名字根（　　）　　成字字根（　　）

N 键名字根（　　）　　成字字根（　　）

V 键名字根（　　）　　成字字根（　　）

Q 键名字根（　　）　　成字字根（　　）

❸判断下面汉字字根间的结构关系。

号　　耳　　码　　五　　帮　　户　　牛　　苦

缶　　意　　丑　　勺　　耳　　想　　歹　　失

❹通过金山打字通2016练习每个区的字根。要求：正确率95%以上，速度达到100个/分钟。

第5章

05

汉字拆分方法及输入
——理解知识

通过前面的学习，知道在五笔输入法中要实现一个汉字的真正输入，是把汉字拆分成几个基本字根，通过敲击这些字根所在的键位，完成一个汉字的输入。拆字是组字的逆过程，基本字根的优选及键位分配，为五笔输入法提供了基本的"结构配件"。在五笔输入法中为了统一规范输入码，汉字拆分原则规定一个汉字只有一种正确的编码方式，因此要准确地录入汉字，就要掌握正确的汉字拆分方法。本章将对汉字的拆分方法及输入方式进行介绍。

5.1 | 汉字的拆分原则

五笔输入法中汉字的拆分原则是重点、难点。根据字根间的相对关系可以将汉字拆分原则概括为：书写顺序、取大优先、能散不连、能连不交、兼顾直观。下面将详细介绍这些原则。

▶ 5.1.1 书写顺序

书写顺序是指按照正确的书写顺序将汉字依次拆分成几个基本字根。

书写汉字时遵从正确的书写顺序，讲究先左后右、先上后下、先横后竖、先撇后捺、先外后内、先中间后两边、先进门后关门等。因此，一种优秀的汉字编码方法，其拆分汉字为字根的顺序一定要符合正确的书写习惯。

先左后右：拆分汉字的时候先拆分出左边的字根，再拆分右边的字根，如图 5-1 所示。

图 5-1

先上后下：拆分汉字时先拆分上边的字根，再拆分下边的字根，如图 5-2 所示。

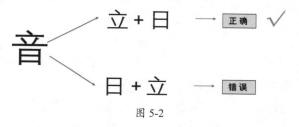

图 5-2

先外后内：拆分汉字的时候先拆分外边的字根，再拆分里面的字根，如图 5-3 所示。

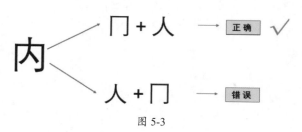

图 5-3

在拆分汉字的时候，有的汉字可以拆分成几个字根，各字根之间存在左、中、右或上、中、下及杂合型关系，这种字称为"合体字"。在五笔字型中规定，拆分这类汉字的时候一定要按照书写顺序进行，先写的先拆，后写的后拆。例如，"简"字按书写顺序先上后下拆分成"⺮、间"，再考虑先外后内，将"间"字拆分成"门、日"，如图 5-4 所示。

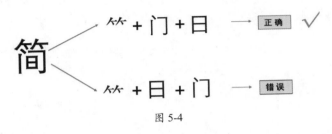

图 5-4

5.1.2 取大优先

取大优先也是"优先取大"，指的是在各种可能的拆法中，保证按书写顺序拆分出尽可能大的基本字根，以拆分出的字根个数最少的那种方法优先。

应特别注意本原则的前提条件是"按书写顺序拆分"，这个条件也可以理解为"先来者居大"。

例如，"质"字可以有两种拆分方法，第一种可以拆分为"厂""十""贝"，第二种拆分方法为"厂""十""冂""人"。根据取大优先的原则，很显然第一种拆分方法更为合适，如图 5-5 所示。因为"贝"字是成字字根，所以就没有必要把它再拆分成"冂"和"人"。

图 5-5

再比如，"法"字有以下两种拆分方法。第一种可以拆分为"氵""土""厶"，第二种拆分方法为"氵""十""一""厶"。根据取大优先的原则，把"十""一"合成一个字根"土"。所以第一种拆分方法是正确的，如图 5-6 所示。

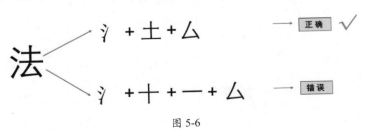

图 5-6

▶ 5.1.3 能散不连

能散不连是将一个汉字拆分成若干个基本字根，且字根与字根之间保持一定的距离。在五笔字型中不认为是"连"的关系的，一律视为"散"的关系。字根与字根之间是"散"的关系，字型结构是左右型或上下型。

例如，"折"字可以拆分成"扌"和"斤"两个字根，且字根之间有一定的距离，字型结构为左右型结构，这种关系称为"散"的关系，如图 5-7 所示。其编码为 RR。

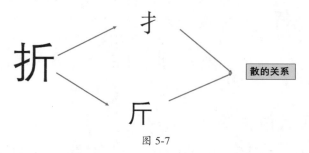

图 5-7

多笔画字根与多笔画字根间有连接点，也一律视为"散"的关系。

例如，"关"字可拆分成"丷""大"，虽然字根间有连接点，但都不是单笔画，应视为上下结构，所以视为"散"的关系，如图 5-8 所示。其编码为 UD。

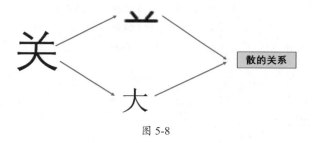

图 5-8

"连"的关系有两种情况：一种是单笔画与字根相连，另一种是带点结构认为是"连"的关系。而且"连"的关系结构一律视为杂合型结构。

例如，"生"字可以拆分为"丿"和"𡉉"两个字根，是一个单笔画和字根相连，字型结构为杂合型结构，视为"连"的关系，如图 5-9 所示。

"户"字可以拆分为"丶"和"尸"两个字根，这是一个带点结构的汉字，字型结构为杂合型结构，也视为"连"的关系，如图 5-10 所示。

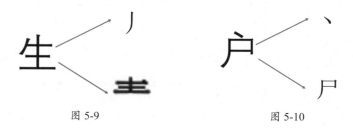

图 5-9   图 5-10

当一个汉字被拆成几个部分，它们之间的关系在"散"和"连"之间模棱两可时，按"能散不连"的原则，"散"的关系要优先于"连"的关系。

例如，"午"字按"散"的关系可拆分成"𠂉、十"，按"连"可拆分成"丿、干"。按照能散不连的原则，第一种拆法最为合适，如图 5-11 所示，其编码为 TF。

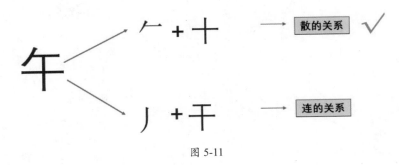

图 5-11

"严"字可拆分为"一、业、厂"。后两个字根按"连"处理，便是杂合型；后两个字根按"散"处理，便是上下型。其后者为正确的拆分法，如图 5-12 所示，编码为 GOD。

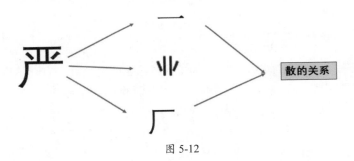

图 5-12

五笔字型规定：只要不是单笔画，一律按"能散不连"来判别。因此，以上两例中的"午"和"严"，都被认为是"上下型"字。

▶ 5.1.4　能连不交

"能连不交"指一个汉字既可拆成相连的几个部分，也可拆成相交的几个部分时，五笔字型中规定"相连"的拆法是正确的。也就是说拆分汉字时，能拆成相连的关系，就不要拆成相交关系。这是因为一般来说"连"比"交"更为直观。

例如，"开"字按连的关系可拆成"一"和"廾"，按交的关系可以拆成"二"和"刂"，如图 5-13 所示。根据"能连不交"的原则，第一种方法最合适，其编码为 GA。

"丑"字按"连"的关系可以拆成"乙"和"土"，按"交"的关系可拆成"二"和"刀"。根据"能连不交"的原则，第一种方法最合适，如图 5-14 所示，其编码为 NF。

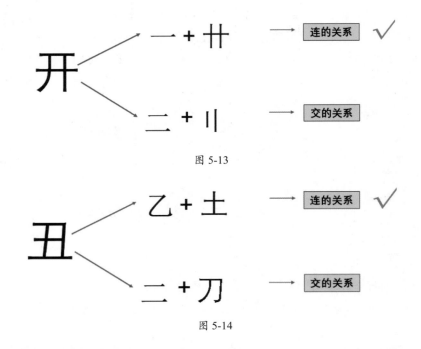

图 5-13

图 5-14

▶ 5.1.5　兼顾直观

"兼顾直观"原则在拆分汉字时，为了照顾汉字的完整性，有时不得不暂且牺牲一下"书写顺序"和"取大优先"原则，形成个别例外的情况。由于这一原则与"书写顺序"和"取大优先"的原则相悖，所以对于初学者而言较难掌握，但这并不影响后期的学习，只需要在平时拆字练习中，多留意、注意积累便可。

例如，"甘"字按"取大优先"原则拆分为"廿""一"；但这样编码，不如拆分为"廿""二"更为直观，如图 5-15 所示。这样只好违背"取大优先"原则，其正确编码为 AFD。

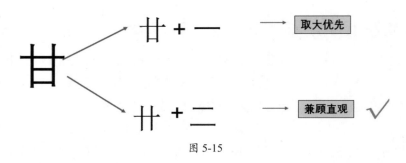

图 5-15

再例如，"固"字按"书写顺序"应拆分为"冂、古、一"，但这样编码，不但有悖于该字的字源，也不如拆分为"囗""古"更直观易辨，如图 5-16 所示。这样只好违背"书写顺序"，其正确的编码为 LDD。

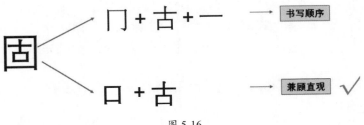

图 5-16

　　下面介绍两个比较特殊的汉字，"末"和"未"。它们的拆分方法不易理解，在五笔字型中是强行规定的，但也可以按照"兼顾直观"理解，如图 5-17、图 5-18 所示。

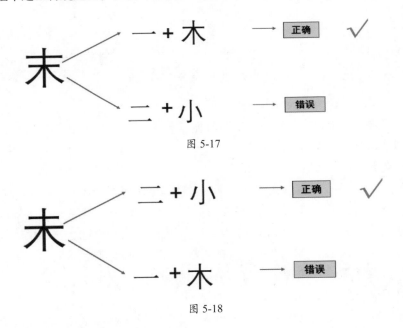

图 5-17

图 5-18

　　在掌握以上五种原则外，还需注意以下几点。

　　第一，在拆分汉字时，要保证"笔画"不断的原则，也就是说一个笔画不能割断用于两个字根中。如"里"字不能拆成"田、土"，这样把"丨"割断了，而要拆成"日、土"，如图 5-19 所示。

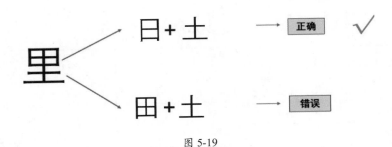

图 5-19

第二，拆分汉字时，要保证"笔画不重复"，也就是说一个汉字中同一笔画不要用在两个字根里。如"栽"字不要拆成"土、戈、木"，因为把一个横"一"用于"土"和"戈"两个字根中了，而应拆成"十、戈、木"，如图 5-20 所示。

图 5-20

5.2 末笔识别码的规则

在五笔输入法中，末笔字型识别码简称"末笔识别码"，是由汉字的末笔笔画区号和字型结构位号组成的交叉代码。

为什么五笔输入法需要"识别码"？

例如，"汀"字可以拆分成"氵、丁"，"沐"字可以拆分成"氵、木"，"洒"字可以拆分成"氵、西"，其编码都是 IS。这是因为"木、丁、西"三个字根都在 S 键上。如果这样输入，计算机无法区分它们。五笔输入法是通过 25 个键位处理汉字，最多可以组成 $25 \times 25 = 625$ 个编码。如果超出范围，就会产生重码。为了避免重码的出现，五笔字型输入法规定：当一个汉字拆分不足四码时，字根编码输入完后，后边一律加上一个"末笔识别码"。

这样，既可以大幅度减少字的重码率，又可以提高录入速度。因此末笔字型识别码的重要作用就是避免重码，使每个汉字都对应唯一编码。

末笔识别码的构成共有两位，第一位是区号，是末笔笔画的区号（五种基本笔画所在的区号：横1、竖2、撇3、捺4、折5）；第二位是位号，是字型结构的位号（左右型结构1、上下型结构2、杂合型结构3）。不同结构、笔画的识别码如表5-1所示。

表5-1

字型	1横	2竖	3撇	4捺	5折
1左右型	11G	21H	31T	41Y	51N
2上下型	12F	22J	32R	42U	52B
3杂合型	13D	23K	33E	43I	53V

判断末笔识别码的方法如下。

① 根据汉字的最后一个笔画判断所在的区号。

② 根据汉字的字型结构判断所在的位号。

例如，"壬"字可以拆分成"二、川"，字根不足四码，加识别码；"井"字的最后一笔是竖，在 2 区，结构为杂合型，在 3 位，末笔识别码为 23，即字母键"K"，编码为 FJK。

"兄"字可以拆分成"口、儿"，字根不足四码，加识别码；"兄"字的最后一笔为折，在 5 区，结构为上下型，在 2 位，末笔识别码为 52，即字母键"B"，编码为 KQB。

举例说明末笔识别码的方法，如表 5-2 所示。

表5-2

汉字	字根	末笔笔画	字型结构	识别码	编码
壬	丿、士	一	杂合型	D（13）	TFD
尘	小、土	一	上下型	F（12）	IFF
访	讠、方	𠃌	左右型	N（51）	YYN
凉	冫、亠、小	丶	左右型	Y（41）	UYIY
艺	艹、乙	乙	上下型	B（52）	ANB
把	扌、巴	乚	左右型	N（51）	RCN
声	士、尸	丿	上下型	R（32）	FNR

在了解了末笔识别码后，接下来介绍末笔识别码的特殊使用规则。

▶ 5.2.1　末笔取内部

对含有"辶""廴""戈""七""囗"的半包围型汉字、全包围型汉字，这种一个部分被另一个部分包围的汉字，五笔输入法规定：被包围的那部分的"末笔"为识别码的"末笔"。

例如，"囚"字为全包围汉字，可以拆分成"囗、人"两个字根，字根不足四码，加末笔识别码。末笔笔画取"丶"，区号为"4"；字型结构为杂合型，位号为"3"；识别码为 43，即键位 I，编码为 LWI，如图 5-21 所示。

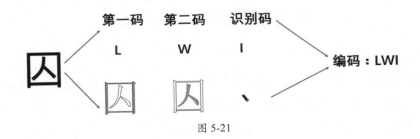

图 5-21

"迫"字为半包围汉字，可以拆分成"白、辶"两个字根，字根不足四码，加末笔识别码。末笔笔画取"一"，区号为"1"；字型结构为杂合型，位号为"3"；识别码为13，即键位 D，编码为 RPD，如图 5-22 所示。

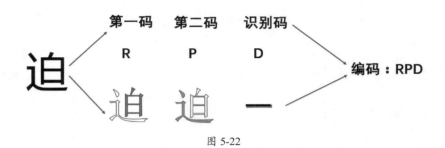

"廷"字为半包围汉字，可以拆分成"丿、士、廴"三个字根，字根不足四码，加一个末笔识别码。末笔笔画取"一"，区号为"1"；字型结构为杂合型，位号为"3"；识别码为13，即键位 D，编码为 TFPD，如图 5-23 所示。

"戒"字为半包围汉字，可以拆分成"戈、廾"两个字根，字根不足四码，加一个末笔识别码。末笔笔画取"丨"，区号为"2"；字型结构为杂合型，位号为"3"；识别码为23，即键位 K，编码为 AAK，如图 5-24 所示。

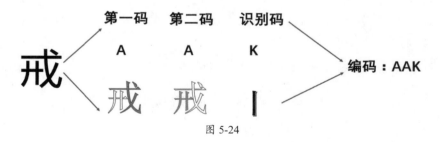

"甙"字为半包围汉字，可以拆分成"弋、廾、二"三个字根，字根不足四码，加末笔识别码。末笔笔画取"一"，区号为"1"；字型结构为杂合型，位号为"3"；识别码为13，即键位 D，编码为 AAFD，如图 5-25 所示。

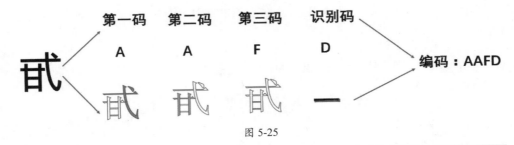

图 5-25

五笔点睛　"口"包围的一个字根组成的双码字根，位于另一个字根之后，组成了三字根的汉字，其末笔仍取被包围的那个字根的末笔。

例如，"涸"识别码末笔为"一"，区号为1；左右型结构，位号为1；识别码为11，即G;编码为ULDG。

"烟"识别码末笔为"丶"，区号为4；左右型结构，位号为1；识别码为41，即Y;编码为OLDY。

"辶"半包围一个字根组成的双码字根，位于另一个字根后面，组成了三字根汉字，其末笔取"辶"的末笔"丶"。比如，"莲"字的编码为ALPU。

▶ 5.2.2　末笔取折

　　若"刀、九、匕、力、乃"在参与识别码时，其一律以"折"作为末笔。例如，"究"字末笔为"乙"，上下型结构，识别码为52，即B，其编码就是PWVB，如图5-26所示。

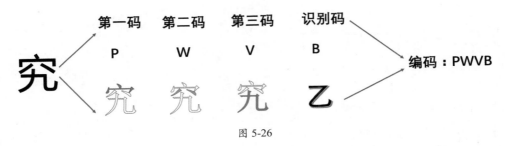

图 5-26

　　"叨"字，规定"乙"为末笔，左右型结构，识别码为51，即N，其编码就是KVN，如图5-27所示。

图 5-27

"仓"字，规定"乙"为末笔，上下型结构，识别码为 52，即 B，其编码就是 WXB，如图 5-28 所示。

图 5-28

"伦"字，规定"乙"为末笔，左右型结构，识别码为 51，即 N，其编码就是 WLN，如图 5-29 所示。

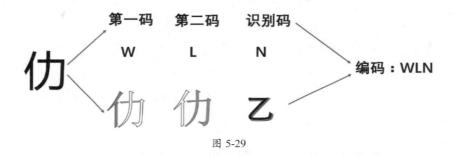

图 5-29

▶ 5.2.3　末笔取撇

"我""戈""成"等字，其末笔遵循"从上到下"的原则，一律取撇"丿"为其末笔。

例如，"我"字可以拆分成"丿、扌、乙、丿"，取第一、二、三和最后一个字根，编码为 TRNT，如图 5-30 所示。

图 5-30

"戈"字（成字字根，先"报户口"再取一、二、末笔），拆分成"戈、一、一、丿"，编码为 GGGT，如图 5-31 所示。

图 5-31

"成"可以拆分成"厂、乙、乙、丿"，取第一、二、三和最后一个字根，编码为 DNNT，如图 5-32 所示。

图 5-32

▶ 5.2.4　末笔取点

带独点的字，比如"义""太""勺"等字，独点离字根的距离很难确定，可远可近，这时"独点"与其附近的字根看成是"相连"的关系，一律取"、"为其末笔。

例如，"义"字，可以拆分成"、""乂"两个字根；其末笔遵循"从上到下"的原则，取"、"为其末笔；字根间是"连"的关系，字型结构为杂合型，即识别码为 I，编码为 YQI，如图 5-33 所示。

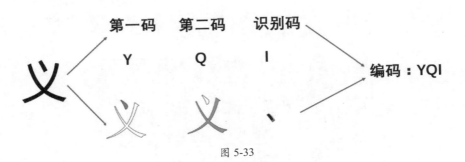

图 5-33

"勺"字，可以拆成"勹"和"、"，取"、"为其末笔；字型结构为杂合型，即识别码为 I，编码为 QYI，如图 5-34 所示。

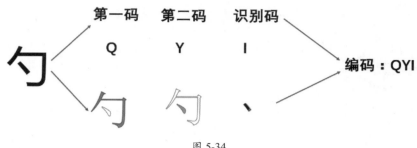

图 5-34

到此末笔规则讲完了，知道了这些规则，就可以正确地判断汉字的识别码。在学习五笔输入法的过程中，识别码的判断是一个难点，虽然只有很少的字需要加识别码，但为了提高录入速度，还是要熟练掌握这部分内容。

5.3 键面汉字的编码与输入

掌握了字根的键位分布及汉字的拆分原则，就可以对汉字进行编码和输入。在五笔输入法中，根据汉字组字方式的不同，输入方式分为两类：键面汉字的输入、键外汉字的输入。

本节将介绍键面汉字的编码与输入。键面汉字指由单个字根构成的汉字，一般都是字根表里能够成字的字根，单个字根就能组成汉字。因字根分布于键面之上，故称之为"键面汉字"。键面汉字又细分为三类：键名字根、成字字根、单笔画。

由于这类汉字的编码在平时的输入中会经常用到，掌握此类的汉字输入法对以后提高录入速度也很关键。下面将分别介绍键面汉字的编码与输入规则。

▶ 5.3.1 键名字根的编码与输入

每个键的助记词第一个字即为"键名字根"，以加黑加粗形式标记。键名字根的输入方法：连续按 4 次其所在的键位即可，如图 5-35 所示。

图 5-35

比如，输入"月"字就要输入"EEEE"，"火"字就要输入"OOOO"。

月：月月月月　　33 33 33 33（EEEE）

火：火火火火　　44 44 44 44（OOOO）

在五笔字型中键名字根共有 25 个，键名字根编码如表 5-3 所示。

表5-3

一区	王（G）	土（F）	大（D）	木（S）	工（A）
二区	目（H）	日（J）	口（K）	田（L）	山（M）
三区	禾（T）	白（R）	月（E）	人（W）	金（Q）
四区	言（Y）	立（U）	水（I）	火（O）	之（P）
五区	已（N）	子（B）	女（V）	又（C）	纟（X）

五笔点睛 这25个键名字根中，只有"X"键位的"纟"不是单独的汉字，其余24个都是可以单独使用的汉字。

▶ 5.3.2　成字字根的编码与输入

在字根总表中，除了一个键名字根外，还有数量不等的几种其他字根，其本身就是汉字的字根，被称为成字字根。比如"甲、雨、文"等，成字字根共有 65 个（其中包括相当于汉字的"氵、亻、勹、刂"等）。其编码方式：

编码 = 键名代码 + 首笔代码 + 次笔代码 + 末笔代码

其中首笔、次笔、末笔均是指五种基本笔画：横、竖、撇、捺、折，如表 5-4 所示。

表5-4

成字字根	键名代码	首笔画	次笔画	末笔画	所击键位
干	F	一（G）	一（G）	丨（H）	FGGH
西	S	一（G）	丨（H）	一（G）	SGHG
广	Y	丶（Y）	一（G）	丿（T）	YYGT
耳	B	一（G）	丨（H）	一（G）	BGHG
虫	J	丨（H）	乛（N）	丶（Y）	JHNY
手	R	丿（T）	一（G）	丨（H）	RTGH
米	O	丶（Y）	丿（T）	丶（Y）	OYTY

如果成字字根取码不足四码，按顺序输入编码后按空格键即可。其编码方式为：

编码 = 键名代码 + 首笔代码 + 次笔代码 + 空格键

不足四码的成字字根编码表，如表5-5所示。

表5-5

成字字根	键名代码	首笔画	次笔画	末笔画	所击键位
八	W	丿（T）	丶（Y）	空格键	WTY
丁	S	一（G）	丨（H）	空格键	SGH
七	A	一（G）	乛（N）	空格键	AGN
几	M	丿（T）	乛（N）	空格键	MTN
力	L	丿（T）	乛（N）	空格键	LTN
匕	X	丿（T）	乛（N）	空格键	XTN
九	V	丿（T）	乛（N）	空格键	VTN

▶ 5.3.3 五种基本笔画的编码与输入

五笔输入法中，除了键名字根和成字字根外，还有五种基本笔画"一、丨、丿、丶、乙"。这五种笔画在国家标准中都是作为汉字来对待的。其输入方式也应按照"成字字根"编码方法进行输入。

其输入方法是：按两次该单笔画所在的键位，再按两次L键。

一：11 11 24 24（GGLL）

丨：21 21 24 24（HHLL）

丿：31 31 24 24（TTLL）

丶：41 41 24 24（YYLL）

乙：51 51 24 24（NNLL）

字根是组成汉字的基本单位。五笔输入法是将汉字以拆分成键面上的字根为准。所以只有通过键面汉字的学习、成字字根的输入，才能加深对字根的认识，才能分清楚：哪些是字根，哪些不是。

5.4 键外汉字编码与输入

键外汉字是指字根表中没有的汉字，依照五笔输入法的拆分原则拆成单个字根之后，依次输入字根所在的键位，从而完成键外汉字的输入。键外汉字的编码方式是五笔输入法的重点，也是难点。

五笔输入法根据取码规则把键外汉字分为如下 4 类：四码汉字、三码汉字、二码汉字、多于四码汉字。下面介绍键外汉字的编码规则。

▶ 5.4.1 四码汉字的编码与输入

四码汉字的编码与输入，指该汉字拆分为 4 个基本字根，依次输入各字根所在的键位。

其编码公式为：

编码 = 第一字根编码 + 第二字根编码 + 第三字根编码 + 第四字根编码

例如，"命"字拆分成"人""一""口""卩"，这 4 个字根的编码依次是 W、G、K、B，依次输入"WGKB"即可输入汉字"命"。这类汉字的输入方法就是依次输入每个字根的编码，如图 5-36 所示。

图 5-36

"容"字拆分成"宀""八""人""口"，这 4 个字根的编码依次是 P、W、W、K，其最终编码为"PWWK"，如图 5-37 所示。

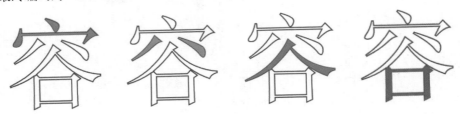

图 5-37

"磨"字拆分成"广""木""木""石"，这 4 个字根的编码依次是 Y、S、S、D，其最终编码为"YSSD"，如图 5-38 所示。

图 5-38

▶ 5.4.2 三码汉字的编码与输入

三码汉字的编码与输入，指该汉字拆分为 3 个基本字根，依次输入各字根所在的键位。末笔代码以空格键或末笔识别码为填补。其编码公式为：

**编码 = 第一字根编码 + 第二字根编码 + 第三字根编码 +
末笔识别码**

例如，"悉"字拆分成"丿""米""心"，这 3 个字根的编码依次是 T、O、N，其最终编码为"TON"，如图 5-39 所示。

图 5-39

"奇"字可拆分成"大""丁""口"，这 3 个字根编码依次为 D、S、K，末笔代码为"F"。其最终编码为"DSKF"，如图 5-40 所示。

图 5-40

"单"字可拆分成"丷""日""十"，对应的字根编码分别为 U、J、F，末笔识别码为"J"。其最终编码为"UJFJ"，如图 5-41 所示。

图 5-41

"现"字可拆分成"王""冂""儿"，对应的字根编码分别为 G、M、Q，末笔代码为"空格键"。其最终编码为"GMQ"，如图 5-42 所示。

图 5-42

5.4.3　二码汉字的编码与输入

二码汉字是指汉字按照拆分规则刚好拆分成两个字根，编码方式为：

编码 = 第一字根编码 + 第二字根编码 + 末笔识别码 + 空格

例如，"企"字可拆分成"人""止"，对应的字根编码分别为 W、H，末笔识别码为"F"。其最终编码为"WHF"，如图 5-43 所示。

识别码:末笔横区-上下结构

图 5-43

"套"字可拆分成"大""镸"，对应的字根编码为 D、D，末笔识别码为"U"，其最终编码为"DDU"，如图 5-44 所示。

识别码:末笔捺区-上下结构

图 5-44

"泣"字可拆分成"氵""立"，对应的字根编码为 I、U，末笔识别码为"G"。其最终编码为"IUG"，如图 5-45 所示。

识别码:末笔横区-左右结构

图 5-45

"巨"字可拆分成"匚""ㅋ",对应的字根编码为 A、N,末笔识别码为"D"。其最终编码为"AND",如图 5-46 所示。

识别码:末笔横区-杂合结构

图 5-46

5.4.4 多于四码汉字的编码与输入

如果一个汉字按照拆分规则所拆分的字根超过四个,其编码方式为:

编码 = 第一字根编码 + 第二字根编码 + 第三字根编码 + 末字根编码

例如,"萍"字按照汉字编码方式可拆分成"艹""氵""一""丨",前三个字根和最后一个字根的编码为 A、I、G、H,其最终编码为"AIGH",如图 5-47 所示。

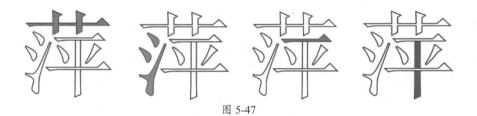

图 5-47

"输"字按照汉字编码方式可拆分成"车""人""一""刂",前三个字根和最后一个字根的编码为 L、W、G、J,其最终编码为"LWGJ",如图 5-48 所示。

图 5-48

"编"字按照汉字编码方式可拆分成"纟""丶""尸""廾",前三个字根和最后一个字根的编码为 X、Y、N、A,其最终编码为"XYNA",如图 5-49 所示。

图 5-49

"爆"字按照汉字编码方式可拆分成"火""日""共""氺",前三个字根和最后一个字根的编码为 O、J、A、I,其最终编码为"OJAI",如图 5-50 所示。

图 5-50

5.5 特殊汉字的拆分与输入

学会了五笔汉字的拆分原则及末笔识别码,在拆分汉字的过程中,仍然会遇到不会拆分的汉字。例如非字根偏旁、易错、难拆汉字的拆分。掌握这些特殊汉字的拆分也是我们掌握五笔输入法的重要部分。

▶ 5.5.1 非字根偏旁的拆分与输入

用五笔输入法输入汉字时,会有一些常见的偏旁部首拆分。由于这些部首一部分在字根表里,一部分未在字根表中列出,而我们在日常工作中会经常用到,所以需要单独讲一下。熟练掌握这些非字根偏旁的输入,也是提高输入速度的必备功课。

比如"空"字的部首是"穴"部,在五笔中,没有把"穴"部首当作独立的字根,而是把它拆成了"宀、八",如图 5-51 所示。

图 5-51

　　"容"可以拆分为"宀、八、人、口"，编码 PWWK，如图 5-52 所示。这类的字还有很多，如"空、窗、穿、究、突"等。

图 5-52

　　比如"猫"字的部首是反犬旁，在五笔中，没有把"犭"部首当作独立的字根，而是把它拆成了"犭、丿"，如图 5-53 所示。

图 5-53

　　"独"可以拆分为"犭、丿、虫"，编码 QTJ，如图 5-54 所示。这类字还有很多，如"狙、狼、狐、狸"等。

图 5-54

　　比如"补"和"神"字的偏旁是衣部和示部，在五笔中，没有把"衤"和"礻"部首当作独立的字根，而把它们拆成了"礻和丶""礻和丶"，如图 5-55、图 5-56 所示。

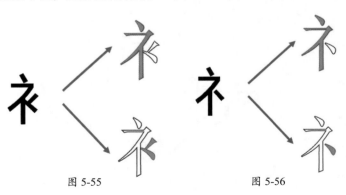

图 5-55　　　　　　　　　　图 5-56

"视"可以拆分为"礻、丶、冂、儿",编码 PYMQ,如图 5-57 所示。这类字还有很多,如"福、祖、祁、社"等。

图 5-57

"初"可以拆分为"礻、丿、刀",编码 PUV,如图 5-58 所示。这类字还有很多,如"衫、裤、被、裸"等。

图 5-58

比如"貌"字的部首是豸,在五笔中,没有把"豸"部首当作独立的字根,而是把它拆成了"⺈、勿",如图 5-59 所示。

图 5-59

"貌"可以拆分为"⺈、勿、白、儿",编码 EERQ,如图 5-60 所示。这类字还有很多,如"豹、貉、豺、貂"等。

图 5-60

熟练地掌握了这些偏旁的拆分方法后，输入速度可以显著提高。常见非基本字根的编码如表 5-6 所示。

表5-6

偏旁	编码	偏旁	编码	偏旁	编码
犭	QT	虍	HA	攴	HC
衤	PY	鱼	QG	艮	VE
礻	PU	丘	RG	矢	TD
牜	TR	升	TA	矛	CBT
豸	EE	屯	GB	巫	AWW
穴	PW	曲	MA	隶	VI
牜	TF	舟	TE	毌	XD
正	NH	舌	TD	丞	BIG
业	IP	歺	GQ	尙	UMI
类	UD	壬	TF	束	GMI
弋	FA	冉	MF	首	UTH
毛	TA	刁	NG	夷	GXW
丁	FH	丑	NF	戍	DGN
兀	GQ	井	FJ	禹	TKMY
亇	QN	兆	IQ	禺	JMHY
殳	MC	户	YN	隶	GVHI
冖	PW	氏	QA	互	GXG
疒	QD	鱼	QO	永	YNI
羊	UD	聿	VH	彡	DET
夫	DW	不	GI	齿	HWB
耒	DI	隹	WYG	黑	LFO
跫	KH	击	FM	亥	YNTW
无	AQ	戒	AA	辰	DFE
骨	ME	父	WQ	丐	GHN
电	JN	酉	SG	甫	GEHY
央	MD	臾	VW	柬	GLI
革	AF	册	MMG	囬	MJD
羊	UG	半	MUF	邑	JX

5.5.2 难拆．易错汉字的拆分与输入

常见难拆汉字、易错汉字的编码如表 5-7 所示。通过此表，读者可总结其中的规律，掌握这些汉字的输入方法，更加深刻地理解五笔输入法的汉字拆分方法。

表5-7

汉字	编码	汉字	编码	汉字	编码	汉字	编码
亏	FNV	州	YTYH	凹	MMGD	鬼	RQC
丸	VYI	丞	BIG	凸	HGMG	谨	YAK
已	NNNN	买	NUDU	鼠	VNU	戒	AAK
巳	NNGN	求	FIY	曳	JXE	练	XAN
孑	BNHG	囱	TLQI	曹	GMAJ	僚	WDUI
孓	BYI	卵	QYT	舞	RLGH	寐	PNHI
飞	NUI	弟	UXHT	拜	RDFH	缅	XDMD
乡	XTE	奉	DWFH	非	DJD	姆	VXGU
无	FQ	其	ADW	秉	TGVI	偶	WJMY
卅	GKK	丧	FUE	勤	AKGL	湃	IRD
爻	QQU	或	AKG	挽	RQKU	判	UDJH
乌	QNG	氓	YNNA	率	YXI	眺	HIQ
卞	YHU	卷	UDBB	斯	ADWR	卸	RHB
为	YLYI	单	UJFJ	肆	DVFH	丫	UHK
卮	RGBV	肃	VIJ	垂	TGAF	予	CBJ
氐	QAYI	隶	VII	毒	GXGU	尬	DNW
玄	YXU	承	BDI	锻	QWDC	尴	DNJL
半	UF	韭	DJDG	脯	EGEY	弋	AGNY
弗	XJK	胤	TXEN	阜	WNNF	鼎	HND
丝	XXG	养	UDYJ	躬	TMDX	殷	RVNC
戍	DYNT	叛	UDRC	聚	BCTI	兜	QRNQ
离	YB	焉	GHGO	舆	WFL	赖	GKIM
爽	DQQ	废	YNTY	裹	YJSE		
丢	TFC	卡	HHU	兼	UVO		

5.6 技能提升课

❶ 请写出下列汉字的末笔识别码。

洞（　　）　　　被（　　　）　　　探（　　　）　　　域（　　　）

户（　　）　　　乡（　　　）　　　戒（　　　）　　　泣（　　　）

应（　　）　　　力（　　　）　　　松（　　　）　　　值（　　　）

气（　　）　　　丑（　　　）　　　回（　　　）　　　亨（　　　）

❷ 请对下列汉字进行拆分练习，并写出拆分的字根。

汉字	字根	编码	汉字	字根	编码
访			媒		
恩			坞		
盾			赤		
妒			仇		
陡			踹		
俄			锥		
劣			雏		
碴			秃		
察			躲		
除			段		
钗			颐		
曹			顿		
辈			肺		
蟑			试		
铲			养		
乘			勾		
率			属		

❸ 利用金山打字通2016进行单字练习。要求：正确率在95%以上，速度在80字/分。

06

第6章

简码与词组输入

——高级提速秘笈

在五笔输入法中，为了提高输入速度，五笔输入法提供了简码和词组的输入方式。简码是指对汉字只提取前一个、二个或三个字根构成的编码。词组是只需要输入四个字根编码即可输出两个字的词组或多个字的词组，这样大大提高了录入速度。因此，掌握好简码和词组的输入也是很重要的。本章将详细介绍简码和词组的输入方法。

6.1 | 简码的输入

简码就是被简化的编码。在五笔输入法中规定一个汉字由四码构成。但对大多数汉字来说，不需要键入四码即可输出。为了简化输入，减少码长，设计了简码输入。

简码的设置，极大地提高了文字录入的速度。专家统计，如果使用简码录入的方法录入一篇文章，平均每个字仅需击键 2.6 次，也就是键入四码，约可以输入两个汉字，汉字的输入速度得到了成倍的提高。五笔输入法中简码分为一级简码、二级简码、三级简码。

▶ 6.1.1 一级简码的输入规则

一级简码是用一个字母键和一个空格键作为汉字的编码。

根据键位上字根形态特征和使用汉字的频率，在五个区的 25 个键位上，每个键位安排一个使用频率最高的汉字，即"一级简码"。一级简码分布的规律是按第一笔画来分类的，分为五个区，即横起笔的在一区、竖起笔的在二区、撇起笔的在三区、捺起笔的在四区、折起笔的在五区，如表 6-1、图 6-1 所示。

表6-1

区号	1	2	3	4	5
1横	11G 一	12F 地	13D 在	14S 要	15A 工
2竖	21H 上	22J 是	23K 中	24L 国	25M 同
3撇	31T 和	32R 的	33E 有	34W 人	35Q 我
4捺	41Y 主	42U 产	43I 不	44O 为	45P 这
5折	51N 民	52B 了	53V 发	54C 以	55X 经

一级简码的输入的规则为：按一下简码字所在的键，再按一下空格键。

一级简码编码 = 简码所在键位 + 空格键

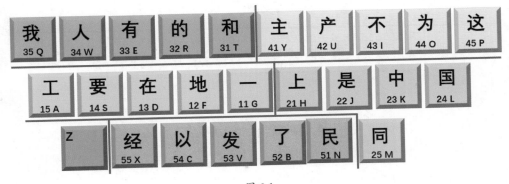

图 6-1

6.1.2 二级简码的输入规则

虽然一级简码输入速度快，但毕竟只有 25 个，而真正提高录入速度的是二级简码。所谓二级简码，是指取该汉字全码的前两个字根代码，再按空格键即可。二级简码输入确实很方便，但并不是所有的字都能用二级简码输入。二级简码是由 25 个键位代码排列组合而成的。25×25=625，去掉一些没有的空字，二级简码将近 600 个。在生活和工作中，使用二级简码的频率达到 60%。记住了这些字，在输入过程中会事半功倍。

二级简码的输入规则：输入汉字的前两个字根所在键位，按空格键即可。

二级简码编码 = 第一字根编码 + 第二字根编码 + 空格键

例如，"诉"拆分为"讠、斤、、"，全码为"YRY"，简码为"YR"，如图 6-2 所示。

图 6-2

为了更好记忆二级简码，通过表格的形式列出了所有二级简码的汉字，如表 6-2 所示。二级简码表汉字数量较大，靠记忆并不容易，读者只能在平时多加注意，慢慢就会记忆二级简码表汉字，从而大大提高输入速度。

表6-2

键位	11~15 GFDSA	21~25 HJKLM	31~35 TREWQ	41~45 YUIOP	51~55 NBVCX
11G	五于天末开	下理事画现	玫珠表珍列	玉平不来琮	与屯妻到互
12F	十寺城霜载	直进吉协南	才垢圾夫无	坟增示赤过	志地雪支坳
13D	三夺大厅左	丰百右历面	帮原胡春克	太磁砂灰达	成顾肆友龙
14S	本村枯林械	相查可楞机	格析极检构	术样档杰棕	杨李要权楷
15A	七革基苛式	牙划或功贡	攻匠菜共区	芳燕东蒌芝	世节切芭药
21H	睛睦睚盯虎	止旧占卤贞	睡睥肯具餐	眩瞳步眯瞎	卢__眼皮此
22J	量时晨果虹	早昌蝇曙遇	昨蝗明蛤晚	景暗晃显晕	电最归紧昆
23K	呈叶顺呆呀	中虽吕另员	呼听吸只史	嘛啼吵咪喧	叫啊哪吧哟
24L	车轩因困轼	四辊加男轴	力斩胃办罗	罚较__辚边	思团轨轻累
25M	同财央朵曲	由则迥崭册	几贩骨内风	凡赠峭嶙迪	岂邮__凤嶷
31T	生行知条长	处得各务向	笔物秀答称	入科秒秋管	秘季委么第
32R	后持拓打找	年提扣押抽	手折扔失换	扩拉朱搂近	所报扫反批
33E	且肝须采肛	脯胆肿肋肌	用遥朋脸胸	及胶膛膦爱	甩服妥肥脂
34W	全会估休代	个介保佃仙	作伯仍从你	信们偿伙佤	亿他分公化
35Q	钱针然钉氏	外旬名甸负	儿铁角欠多	久匀乐炙锭	包凶争色镪
41Y	主计庆订度	让刘训为高	放诉衣认义	方说就变这	记离良充率
42U	闰半关亲并	站间部曾商	产瓣前闪交	六立冰普帝	决闻妆冯北
43I	汪法尖洒江	小浊澡渐没	少泊肖兴光	注洋水淡学	沁池当汉涨
44O	业灶类灯煤	粘烛炽烟灿	烽煌粗粉炮	米料炒炎迷	断籽娄烃糯
45P	定守害宁宽	寂审宫军宙	客宾家空宛	社实宵灾之	官字安__它
51N	怀导居怃民	收慢避惭届	必怕__愉懈	心习悄屡忱	忆敢恨怪尼
52B	卫际承阿陈	耻阳职阵出	降孤阴队隐	防联孙耿辽	也子限取陛
53V	姨寻姑杂毁	叟旭如舅妯	九姝奶卑婚	妨嫌录灵巡	刀好妇妈姆
54C	骊对参骠戏	__骤台劝观	矣牟能难允	驻骈___驼	马邓艰双__
55X	线结顷缥红	引旨强细纲	张绵级给约	纺弱纱继综	纪弛绿经比

五笔点睛 二级简码中有一部分是键名字根，如“大、立、水、之、子”，对这5个键名字根不需要按字根拆分，按照二级简码输入更为简单。一部分是成字字根，如“三、四、五、六、七、九、早、车、力、手、方、小、米、由、几、心、也、马、用”等，对于这些字不需要按成字字根方法输入，按二级简码输入即可。

6.1.3 三级简码的输入规则

三级简码汉字的编码是取全码的第一、二、三个码，再按空格键即可。

这时有人会问：三级简码也是输入全码，击键次数并没有减少，能提高录入速度吗？

三级简码看上去没有减少击键次数，但很多字不用再判断末字根或识别码，这无形中提高了输入速度。三级简码汉字的前三个字根在整个编码体系中是唯一的，一般都作为三级简码，三个字母组成的码数是 25×25×25=15625 个。实际上，在汉字国标码基本集的 6763 个汉字中，有三级简码的汉字有 4400 多个。要输入这些汉字，只要依次键入前三个字根代码，再加上空格键即可。

由于五笔输入法中三级简码数量太多，所以无法一一列出，只能在以后的输入过程中慢慢记忆。

三级简码的输入规则为：输入汉字前三个字根代码，按空格键。

三级简码编码 = 第一个字根编码 + 第二个字根编码 +

第三个字根编码 + 空格键

例如，"洗"字拆分为"氵、丿、土、儿"，全码为"ITFQ"，简码为"ITF"，如图 6-3 所示。

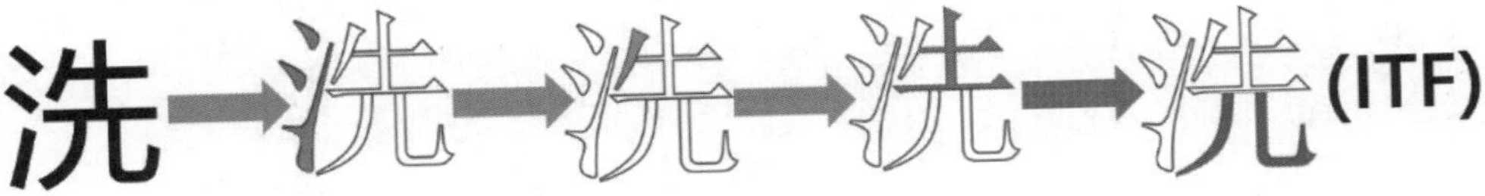

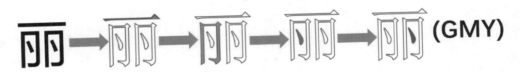

图 6-3

"丽"字拆分为"一、冂、丶、丶"，全码为"GMYY"，简码为"GMY"，如图 6-4 所示。

图 6-4

6.2 词组的输入

　　五笔输入法依照字形编码的方法，在输入时可以不用任何换挡操作和附加操作就能随意地输入字或词。无论词语多长，一律取四码为全码。遇字打字，遇词打词，而且字词还可以混合输入。例如，"科学家"的字根词语编码规则，取前两个字的第一个字根，取第三个字的前两个字根，组成四码，编码为"TIPE"。五笔输入法中词语编码规则非常简单，它们的码长为四码，码型与单个汉字的码型相同，只是不同字数的词语取码规则不同而已。

　　五笔输入法中有二字词组、三字词组、四字词组及多字词组等。

▶ 6.2.1　二字词组的输入规则

　　一般习惯使用五笔输入法的用户，使用二字词组频率较高，所以这部分内容需要重点掌握。

　　所谓二字词组是指由两个汉字构成的词组，如"组织、旅游、自觉"等。

　　二字词组的输入规则为：取每个字全码的前两个字根编码构成四码。

二字词组编码 = 首字第一字根编码 + 首字第二字根编码 + 第二汉字第一字根编码 + 第二汉字第二字根编码

　　例如，"安静"中"安"字可拆分成"宀、女"；"静"字可拆分成"龶、月、勹、彐、丿"；二字词组的编码取每个汉字的前两个字根编码组成四码，编码是 PVGE，如图 6-5 所示。

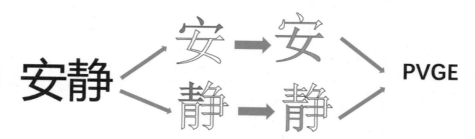

图 6-5

　　"惊吓"中"惊"字可以拆分成"忄、亠、小"；"吓"字可以拆分成"口、一、卜"；二字词组的编码取每个汉字的前两个字根编码组成四码，编码是 NYKG，如图 6-6 所示。

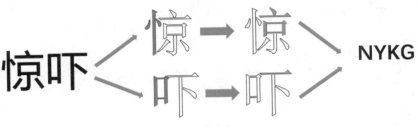

图 6-6

"彼此"中"彼"字可以拆分成"彳、广、又";"此"字可以拆分成"止、匕";二字词组的编码取每个汉字的前两个字根编码组成四码，编码是 THHX，如图 6-7 所示。

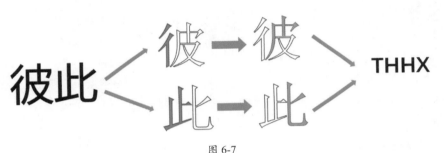

图 6-7

> **五笔点睛** 不能把词组中属于键名字根或成字字根的字按键外汉字来取码。例如词组"金属"，不能按"人、王、尸、丿"来取码，因为"金"字是一个键名字根，应该按照键名字根的取码规则，所以"金属"的全码为 QQNT。
> 只能输入词库集中包含的二字词，不能输入不是词组的词。

6.2.2 三字词组的输入规则

所谓三字词组是指由三个汉字构成的词组，如"吃苦头、干革命、参观者"等。

三字词组的取码规则为：取前两个汉字的第一个字根编码加上第三个汉字的前两个字根编码构成四码。

三字词组编码 = 第一汉字第一字根编码 + 第二汉字第一字根编码 + 第三汉字第一字根编码 + 第三汉字第二字根编码

例如，"空城计"根据三字词组的编码规则，取"空"字的第一个字根"宀"；取"城"字的第一个字根"土"；取"计"字的第一个和第二个字根，分别是"讠""十"，如图 6-8 所示。

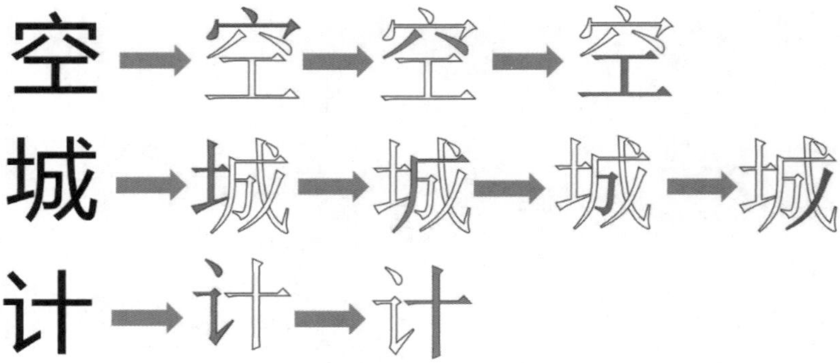

空→空→空→空

城→城→城→城→城

计→计→计

图 6-8

所以"空城计"的全码为 PFYF，如图 6-9 所示。

空城计→空+城+计+计　PFYF

图 6-9

"无底洞"根据三字词组的编码规则，取"无"字的第一个字根"二"；取"底"字的第一个字根"广"；取"洞"字的第一个字根和第二个字根，分别是"氵""冂"，如图 6-10 所示。

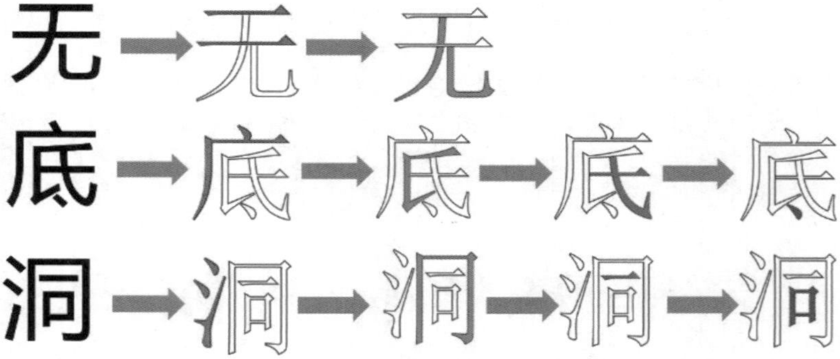

无→无→无

底→底→底→底→底

洞→洞→洞→洞→洞

图 6-10

所以"无底洞"的全码为 FYIM，如图 6-11 所示。

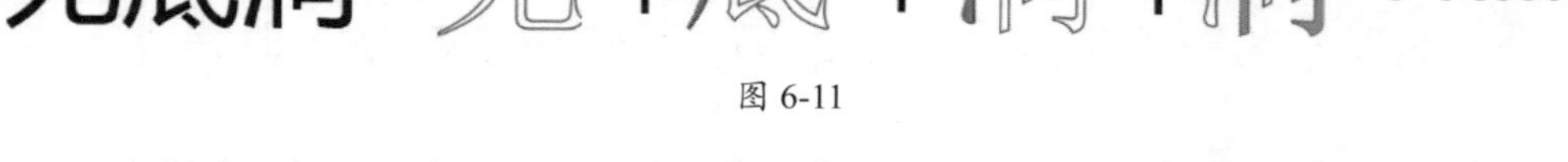

无底洞→无+底+洞+洞　FYIM

图 6-11

"电影院"根据三字词组的编码规则，取"电"字的第一个字根"日"；取"影"字的第一个字根"日"；取"院"字的第一个字根和第二个字根，分别是"阝""宀"，如图 6-12 所示。

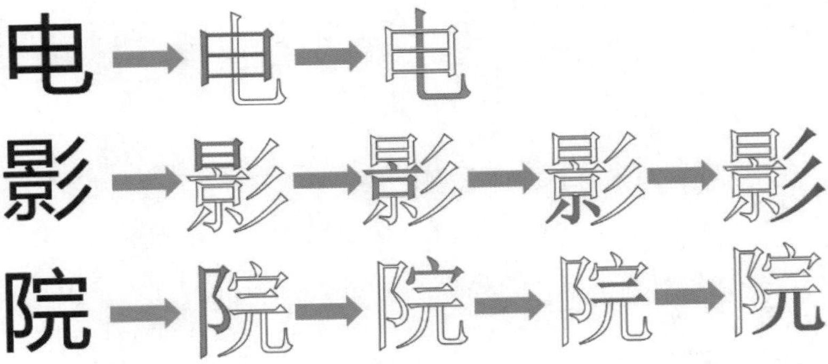

图 6-12

所以"电影院"的全码为 JJBP，如图 6-13 所示。

图 6-13

▶ 6.2.3　四字词组的输入规则

所谓四字词组是指由四个汉字构成的词组，如"其貌不扬、若无其事、劳动模范"等。

四字词组的取码规则为：取每个汉字的第一个字根编码构成四码。

四字词组编码 = 第一汉字第一字根编码 + 第二汉字第一字根编码 + 第三汉字第一字根编码 + 第四汉字第一字根编码

例如，"无微不至"根据四字词组的编码规则，取"无"字的第一个字根"二"；取"微"字的第一个字根"彳"；取"不"字的第一个字根"一"；取"至"字的第一个字根"一"。即全码为 FTGG，如图 6-14 所示。

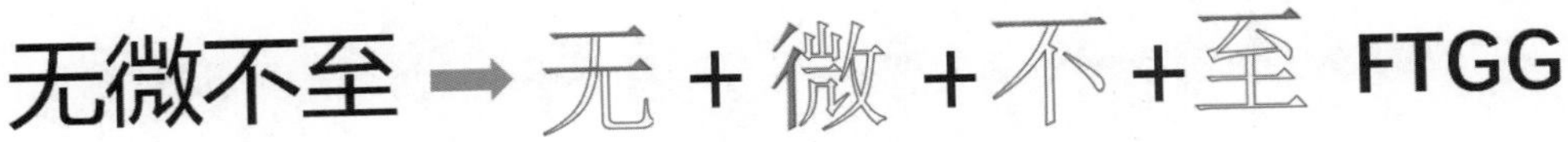

图 6-14

"巧夺天工"根据四字词组的编码规则，取"巧"字的第一个字根"工"；取"夺"字的第一个字根"大"；取"天"字的第一个字根"一"；取"工"字的第一个字根"工"。即全码为 ADGA，如图 6-15 所示。

巧夺天工 ➡ 巧 + 夺 + 天 + 工 **ADGA**

图 6-15

　　"呼风唤雨"根据四字词组的编码规则，取"呼"字的第一个字根"口"；取"风"字的第一个字根"几"；取"唤"字的第一个字根"口"；取"雨"字的第一个字根"雨"。即全码为 KMKF，如图 6-16 所示。

呼风唤雨 ➡ 呼 + 风 + 唤 + 雨 **KMKF**

图 6-16

▶ 6.2.4　多字词组的输入规则

　　所谓多字词组是指由四个以上汉字构成的词组，如"人民大会堂、中国共产党、现代化建设"等。

　　多字词组的取码规则是：分别取第一、第二、第三和最后一个汉字的第一个字根编码构成四码。

多字词组编码 = 第一汉字第一字根编码 + 第二汉字第一字根编码 + 第三汉字第一字根编码 + 最后一汉字第一字根编码

　　例如，"桃李满天下"根据多字词组的编码规则，取"桃"字的第一个字根"木"；取"李"字的第一个字根"木"；取"满"字的第一个字根"氵"；取"下"字的第一个字根"一"；即全码为 SSIG，如图 6-17 所示。

桃李满天下

➡ 桃 + 李 + 满 + 下 **SSIG**

图 6-17

　　"有志者事竟成"根据多字词组的编码规则，取"有"字的第一个字根"ナ"；取"志"字的第一个字根"士"；取"者"字的第一个字根"土"；取"成"字的第一个字根"厂"；即全码为 DFFD，如图 6-18 所示。

有志者事竟成

→ 有 + 志 + 者 + 成 DFFD

图 6-18

"心有灵犀一点通"根据多字词组的编码规则，取"心"字的第一个字根"心"；取"有"字的第一个字根"ナ"；取"灵"字的第一个字根"彐"；取"通"字的第一个字根"マ"；即全码为 NDVC，如图 6-19 所示。

心有灵犀一点通

→ 心 + 有 + 灵 + 通 NDVC

图 6-19

"情人眼里出西施"根据多字词组的编码规则，取"情"字的第一个字根"忄"；取"人"字的第一个字根"人"；取"眼"字的第一个字根"目"；取"施"字的第一个字根"方"；即全码为 NWHY，如图 6-20 所示。

情人眼里出西施

→ 情 + 人 + 眼 + 施 NWHY

图 6-20

"新疆维吾尔自治区"根据多字词组的编码规则，取"新"字的第一个字根"立"；取"疆"字的第一个字根"弓"；取"维"字的第一个字根"纟"；取"区"字的第一个字根"匚"；即全码为 UXXA，如图 6-21 所示。

新疆维吾尔自治区

→ 新 + 疆 + 维 + 区 UXXA

图 6-21

总结各种词组的输入规则，在五笔字型中，无论词语是由几个汉字构成的，只需输入四位编码，即可输入整个词语。其编码规则如图 6-22 所示。

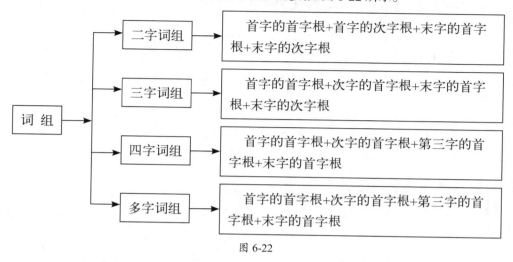

图 6-22

6.3 重码、容错码和万能 Z 键

接下来本节将具体讲解重码、容错码和万能 Z 键。

▶ 6.3.1 重码

在使用五笔输入法时，有时输入某个汉字编码，中文提示行会出现两个或两个以上的不同汉字，这就是汉字的重码。重码太多势必影响录入速度，但目前尚没有哪种汉字编码方案能做到完全无重码。在国标一、二级的 6763 个汉字中，五笔字型的重码字共有 246 组约 500 个汉字，占汉字总数的 7% 左右，而且其中有很多重码字存在简码输入的形式，因此实际录入过程中需要选择重码字的概率很低，基本不影响录入速度。

在五笔字型中，虽然我们可通过识别码减少编码重复的概率，但文字毕竟太多，也会有一些重复编码。"五笔字型"编码完全相同的字，称之为"重码"，案例如下。

衣：亠、伙、、（YEU）。

哀：亠、伙、、（YEU）。

枯：木、古、一（SDG）。

柘：木、石、一（SDG）。

从输入汉字的要求看，键位要尽量少、码长要尽量短且重码也要尽量少，这自然不是件容易的事。五笔字型方案中对重码字也用屏幕编号显示的办法，让用户按最上排数字键选择所用的汉字。

五笔输入法对重码字做了以下处理。

（1）选择方法

当屏幕编号显示重码字时，按字的使用频率排，高频字在 1 号位。当高频字排在 1 号位时，只要继续输入下面一个字或者按空格键，1 号字就会自动跳到屏幕光标处（减少一次按数字键选择）。如果所要的字在第 2 个位置上，可按数字键 2，即可将所要的字挑选到屏幕上。

（2）L的用法

对于国标中一级汉字中的重码字，不常用字仍按常规编码。对于常用字，可在末码后加上"L"。"L"的用法：所有显示在后边的重码字，将其最后一个编码人为地修改为"L"，使其有一个唯一的编码。按这个码输入，使得一级汉字中的重码字大多可以实现无重码输入，便不需要挑选了（该功能因输入法软件的差异而不同）。

例如，"孤"和"阪"的编码都是 BRCY。将最后一个编码改为"L"，BRCL 就作为"阪"字的唯一编码了。（"阪"虽重码，但不需要挑选，也相当于唯一码。）

汉字必须按照正确的编码输入，这样才能更好、更快地录入汉字。

6.3.2　容错码

五笔的容错码有两个含义，其一是容易编错的码，其二是允许编错的码。这两种编码允许用户按错的打，这就是所谓的"容错码"。王码五笔中的容错码设计了 1000 个左右，包含了"编码容错"和"字型容错"两种。

对于有些极容易拆错的汉字，即使输入错误，也能得到正确的结果。但并不是所有的错误都能自动纠正，个别汉字因人们的书写习惯，很容易造成字根拆分顺序错误或识别码判断错误。为不至于因这种原因而影响用户输入，五笔字型编码方案专门对这类汉字定义了两个甚至两个以上的合法编码。这样即使用户在拆分汉字或识别汉字时有错误，仍能够正常地输入它（该功能并不是每一款输入法中都有）。

"容错码"主要有以下三种类型。

（1）拆分容错

个别汉字因人们书写顺序不同，使字根的拆分序列也不尽相同，因而容易弄错，案例如下。

长：丿＋七＋丶　　　　TAYI（正确码）
长：七＋丿＋丶　　　　ATYI（容错码）
长：丿＋一＋丨＋丶　　TGNY（容错码）
长：一＋丨＋丿＋丶　　GNTY（容错码）
秉：丿＋一＋彐＋小　　TGVI（正确码）
秉：禾＋彐＋氵　　　　TVI（容错码）

（2）字型容错

个别汉字因人们书写的习惯顺序有误，容易造成识别码判断错误，案例如下。

右：ナ、口，12，即 DKF（正确编码），简码为 DK；ナ、口，13，即 DKD（字型容错），简码为 DK。

连：车、辶，23，即 LPK（正确编码）；车、辶，13，即 LPD（末笔识别容错）。

占：卜、口，12，即 HKF（正确编码）；卜、口，13，即 HKD（字型容错）。

击：二、山，23，即 FMK（正确编码）；二、山，22，即 FMJ（字型容错）。

（3）方案版本容错

方案版本容错是由于新版本与旧版本在编码方案上不同而产生编码的不同。

五笔输入法经过修改、优化和升级，使得最新版本与早期版本有较大区别。为了使用早期版本的用户也能用最新的优化方案，特别设计了一些方案版的容错码，使两者具有兼容性。在目前最新的优化方案中，取消了两个字根。因此，很多字拆分时结果就不同。

综上所述，由于容错码的存在，在输入某些汉字时即使没有按正确编码输入，同样能得到该汉字。但必须提醒的是：容错终究是有限的，它只是在一个很小的范围内能给予用户帮助，唯有熟练掌握汉字的正确拆分方法和编码原则，才能真正提高技能。

▶ 6.3.3 万能Z键的使用

从五笔字型的字根键位图可见，26 个英文字母键只用了 A ～ Y 共 25 个键，在"Z"键上未安排任何字根。那"Z"键到底是干什么用的呢？

"Z"键在五笔输入法有着特殊的用途，用于辅助学习。"Z"键被称为"万能键"，又叫"学习键"。当初学者对键盘字根不太熟悉或对某些汉字的字根拆分困难时，万能键"Z"就起到重要的作用，可以通过"Z"键提供帮助，一切未知的编码都可以用"Z"键来表示。不过，"Z"键最好不要在同一个字中使用多次，这样会影响打字的准确率。

"Z"键主要有两个作用：一是代替未知的识别码；二是代替模糊不清或分解不准的字根。

例如"曹"字，确定第一个键为"G"，不知道第二个键，隐约知道第三个键，这时就可以通过使用万能键来进行输入，即输入"GZA"就可以显示出"曹"字以及它的正确编码。换句话说，可以把"Z"键作为通配符。

在输入含有"Z"键的编码时，"Z"键代码越多则选字的范围越广。如果当前页没有要输入的汉字，可按 [▶] 或 [◀] 键进行翻页，直到找到所需汉字。

"Z"键也可以用于代替识别码。例如汉字"夭"字，若对它的末笔识别码不确定，这时就可以使用"Z"键，即输入"TDZ"。这时提示行将显示"TDZ 1：秃 g 2：逢 h 3：夭 i 4：乔 j 5：知 k"。据此可以知道"夭"的识别码是 i（43）。

若输入"ZZZZ"这个编码，则系统将把国标一、二级字库中全部汉字及其相应的五笔字型编码分组显示在中文提示行。提示行显示的汉字会自动按使用频率的高低次序排列，即按高频字、二级简码字、三级简码字、无简码字的顺序排列。因此，也可以通过 Z 键查阅某个汉字是否存在简码（该功能因输入法的差异而不同）。

五笔点睛 由于使用Z键能提供帮助，一切未知的编码都可以用Z键。这样会增加重码，同时增加选择时间。所以，希望读者能尽早记住基本字根和五笔字型编码方法，多做练习，尽量少用或不用Z键。

6.4 技能提升课

❶ 简码的练习，请在空白处填写对应汉字的简码。

一级简码

我		人		有		的		和	
主		产		不		为		这	
一		地		在		要		工	
上		是		中		国		同	

二级简码

玫		盯		辊		寻		炒	
才		屯		持		杂		冰	
呼		顾		拓		毁		悄	
笔		邮		度		参		屡	

三级简码

晶		蚌		插		盾		苹	
梧		架		帛		覆		医	
若		嗣		裁		痢		者	
哩		琳		跌		图		唾	

❷ 词组的练习，请在空白处填写对应汉字的编码。

二字词组

实际		路线		丰富	
经营		最终		激烈	
法律		传播		畜禽	
股票		鼓励		领域	

三字词组

原声带		阿拉伯		哲学家	
农作物		大本营		看不起	
销售员		失业率		指甲油	
鱼肝油		近义词		西班牙	

四字词组

三番五次		聪明才智	
不言而喻		层出不穷	
输入符号		聚精会神	
欣欣向荣		满腔热情	

多字词组

全民所有制		英雄所见略同	
马克思主义		中国人民银行	
宁夏回族自治区		中华人民共和国	
中国科学院		广西壮族自治区	

❸ 用86版五笔输入法输入下列文章段落。

《海上日出》 巴金

为了看日出，我常常早起。那时天还没有大亮，周围非常清静，船上只有机器的响声。

天空还是一片浅蓝，颜色很浅。转眼间天边出现了一道红霞，慢慢地在扩大它的范围，加强它的亮光。我知道太阳要从天边升起来了，便目不转睛地望着那里。

果然过了一会儿，在那个地方出现了太阳的小半边脸，红是真红，却没有亮光。太阳像负着重荷似的一步一步，慢慢地努力上升，到了最后，终于冲破了云霞，完全跳出了海面，颜色红得非常可爱。一刹那间，这个深红的圆东西，忽然发出了夺目的亮光，射得人眼睛发痛，它旁边的云片也突然有了光彩。

有时太阳走进了云堆中，它的光线却从云里射下来，直射到水面上。这时候要分辨出哪里是水，哪里是天，倒也不容易，因为我就只看见一片灿烂的亮光。

有时天边有黑云，而且云片很厚，太阳出来，人眼还看不见。然而太阳在黑云里放射的光芒，透过黑云的重围，替黑云镶了一道发光的金边。后来太阳才慢慢地冲出重围，出现在天空，甚至把黑云也染成了紫色或者红色。这时候发亮的不仅是太阳、云和海水，连我自己也成了光亮的了。

07

第7章

98 版五笔输入法
——扩展知识

　　为了完善 86 版五笔输入法，王永民教授在 1998 年推出了五笔字型第二代版本：王码五笔 98 版。98 版将汉字拆分为 240 多种码元，并将这些码元与键盘中的 25 个字母键一一建立对应关系，通过击打 25 个字母键即可将汉字输入到电脑中。

7.1 98 版五笔输入法

前面以 86 版王码五笔字型为讲解对象，介绍了五笔字型的编码规则与学习方法。所有这些内容，完全适合 98 版五笔字型。本节将介绍 98 版五笔输入法的特点以及它与 86 版五笔输入法的区别。

▶ 7.1.1 98 版五笔输入法的特点

由于 98 版五笔字型是在 86 版五笔字型基础上发展而来的，因此，在 98 版王码五笔中包括了 86 版的五笔输入法，以满足 86 版老用户的需要。另外，98 版五笔输入法还具有以下几个新特点。

（1）动态取字造词或批量造词

用户可随时在编辑文章的过程中，从屏幕上取字造词，并按编码规则自动合并到原词库中一起使用；也可利用 98 版王码提供的词库生成器进行批量造词。

（2）允许用户编辑码表

用户可根据自己的需要对五笔字型编码和五种笔画编码进行直接编辑、修改。

（3）实现内码转换

不同的中文平台所使用的内码并非都一致，利用 98 版王码提供的多内码文本转换器可进行内码转换，以兼容不同的中文平台。

不同的中文系统往往采用不同的机内码标准，不同内码标准的汉字系统，其字符集往往不尽相同。98 版王码为了适应多种中文系统平台，提供了多种字符集的处理功能。

（4）多种版本

98 版王码系列软件包括 98 版王码国标版、98 版王码简繁版和 98 版王码国际版等多种版本。

（5）运行的多平台性

98 版王码在 Windows XP/7/10/11 等中文平台上都能很好地运行。

（6）多种输入法

98 版王码除了配备新老版本的五笔字型之外，还有王码智能拼音、简易五笔笔画和拼音笔画等多种输入方法。

▶ 7.1.2　与86版五笔输入法的区别

98 版五笔字型在 86 版五笔字型的基础上做了大量的改进，其主要区别如下。

（1）构成汉字基本单位的称谓不同

86 版中称"字根"，98 版中称"码元"。98 版所选用的码元比 86 版的字根多，而且做了多方面科学、合理的调整。于是相比之下，从汉字中取出码元就更容易辨识、更容易拆分，使取码比先前更便捷、快速。其次，98 版废除了一些似是而非的"强扭码元"，向着规范化方向迈进了一步。这样做能消除用户对该编码的别扭感，降低对该编码学习的难度。

（2）处理汉字的数量不同

86 版只能处理国标简体字 6763 个，98 版不仅可以处理 6763 个国标简体字，还可以处理 13053 个繁体字以及中、日、韩三国大字符集中的 21003 个汉字。

（3）在取码规则方面

98 版比 86 版选用了更多的"重心码元"与"多笔码元"，使得在取码时减少了对一些码元的拆分，取码更顺畅、便捷。此外，把"笔画向前凑"改为"笔画往后靠"，也能使取码更顺畅、便捷一些，这些也是为提高输入速度所做的改进。

同时，98 版改变了一些取笔画码的顺序，使得取笔画码的顺序与汉字的书写顺序保持一致，纠正了在 86 版中的一些取码错误，也向着规范化方向迈进了一步。

（4）在简码的编码排方面

在 86 版五笔编码中，简码重复的现象比较多。例如"民主中要这同不为经"这 9 个字是既有一级简码又有二级简码的汉字，其中"民主中要这"这 5 个汉字同时有一、二、三级简码，"同经"这 2 个汉字同时有一、二、三级简码及四级全码；而有二级简码的 600 多个汉字差不多都有三级简码。编码的这种编法在 98 版中已被改变，简码重复的现象大为减少，从而减少了"编码位置"的浪费，使更多的汉字编排上了二、三级简码。重码汉字有所减少，也有利于提高汉字的输入速度。

（5）在词组方面

98 版的词组比 86 版多且更合理，这对提高输入速度来说无疑也是有利的。

7.2　98 版五笔输入法的码元分布

与 86 版五笔输入法一样，98 版五笔输入法的码元也是按照一定规律分布在键盘的各个键位上。下面介绍 98 版五笔输入法码元的键盘分布、码元的区号和位号以及码元助记词。

▶ 7.2.1 五笔字型码元键盘的分布

码元是指98版五笔输入法中，由若干笔画单独或交叉连接而成的类似偏旁结构。它的作用与86版中的字根相同。98版五笔输入法相对于86版五笔输入法对字根做了调整，从而使98版五笔输入法选取码元更为规范。

码元是构成汉字的基本单位，也是学习五笔输入法的基础。这些码元按照规律分布在键盘中的横、竖、撇、捺、折5个区（A~Y键位）中，如图7-1所示。

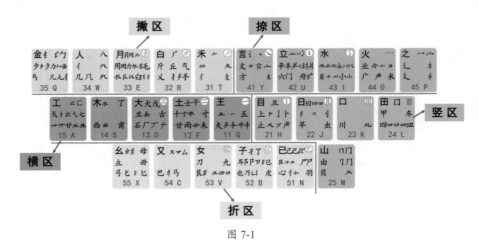

图 7-1

▶ 7.2.2 码元的区号和位号

与86版一样，98版五笔的码元分布在键盘中的25个英文字母键上，"Z"键除外。按照码元的起笔笔画将码元分为"横、竖、撇、捺、折"5个区，依次用代码1、2、3、4、5表示区号，每个区又考虑码元的第二笔画，再分作5个位，依次用代码1、2、3、4、5表示位号。将每个键的区号作为第一个数，位号作为第二个数，组合起来表示一个键，即"区位号"。5个区，每个区5个位，即形成了25个键位的码元键盘；每个区的位号从键盘中部起，向左右两端顺序排列，如图7-2所示。

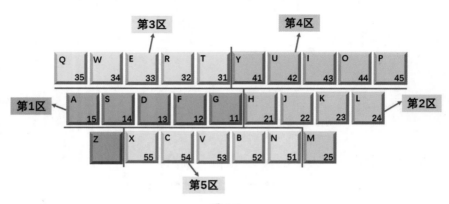

图 7-2

▶ 7.2.3　码元助记词

五笔输入法的创始人将码元编成 25 句口诀，每句口诀对应一个键位上的码元。这些口诀读起来朗朗上口、方便记忆，如表 7-1 所示。

表7-1

一区（横起笔）	二区（竖起笔）	三区（撇起笔）	四区（捺起笔）	五区（折起笔）
G王旁青头五夫一	H目上卜止虎头具	T禾竹反文双人立	Y言文方点谁人去	N已类左框心尸羽
F土干十寸末甘雨	J日早两竖与虫依	R白斤气丘叉手提	U立辛六羊病门里	B子耳了也乃框皮
D大犬戊其古石厂	K口中两川三个竖	E月用力豸毛衣臼	I水族三点鳖头小	V女刀九艮山西倒
S木丁西甫一四里	L田甲方框四车里	W人八登头单人几	O火业广鹿四点米	C又巴牛厶马失蹄
A工戈草头右框七	M山由贝骨下框集	Q金夕鸟儿犭边鱼	P之字宝盖补礻衤	X幺母贯头弓和匕

7.3 ┃ 键面码元的输入

掌握了 98 版五笔输入法的码元键盘分布规律及助记词，就可以用该输入法输入汉字。由于 98 版五笔输入法与 86 版五笔输入法中的汉字的 3 个层次、5 种笔画以及 3 种字型结构完全相同，所以汉字的拆分原则及输入方法也与 86 版相同。

▶ 7.3.1　键名码元的输入

键名码元是指在五笔字型码元表中，每个键位上的第一个汉字码元，也是助记词各句中的第一个汉字，总计 25 个，如表 7-2 所示。

表7-2

键名码元表				
王（GGGG）	土（FFFF）	大（DDDD）	木（SSSS）	工（AAAA）
目（HHHH）	日（JJJJ）	口（KKKK）	田（LLLL）	山（MMMM）
禾（TTTT）	白（RRRR）	月（EEEE）	人（WWWW）	金（QQQQ）
言（YYYY）	立（UUUU）	水（IIII）	火（OOOO）	之（PPPP）
已（NNNN）	子（BBBB）	女（VVVV）	又（CCCC）	幺（XXXX）

键名码元的输入方法是：连击该码元所在键位 4 次。例如，输入"水"字，连续敲击 4 次"I"键位；输入"田"字，连续敲击 4 次"L"键位。

立：立立立立　　42 42 42 42（UUUU）

金：金金金金　　35 35 35 35（QQQQ）

7.3.2　成字码元的输入

成字码元是指在五笔字型码元表中，除了键名码元以外的汉字码元，如"甫、夫、甘"等。成字码元共有 66 个。成字码元的编码方式为：

编码 = 成字码元代码 + 首笔代码 + 次笔代码 + 末笔代码

其中首笔、次笔、末笔均是指五种基本笔画：横、竖、撇、捺、折，如表 7-3 所示。

表7-3

成字码元	码元代码	首笔画	次笔画	末笔画	所击键位
甫	S	一（G）	丨（H）	丶（Y）	SGHY
毛	E	丿（T）	一（G）	乙（N）	ETGN
甘	F	一（G）	丨（H）	一（G）	FGHG
夫	G	一（G）	一（G）	丶（Y）	GGGY
丘	R	丿（T）	丨（H）	一（G）	RTHG
臼	E	丿（T）	丨（H）	一（G）	ETHG
夕	Q	丿（T）	乙（N）	丶（Y）	QTNY

如果成字码元取码不足四码，按顺序输入编码后按空格键即可。其编码方式为：

编码 = 成字码元代码 + 首笔代码 + 次笔代码 + 空格键

不足四码的成字码元编码表，如表 7-4 所示。

表7-4

成字码元	码元代码	首笔画	次笔画	末笔画	所击键位
几	W	丿（T）	乙（N）	空格键	WTN
力	E	乙（N）	丿（T）	空格键	ENT
七	A	一（G）	乙（N）	空格键	AGN
丁	S	一（G）	丨（H）	空格键	SGH
乃	B	乙（N）	丿（T）	空格键	BNT
厶	C	乙（N）	丶（Y）	空格键	CNY
九	V	丿（T）	乙（N）	空格键	VTN

7.3.3 笔画码元的输入

五笔输入法中，除了键名码元和成字码元外，还有五种单笔画码元：一、丨、丿、丶、乙。这五种笔画在国家标准中都是作为汉字来对待的。其输入方式也应按照"成字码元"编码方法进行输入。

其输入方法：码元所在键 + 码元所在键 +L+L。

一：11 11 24 24（GGLL）

丨：21 21 24 24（HHLL）

丿：31 31 24 24（TTLL）

丶：41 41 24 24（YYLL）

乙：51 51 24 24（NNLL）

7.3.4 补码码元的输入

补码码元共有"犭、礻、衤"3个。补码码元是指在参与编码时，需要两个码的码元，其中一个码元是对另一个码元的补充。

补码码元的编码规则是：先输入码元所在键（主码），再补加补码及码元中第一个和最后一个单笔画。

编码 = 主码代码 + 补码代码 + 首笔画 + 末笔画

补码码元的编码表，如表 7-5 所示。

表7-5

补码码元	主码	补码	首笔画	末笔画	编码
犭	犭（Q）	丿（T）	丿（T）	丿（T）	QTTT
礻	礻（P）	丶（Y）	丶（Y）	丶（Y）	PYYY
衤	衤（P）	冫（U）	丶（Y）	丶（Y）	PUYY

7.3.5 末笔识别码

末笔识别码由"末笔笔画区号 + 字型位号"构成。末笔识别码有 15 种组合方式，如表 7-6 所示。

表7-6

字型	1横	2竖	3撇	4捺	5折
1左右型	11G	21H	31T	41Y	51N
2上下型	12F	22J	32R	42U	52B
3杂合型	13D	23K	33E	43I	53V

注：98 版。

例如：

"字"的末笔笔画为"一"（区号为 1），字型为"上下型"（位号为 2）。因此，"字"的末笔识别码为 F。

"讼"的末笔笔画为"丶"（区号为 4），字型为"左右型"（位号为 1）。因此，"讼"的末笔识别码为 Y。

"亚"的末笔笔画为"一"（区号为 1），字型为"杂合型"（位号为 3）。因此，"亚"的末笔识别码为 D。

五笔输入法的几项硬性规定如下。

第一，对于码元"刀、九、力、七"，虽然只有两笔，但不同人的笔顺却常有不同。为了保持一致和直观，规定凡是这四种码元当作"末"笔，需要识别码的，一律以"折"笔来识别。如："仇"，WVN；"化"，WXN。

第二，带"方框"的"国""团"等字和带走之旁的"边""远"等字，一律以被包围部分的末笔为整个字的末笔。

第三，五个单笔画的编码硬性规定为："一"为 GGLL，"丨"为 HHLL，"丿"为 TTLL，"丶"为 YYLL，"乙"为 NNLL。

第四，有些五笔输入法为了避免"劳动"这个常用词组与"蔻"字重码，把"蔻"字编码最后一码改为"L"；同时为避免"厴"不与"大"字重码，把"厴"最后一码改为"L"。

7.4 键外汉字的输入

键外汉字是指在五笔字型码元表中找不到的汉字。由于 98 版的输入方法与 86 版的类似，也是根据"书写顺序""取大优先""能散不连""能连不交""兼顾直观"原则来拆分码元，因此依照五笔输入法的拆分原则把汉字拆成单个码元后，依次输入码元所在的键位，从而完成汉字的输入。

98 版五笔输入法把键外码元输入分为：二码码元汉字输入、三码码元汉字输入、四码码元汉字输入、超过四码码元汉字输入。

▶ 7.4.1 二码码元汉字的输入

二码码元汉字是指刚好拆分成两个码元的汉字。输入方法是：依次输入码元所在的键位，然后添加末笔识别码，如仍不足四码，则按空格键补位。

编码 = 第一个码元编码 + 第二个码元编码 + 末笔识别编码

例如，"亦"字可以拆分为"亠、小"，对应的码元编码是 Y、O，末笔识别码为 U，其编码为"YOU"。

$$亦 = 亠 + 小 + U$$

"捕"字可以拆分成"扌、甫"，对应的码元编码是 R、S，末笔识别码为 Y，其编码为"RSY"。

$$捕 = 扌 + 甫 + Y$$

下面通过举例来帮助读者更好地理解二码码元汉字的编码规则，如表 7-7 所示。

表7-7

汉字	第一个码元	第二个码元	末笔识别码	编码
牛	丿	丰	K	TGK
青	丰	月	F	GEF
敝	冂	夂	Y	ITY
舟	丿	舟	I	TUI
豕	一	豖	I	GEI

▶ 7.4.2 三码码元汉字的输入

三码码元汉字是指刚好拆分成三个码元的汉字。输入方法是：依次输入所有码元的编码，最后添加末笔字型识别码。

编码 = 第一个码元编码 + 第二个码元编码 + 第三个码元编码 + 末笔识别码编码

例如，"腮"字可以拆分为"月、田、心"，对应的码元编码"E、L、N"，其编码为"ELNY"。

$$腮 = 月 + 田 + 心 + Y$$

"刮"字可以拆分为"丿、古、刂"，对应的码元编码"T、D、J"，其编码为"TDJH"。

$$刮 = 丿 + 古 + 刂 + H$$

下面通过举例来帮助读者更好地理解三码码元汉字的编码规则，如表 7-8 所示。

表7-8

汉字	第一个码元	第二个码元	第三个码元	末笔识别码	编码
求	一（G）	氺（I）	丶（Y）	I	GIYI
衬	衤（P）	丶（U）	寸（F）	Y	PUFY
貌	豸（E）	白（R）	儿（Q）	N	ERQN
爪	厂（R）	丨（H）	乀（Y）	I	RHYI
牟	厶（C）	丿（T）	十（G）	J	CTGJ

▶ 7.4.3 四码码元汉字的输入

四码码元汉字是指刚好拆分成四个码元的汉字。输入方法是：按照书写顺序，依次输入四个码元的编码。

编码 = 第一个码元编码 + 第二个码元编码 + 第三个码元编码 + 第四个码元编码

例如，"饱"可以拆分成"⺈、乙、勹、巳"，对应的编码为 Q、N、Q、N，其编码为"QNQN"。

饱 = ⺈ + 乙 + 勹 + 巳

"临"可以拆分成"刂、⺈、丶、口"，对应的编码为 J、T、Y、J，其编码为"JTYJ"。

临 = 刂 + ⺈ + 丶 + 口

下面通过举例来帮助读者更好地理解四码码元汉字的编码规则，如表 7-9 所示。

表7-9

汉字	第一个码元	第二个码元	第三个码元	第四个码元	编码
教	土（F）	丿（T）	子（B）	攵（T）	FTBT
插	扌（R）	丿（T）	十（F）	白（E）	RTFE
捷	扌（R）	一（G）	⺕（V）	疋（H）	RGVH
庸	广（O）	⺕（V）	月（E）	丨（H）	OVEH
照	日（J）	刀（V）	口（K）	灬（O）	JVKO

▶ 7.4.4 超过四码码元汉字的输入

超过四码码元汉字是指可以拆分成四个以上码元的汉字。其输入方法与 86 版五笔输入法相同。依次取汉字的第一码元、第二码元、第三码元和最后一个码元的编码。

编码 = 第一个码元编码 + 第二个码元编码 + 第三个码元编码 + 最后一个码元编码

例如,"叠"字可以拆分为"又、又、又、一",对应的码元编码为"C、C、C、G",其编码为"CCCG"。

叠 = 又 + 又 + 又 + 一

"龄"字可以拆分为"止、人、凵、マ",对应的码元编码为"H、W、B、C",其编码为"HWBC"。

龄 = 止 + 人 + 凵 + マ

下面通过举例来帮助读者更好地理解超过四码码元汉字的编码规则,如表 7-10 所示。

表7-10

汉字	第一个码元	第二个码元	第三个码元	最末码元	编码
顿	一（G）	凵（B）	乙（N）	贝（M）	GBNM
露	雨（F）	口（K）	止（H）	口（K）	FKHK
鼓	士（F）	口（K）	⺍（U）	又（C）	FKUC
龚	ナ（D）	匕（X）	、（Y）	八（W）	DXYW
警	艹（A）	勹（Q）	口（K）	言（Y）	AQKY

7.5 98 版五笔输入法简码的输入

为了提高汉字输入速度,98 版五笔输入法也提供了简码的输入方法。

为了减少击键次数,对于常用汉字,只取其编码的第一、二或三个码元进行编码,再追加一个空格键作为结束,就构成了简码。98 版五笔输入法与 86 版五笔输入法在二级简码上有所不同,注意区别记忆。

▶ 7.5.1 一级简码的输入

一级简码即高频字，共 25 个，如图 7-3 所示。

一级简码输入方法：一级简码所在键 + 空格键。

图 7-3

一级简码，除了熟记其简码以输入该字外，还要记住其全码的前二码以输入词组，它们的第三码与第四码使用率很低，没有必要去分析与记忆。例如，"我"字的全码为"TRNT"，输入单个"我"字时可以使用一级简码"Q"，输入双字词组"我们"时用"TRWU"，任何时候都用不着第三码"N"与第四码"T"。98 版五笔输入法一级简码如表 7-11 所示。

表7-11

一区	一（G、GG）	地（F、FB）	在（D、DH）	要（S、SV）	工（A、AA）
二区	上（H、HH）	是（J、JG）	中（K、KH）	国（L、LG）	同（M、MG）
三区	和（T、TK）	的（R、RQ）	有（E、DE）	人（W、WW）	我（Q、TR）
四区	主（Y、YG）	产（U、UT）	不（I、DH）	为（O、YE）	这（P、YP）
五区	民（N、NA）	了（B、BN）	发（V、NT）	以（C、NY）	经（X、XC）

▶ 7.5.2 二级简码的输入

二级简码共 600 多个。

二级简码输入方法：第一个码元所在键 + 第二个码元所在键 + 空格键。例如：

$$败 = 贝 + 攵，编码为：MT$$

$$芳 = 艹 + 方，编码为：AY$$

$$餐 = 卜 + 夕，编码为：HQ$$

从一定意义上讲，熟记二级简码是学习五笔字型的捷径。98 版五笔输入法二级简码表如表 7-12 所示。

表7-12

键位	GFDSA	HJKLM	TREWQ	YUIOP	NBVCX
	11～15	21～25	31～35	41～45	51～55
11G	五于天末开	下理事画现	麦珀表珍万	玉来求亚琛	与击妻到互
12F	十寺城某域	直刊吉雷南	才垢协零无	坊增示赤过	志坡雪支坶
13D	三夺大厅左	还百右面而	故原历其克	太辜砂矿达	成破肆友龙
14S	本票顶林模	相查可柬贾	枚析杉机构	术样档杰枕	札李根权楷
15A	七革苦莆式	牙划或苗贡	攻区功共匹	芳蒋东蘑芝	艺节切芑药
21H	睛睦非盯瞒	步旧占卤贞	睡睥肯具餐	虔瞳权虚瞎	虑＿眼眸此
22J	量时晨果晓	早昌蝇曙遇	鉴蚯明蛤晚	影暗晃显蛇	电最归坚昆
23K	号叶顺呆呀	足虽吕喂员	吃听另只兄	喑咬吵嘛喧	叫啊啸吧哟
24L	车团因困轼	四辊回田轴	略斩男界罗	罚较＿辘连	思团轨轻累
25M	赋财央崧曲	由则迥崭册	败冈骨内见	丹赠峭赃迪	岂邮＿峻幽
31T	年等知条长	处得各备身	秩稀务答稳	入冬秒秋乏	乐秀委么每
32R	后质拓打找	看提扣押抽	手折拥兵换	搞拉泉扩近	所报扫反指
33E	且肚须采肛	毡胆加舆觅	用貌朋办胸	肪胶膛脏边	力服妥肥脂
34W	全什估休代	个介保佃仙	八风佣从你	信们偿伙仁	亿他分公化
35Q	钱针然钉氏	外旬名甸负	儿勿角欠多	久匀尔炙锭	包迎争色错
41Y	证计诚订试	让刘训亩市	放义衣认询	方详就亦亮	记享良充率
42U	半斗头亲并	着间问闸端	道交前闪次	六立冰普＿	闷疗妆痛北
43I	光汗尖浦江	小浊溃泗油	少汽肖没沟	济洋水渡党	沁波当汉涨
44O	精庄类床席	业烛燥库灿	庭粕粗府底	广粒应炎迷	断籽数序鹿
45P	家守害宁赛	寂审宫军宙	客宾农空宛	社实宵灾之	官字安＿它
51N	那导居懒异	收慢避惭届	改怕尾恰懈	心习尿屡忧	己敢恨怪尼
52B	卫际承阿陈	耻阳职阵出	降孤阴队陶	及联孙耿辽	也子限取陛
53V	建寻姑杂既	肃旭如姻妯	九婢姐妗婚	妨嫌录灵退	恳好妇妈姆
54C	马对参牺戏	戡＿台＿观	矣＿能难物	叉＿一＿＿	予邓艰双牝
55X	线结顷缚红	引旨强细贯	乡绵组给约	纺弱纱继综	纪级绍弘比

▶ 7.5.3　三级简码的输入

三级简码只需取汉字中前三个码元所在的键位，然后按空格键即可。

三级简码输入方法：第一个码元所在键＋第二个码元所在键＋第三个码元所在键＋空格键。例如：

$$简 = 𥫗 + 门 + 日，编码为：TUJ$$

$$春 = 三 + 人 + 日，编码为：DWJ$$

$$述 = 木 + 丶 + 辶，编码为：SYP$$

下面通过举例来帮助读者更好地理解三级简码的输入规则，如表 7-13 所示。

表7-13

汉字	第一个码元	第二个码元	第三个码元	最末码元	编码
真	十	且	八	空格键	FHW
响	口	丿	冂	空格键	KTM
议	讠	丶	乂	空格键	YYR
盘	丿	舟	皿	空格键	TUL
沙	氵	小	丿	空格键	IIT

7.6 98 版五笔输入法词组的输入

掌握了五笔单字的输入规则，接下来就可以打所有的汉字了。但是为了加快打字速度，在输入过程中还需要养成打词组的好习惯。98 版五笔输入法中词组的取码规则与 86 版完全相同。五笔字型词组输入法中有二字词组、三字词组、四字词组及多字词组。

▶ 7.6.1 二字词组的输入

二字词组是指由两个汉字构成的词组。输入二字词组的规则：分别取每个字全码的前两个码元，组成四位码元。

码元 = 第一个汉字第一个码元编码 + 第一个汉字
第二个码元编码 + 第二个汉字第一个码元编码 + 第二个汉
字第二个码元编码

例如，"规则"，"规"字拆分为"夫、冂、儿"三个码元；"则"拆分为"贝、刂"两个码元；按照双字词组的输入方法，分别取每个字全码的前两个码元，组成四位码元，其编码为 GMMJ。

娱乐 = 女 + 口 + ⼎ + 小，编码为：VKTN

助理 = 月 + 一 + 王 + 日，编码为：EGGJ

时候 = 日 + 寸 + 亻 + 丨，编码为：JFWH

下面通过举例来帮助读者更好地理解双字词组输入的编码规则，如表 7-14 所示。

表7-14

汉字	首字的第一个码元	首字的第二个码元	次字的第一个码元	次字的第二个码元	编码
发表	乙	丿	龶	⻏	NTGE
英俊	艹	冂	亻	厶	AMWC
模仿	木	艹	亻	方	SAWY
浓厚	氵	一	厂	日	IPDJ
敬佩	艹	勹	亻	几	AQWW

▶ 7.6.2 三字词组的输入

三字词组是指由三个汉字组成的词组。输入三字词组的规则：按顺序输入第一、二个汉字的第一个码元编码和最后一个汉字的前两个码元的编码，一共组成四码。

码元 = 第一个汉字第一个码元编码 + 第二个汉字第一个码元编码 + 第三个汉字第一个码元编码 + 第三个汉字第二个码元编码

例如，"计算机"，"计"拆分为"讠、十"两个码元；"算"拆分成"⺮、目、廾"三个码元；"机"拆分为"木、几"两个码元；那么词组"计算机"按照三字词组的输入法，取第一、二个汉字的第一个码元和最后一个汉字的前两个码元，其编码为YTSW。

安徽省 = 宀 + 彳 + 小 + 丿，编码为：PTIT

计算机 = 讠 + ⺮ + 木 + 几，编码为：YTSW

绝对值 = 纟 + 又 + 亻 + 十，编码为：XCWF

下面通过举例来帮助读者更好地理解三字词组的编码规则，如表 7-15 所示。

表7-15

汉字	首字的第一个码元	次字的第一个码元	末字的第一个码元	末字的第二个码元	编码
满天飞	氵（I）	一（G）	乙（N）	＜（U）	IGNU
顺口溜	川（K）	口（K）	氵（I）	厂（Q）	KKIQ
摇钱树	扌（R）	钅（Q）	木（S）	又（C）	RQSC
桃花运	木（S）	艹（A）	二（F）	厶（C）	SAFC
铁公鸡	钅（Q）	八（W）	又（C）	鸟（Q）	QWCQ

▶ 7.6.3　四字词组的输入

四字词组是指由四个汉字构成的词组。输入四字词组的规则：按顺序输入每个汉字的第一个码元，组成四位码元。

码元 = 第一个汉字的第一个码元 + 第二个汉字的第一个码元 + 第三个汉字的第一个码元 + 第四个汉字的第一个码元

例如，"取长补短"，"取"字拆分为"耳、又"两个码元；"长"字拆分为"丿、七、丶"三个码元；"补"字拆分为"衤、丶、卜"三个码元；"短"字拆分为"宀、大、一、口、丷"五个码元；那么词组"取长补短"按照四字词组的输入法，按顺序输入每个汉字的第一个码元，组成四位码元，其编码为 BTPT。

打草惊蛇 = 扌+ 艹+ 忄+ 虫　　RANJ

相提并论 = 木 + 扌+ 丷+ 讠　　SRUY

平心静气 = 一 + 心 + 龶+ 气　　GNGR

下面通过举例来帮助读者更好地理解四字词组的编码规则，如表 7-16 所示。

表7-16

汉字	首字的第一个码元	次字的第一个码元	第三个字的第一个码元	末字的第一个码元	编码
众志成城	人（W）	士（F）	厂（D）	土（F）	WFDF
引人入胜	弓（X）	人（W）	丿（T）	月（E）	XWTE
奋发图强	大（D）	乙（N）	口（L）	弓（X）	DNLX

续表

汉字	首字的第一个码元	次字的第一个码元	第三个字的第一个码元	末字的第一个码元	编码
欣欣向荣	斤（R）	斤（R）	丿（T）	艹（A）	RRTA
同舟共济	冂（M）	丿（T）	艹（A）	氵（I）	MTAI

7.6.4　多字词组的输入

多字词组是由四个以上的汉字组成的词组。输入多字词组的规则：按顺序分别取第一、第二、第三和最后一个汉字的第一个码元，组成四位码元。

码元 = 第一个汉字的第一个码元 + 第二个汉字的第一个码元 + 第三个汉字的第一个码元 + 最后一个汉字的第一个码元

例如，"事实胜于雄辩"，按照输入多字词组的规则，分别取第一个汉字"事"的第一个码元"一"；第二个汉字"实"的第一个码元"宀"；第三个汉字"胜"的第一个码元"月"；最后一个汉字"辩"的第一个码元"辛"；其编码为 GPEU。

新疆维吾尔自治区 = 立 + 弓 + 纟 + 匸　UXXA

中华人民共和国 = 口 + 亻 + 人 + 口　KWWL

中国共产党 = 口 + 口 + 艹 + 丷　KLAI

下面通过举例来帮助读者更好地理解多字词组的编码规则，如表 7-17 所示。

表7-17

汉字	首字的第一个码元	次字的第一个码元	第三个字的第一个码元	末字的第一个码元	编码
长江后浪推前浪	丿（T）	氵（I）	厂（R）	氵（I）	TIRI
法定代表人	氵（I）	宀（P）	亻（W）	人（W）	IPWW
出淤泥而不染	凵（B）	氵（I）	氵（I）	氵（I）	BIII
三思而后行	三（D）	田（L）	厂（D）	彳（T）	DLDT
英雄所见略同	艹（A）	ナ（D）	厂（R）	冂（M）	ADRM

7.7 技能提升课

❶ 对比86版五笔字型字根表及98版五笔字型码元表，写出下面所给出的键位中86版五笔字型中被删除的字根。

A _____   C _____   D _____

E _____   G _____   H _____

I _____   O _____   P _____

Q _____   R _____   X _____

❷ 为了让初学者更好地了解王码86版与98版的差异，请写出下列汉字对应的编码。

字	王码86版	王码98版	字	王码86版	王码98版
差			鹿		
摘			业		
敏			破		
滔			笔		
卷			束		
豹			追		
船			赢		
澜			律		

❸ 用98版五笔输入法输入下列文章段落❶。

夜间，伴 着阵阵虫鸣，嗅着甜甜花香，睁眼一看，这不是传说中的桃源吗？

你看，潺潺溪水，悠闲地流淌着；斑斓的蝴蝶，自在地飞舞着；娇美的花儿，羞答答地笑着；俊美的青树，满足地沐浴着阳光，流泻出沁人的翠。伶俐的鸟儿，飞于蓝天，和出舒心的曲。远处，矫健的绿山，披着那柔和的纱衣，在蓝天的映衬下，愈发清秀。

一切的一切，是那么的静谧、祥和。嘴角不自觉地扬起，丝丝惬意洋溢着。

叽叽喳喳，恼人的嘈杂声充斥在周遭，适才的曲儿可不是这般。随意地掀了被子，手端一杯白水，自坐在窗前，窗外原仍是枯枝残叶满地，间杂着些许昨夜悄然而至的雪……

尘风乍起，扰乱一池清水的宁静。离花散落，碎了梦中人的遐想。

---

❶ 文章来源：煤矿安全网。作者：王萌。有改动。

附录

附录1 五笔难拆汉字汇总表

汉字	86版	98版	汉字	86版	98版
一画					
一	GGLL	GGLL	丿	TTLL	TTLL
乙	NNLL	NNLL	、	YYLL	YYLL
二画					
丁	SGH	SGH	乃	ETN	BNT
了	BNH	BNH	七	AGN	AGN
阝	BNH	BNH	九	VTN	VTN
卩	BNH	BNH	力	LTN	ENT
凵	BNH	BNH	儿	QTN	QTN
匕	XTN	XTN	乜	NNV	NNV
乄	PNY	PNY	勹	QTN	QTN
冖	PYN	PYN	冫	UYG	UYG
亠	YYG	YYG			
三画					
三	DGGG	DGGG	乞	TNB	TNB
上	HHGG	HHGG	万	DNV	GQE
干	FGGH	FGGH	亡	YNV	YNV
川	KTHH	KTHH	氵	IYYG	IYYG
之	PPPP	PPPP	艹	AGHH	AGHH
已	NNNN	NNNN	丬	UYGH	UYGH
己	NNGN	NNGN	彳	TTTH	TTTH
巳	NNGN	NNGN	弋	AGNY	AYI
也	BNHN	BNHN	忄	NYHY	NYHY
丫	UHK	UHK	巛	VNNN	VNNN
亍	FHK	GSJ	廾	AGTH	AGTH
于	GFK	GFK	夂	TTNY	TTNY
与	GNGD	GNGD	卫	BGD	BGD
乡	XTE	XTE	彡	ETTT	ETTT
扌	RGHG	RGHG	亼	WGF	WGF
尢	DNV	DNV	丌	GJK	GJK

汉字	86版	98版	汉字	86版	98版
夕	QTNY	QTNY	么	TCU	TCU
才	FTE	FTE	飞	NUI	NUI
丈	DYI	DYI	千	TFK	TFK
丸	VYI	VYI	习	NUD	NUD
孑	BYI	BYI	久	QYI	QYI
四画					
丰	DHK	DHK	夭	TDI	TDI
井	FJK	FJK	长	TAYI	TAYI
开	GAK	GAK	反	RCI	RCI
卞	YHU	YHU	爻	QQU	RRU
为	YLYI	YEYI	云	FCU	FCU
尹	VTE	VTE	专	FNYI	FNYI
尺	NYI	NYI	丏	GHNV	GHNV
夫	FWI	GGGY	廿	AGHG	AGHG
天	GDI	GDI	五	GGHG	GGHG
元	FQB	FQB	支	FCU	FCU
无	FQV	FQV	卅	GKK	GKK
亓	FJJ	FJJ	丑	NFD	NHGG
不	GII	DHI	乌	QNG	TNNG
午	TFJ	TFJ	氏	QAV	QAV
内	MWI	MWI	以	NYWY	NYWY
壬	TFD	TFD	予	CBJ	CNHJ
升	TAK	TAK	书	NNHY	NNHY
巴	CNHN	CNHN	乏	TPI	TPU
五画					
末	GSI	GSI	由	MHNG	MHNG
未	FII	FGGY	左	DAF	DAF
东	AII	AII	钅	QTGN	QTGN
卡	HHU	HHU	平	GUH	GUFK
北	UXN	UXN	鸟	QYNG	QGD
失	RWI	TGI	丘	RGD	RTHG
乍	THFD	THFF	必	NTE	NTE

汉字	86版	98版	汉字	86版	98版
世	ANV	ANV	斥	RYI	RYI
本	SGD	SGD	头	UDI	UDI
可	SKD	SKD	戊	DNYT	DGTY
申	JHK	JHK	冉	MFD	MFD
且	EGD	EGD	凹	MMGD	HNHG
归	JVG	JVG	尢	FQB	FQB
丕	GIGF	DHGD	弗	XJK	XJK
右	DKF	DKF	丛	WWGF	WWGF
布	DMHJ	DMHJ	用	ETNH	ETNH
半	UFK	UGK	凸	HGMG	HGHG
疋	NHI	NHI	宄	PVB	PVB
出	BMK	BMK	承	BII	BII
丝	XXGF	XXGF	穴	PWU	PWU
母	XGU	XNNY	厄	RGBV	RGBV
礻	PUI	PUYY	册	MMGD	MMGD
击	FMK	GBK	史	KQI	KRI
戋	GGGT	GAI	央	MDI	MDI
甲	LHNH	LHNH	丙	GMWI	GMWI
甩	ENV	ENV	甘	AFD	FGHG
氏	QAYI	QAYI	司	NGKD	NGKD
乐	QII	TNII	民	NAV	NAV
匆	QRYI	QRYI	生	TGD	TGD
正	GHD	GHD	包	QNV	QNV
玄	YXU	YXU	氷	YII	YII
兰	UFF	UDF	凸	MNMB	MNMB
术	SYI	SYI	戉	ANYT	ANV
扩	UYGG	UYGG	皿	LHNG	LHNG
乎	TUHK	TUFK	刍	QVF	QVF
尻	NVV	NVV	孔	GNN	GNN
讫	YTNN	YTNN	卟	KHY	KHY
六画					
在	DHFD	DHFD	乒	RGY	RYU

汉字	86版	98版	汉字	86版	98版
百	DJF	DJF	师	JGMH	JGMH
老	FTXB	FTXB	乩	HKNN	HKNN
亚	GOGD	GOD	至	GCFF	GCFF
丢	TFCU	TFCU	尧	ATGQ	ATGQ
兴	IW	IGWU	而	DMJJ	DMJJ
夷	GXWI	GXWI	农	PEI	PEI
会	WFCU	WFCU	死	GQX	GQXV
尽	NYUU	NYUU	戎	ADE	ADE
舛	QAHH	QGH	乔	TDJJ	TDJJ
后	RGKD	RGKD	朱	RII	TFI
囟	TLQI	TLRI	聿	VFHK	VGK
氶	TII	ITHY	迊	UGXG	UGXG
艸	BTBH	BTBH	弜	XXN	XXN
开	FTFH	GDFH	式	ADD	ADYI
收	NHTY	NHTY	关	UDU	UDU
划	AJH	AJH	舟	TEI	TUI
戍	DYNT	AWI	夹	GUW	GUD
年	RHFK	TGJ	产	UTE	UTE
买	NUDU	NUDU	吏	GKQ	GKRI
兆	IQV	QII	凫	QYNM	QWB
臼	VTHG	ETHG	戌	DGN	DGD
曳	JXE	JNTE			
七画					
囷	TLQI	TLQI	岛	QYNM	QMK
希	QDMH	RDMH	卵	QYTY	QYTY
兑	UKQB	UKQB	龟	QJNB	QJNB
弟	UXHT	UXHT	串	KKHK	KKHK
孝	FTBF	FTBF	坐	WWFF	WWFD
更	GJQI	GJRI	芈	GJGH	HGHG
甫	GEHY	SGHY	丽	GMYY	GMYY
两	GMWW	GMWW	身	TMDT	TMDT
我	TRNT	TRNY	羌	UDNB	UNV

汉字	86版	98版	汉字	86版	98版
灾	VOU	VOU	划	GJH	GAJH
囹	LGBN	LGBN	庑	YFQ	OFQV
垦	DGHY	DGHY	芊	AYHU	AYHU
峦	YOYU	YOGY	戒	AAK	AAK
来	GOI	GUSI	君	VTKD	VTKF
求	FIYI	GIYI	苇	AFNH	AFNH
巫	AWWI	AWWI	汹	IQBH	IRBH
严	GODR	GOTE	系	TXIU	TXIU
束	GKII	SKD	县	EGCU	EGCU
寿	DTFU	DTFU			
八画					
隶	VII	VII	枭	QYNS	QSU
承	BDII	BDII	乳	EBNN	EBNN
哑	BKCG	BKCG	阜	WNNF	TNFJ
奉	DWFH	DWGJ	垂	TGAF	TGAF
周	MFKD	MFKD	畅	JHNR	JHNR
事	GKVH	GKVH	乖	TFUX	TFUX
丧	FUEU	FUEU	非	DJDD	HDHD
直	FHF	FHF	卖	FNUD	FNUD
或	AKGD	AKGD	枣	GMIU	SMUU
秉	TGVI	TVD	臾	VWI	EWI
劾	YNTL	YNTE	虱	NTJI	NTJI
忝	NYXY	NYXY	贯	XFM	XMU
咄	KBMH	KBMH	鸢	AQYG	AYQG
刱	FJVW	FJVW	函	BIBK	BIBK
茆	AMFF	AMFF	券	UDV	UGVR
卑	RTFJ	RTFJ	拦	RUF	RUDG
果	JSI	JSI	单	UJFJ	UJFJ
些	HXFF	HXFF	卷	UDBB	UGBB
其	ADWU	DWU	氓	YNNA	YNNA
肃	VIJK	VHJW	者	FTJF	FTJF
表	GEU	GEU	浅	IGT	IGAY

汉字	86版	98版	汉字	86版	98版
武	GAHD	GAHY	茂	ADN	ADU
典	MAWU	MAWU	参	CDER	CDER
郎	YVCB	YVBH			
九画					
柬	GLII	SLD	韭	DJDG	HDHG
癸	WGDU	WGDU	面	DMJD	DLJF
叛	UDRC	UGRC	巷	AWNB	AWNB
养	UDYJ	UGJJ	甚	ADWN	DWNB
胤	TXEN	TXEN	哉	FAKD	FAKD
俎	WWEG	WWEG	奏	DWGD	DWGD
禺	JMHY	JMHY	咫	NYKW	NYKW
临	JTYJ	JTYJ	纱	YXIT	YXIT
拽	RJXT	RJNT	戚	PDNT	PDNB
幽	XXMK	MXXI	栈	SGT	SGAY
贱	MGT	MGAY	狰	QTQH	QTQH
昼	NYJG	NYJG	重	TGJF	TGJF
举	IWFH	IGWG	咸	DGKT	DGKD
首	UTHF	UTHF	垦	RGKF	RGKF
禹	TKMY	TKMY	眷	DUJF	DUJF
拜	RDFH	RDFH	癹	WMCU	WWCU
栀	SRGB	SRGB			
十画					
艳	DHQC	DHQC	高	YMKF	YMKF
能	CEXX	CEXX	亯	GKMH	GKMH
鬯	QOBX	OBXB	哥	SKSK	SKSK
玺	QIGY	QIGY	脊	IWEF	IWEF
乘	TUXV	TUXV	袅	QYNE	QYEU
涣	IQMD	IQMD	套	DDU	DDU
兼	UVO	UVJW	羞	UDNF	UNHG
孬	GIVB	DHVB	蚜	JAHT	JAHT
鹗	LKSK	EKSK	射	TMDF	TMDF
弱	XUXU	XUXU	栽	FASI	FASI

汉字	86版	98版	汉字	86版	98版
袁	FKEU	FKEU	诼	YEY	YGEY
离	YBMC	YRBC	晟	JDNT	JDNB
十一画					
焉	GHGO	GHGO	戚	DHIT	DHII
船	TEMK	TUWK	孰	YBVY	YBVY
兽	ULGK	ULGK	馗	VUTH	VUTH
匙	JGHX	JGHX	谋	YAFS	YFSY
萧	AVIJ	AVHW	偶	WJMY	WJMY
率	YXIF	YXIF	脯	EGEY	ESY
假	WNHC	WNHC	谏	YGLI	YSLG
捶	RTGF	RTGF	窕	PWIQ	PWQI
象	QJEU	QKEU	爽	DQQQ	DRRR
啬	FULK	FULK	惯	NXFM	NXMY
乾	FJTN	FJTN	庚	YVWI	OEWI
雀	IWYF	IWYF	悬	EGCN	EGCN
匾	AYNA	AYNA	庸	YVEH	OVEH
十二画					
辉	IQPL	IGQL	棘	GMII	SMSM
鼎	HNDN	HNDN	毳	XGXX	XXTX
甥	TGLL	TGLE	筑	CAYQ	CAYK
湄	INHG	INHG	窗	PWTQ	PWTQ
觚	QERY	QERY	溉	IVCQ	IVAQ
鹈	UXHG	UXHG	牍	THGD	THGD
鹜	BHIC	BHHG	猱	QTCS	QTCS
黍	TWIU	TWIU	博	FGEF	FSFY
寓	PJMY	PJMY	裁	FAYE	FAYE
舒	WFKB	WFKH	脾	ERTF	ERTF
粤	TLON	TLON	遇	JMHP	JMHP
婿	VNHE	VNHE	道	USGP	USGP
十三画					
鼓	FKUC	FKUC	嗣	KMAK	KMAK
剿	VJSJ	VJSJ	搦	RXUU	RXUU

汉字	86版	98版	汉字	86版	98版
筮	TAWW	TAWW	褃	PURF	PURF
慊	NUVO	NUVW	馕	QNUF	QNUG
薯	AFTJ	AFTJ	綊	XLXK	XLXK
彀	FPGC	FPGC	嘴	KBHJ	KBHJ
叠	CCCG	CCCG	戡	ADWA	DWNA
裹	YJFE	YJFE	誊	UDYF	UGYF
雍	YXTY	YXTY	漓	IYBC	IYRC
愚	JMHN	JMHN	龄	HWBC	HWBC
锤	QTGF	QTGF			

十四画					
嘉	FKUK	FKUK	舞	RLGH	TGLG
暨	VCAG	VAQG	毓	TXGQ	TXYK
孵	QYTB	QYTB	睾	TLFF	TLFF
疑	XTDH	XTDH	夥	JSQQ	JSQQ
蒲	EHNN	BHNN	聚	BCTI	BCIU
臧	DNDT	AUAH	漾	IUGI	IUGI
酽	SGEF	SGEF	蔫	AGHO	AGHO
谮	YAQJ	YAQJ	谰	YUGI	YUSL
暝	HWGD	HWGD	鸷	CBTG	CNHG
蝦	DNHC	DNHC	赫	FOFO	FOFO
兢	DQDQ	DQDQ	截	FAWY	FAWY
斡	FJWF	FJWF	膊	EGEF	ESFY
裹	YJSE	YJSE	霁	FYJJ	FYJJ
摔	RYXF	RYXF			

十五画					
豫	CBQE	CNHE	虢	EFHM	EFHW
澄	IWGU	IWGU	暴	JAWI	JAWI
翩	YNMN	YNMN	膝	ESWI	ESWI
慧	DHDN	DHDN	敷	GEHT	SYTY
噙	KWYC	KWYC	耦	DIJY	FSJY
稽	TDNJ	TDNJ	觐	AKGQ	AKGQ
瘠	UIWE	UIWE	槠	SFUK	SFUK

汉字	86版	98版	汉字	86版	98版
簇	TWND	TWND	嘹	KDUI	KDUI
靠	TFKD	TFKD	澜	IUGI	IUSL
鹤	PWYG	PWYG	撵	RFWL	RGGL
嘱	KNTY	KNTY	馔	QNNW	QNNW
蕲	AUJR	AUJR			
十六画					
臻	GCFT	GCFT	踱	KHYC	KHOC
冀	UXLW	UXLW	翰	FJWN	FJWN
髻	DEFK	DEFK	瞥	UMIH	ITHF
默	LFOD	LFOD	蟒	JADA	JADA
霎	FUVF	FUVF	篝	TFJF	TAMF
薇	ATMT	ATMT	霓	FVQ	FEQB
瓢	SFIY	SFIY	噩	GKKK	GKKK
蹉	KHUA	KHUA	窿	PWBG	PWBG
整	GKIH	SKTH	撼	RDGN	RDGN
燕	AUKO	AKUO	橘	SCBK	SCNK
懒	NGKM	NSKM	燎	ODUI	ODUI
薄	AIGF	AISF			
十七画					
赢	YNKY	YEMY	黏	TWIK	TWIK
戴	FALW	FALW	辫	UXUH	UXUH
瞬	HEP	HEPG	簇	TYTD	TYTD
糟	OGMJ	OGMJ	蹈	KHEV	KHEE
糜	YSSO	OSSO	檀	SYLG	SYLG
爵	ELVF	ELVF	徽	TMGT	TMGT
穗	TGJN	TGJN	翼	NLAW	NLAW
篓	TLDT	TLAW	藕	ADIJ	AFSJ
十八画					
馥	TJTT	TJTT	鞯	UJFE	UJFE
覆	STTT	STTT	鞘	AFAB	AFAB
镰	QYUO	QOUW	瞻	HQDY	HQDY
鳍	QGFJ	QGFJ	瀑	IJAI	IJAI

汉字	86版	98版	汉字	86版	98版
蹯	KHAJ	KHAJ	癫	UGKM	USKM
藕	ADIY	AFSY	襟	PUSI	PUSI
翻	TOLN	TOLN	戳	NWYA	NWYA
十九画					
蠃	YNKY	YEUY	疆	XFGG	XFGG
攀	SQQR	SRRR	靡	YSSD	OSSD
爆	OJAI	OJAI	蹿	KHPH	KHPH
颤	YLKM	YLKM	藻	AIKS	AIKS
簿	TIGF	TISF	瓣	URCU	URCU
骥	CUXW	CGUW	孽	AWNB	ATNB
蹲	KHUF	KHUF	巅	MFHM	MFHM
蹭	KHUJ	KHUJ	鬃	DETO	DETO
警	AQKY	AQKY			

附录 II 拼音打字快速上手

01 / 拼音打字知识准备

汉语拼音是汉字的注音，由声母、韵母、声调三个部分构成，具有 23 个声母，24 个韵母及 4 个声调。本节我们将详细介绍拼音的发音及拼读。

▶ 第1节 认识声母

声母是音节开头的辅音，共有 23 个，发音特点是较轻快。

b	p	m	f	d	t
n	l	g	k	h	j
q	x	zh	ch	sh	r
z	c	s	y	w	

b

发音规则

发音时双唇闭紧，阻碍气流，软腭上升，关闭鼻腔通道，声带不振动，一下冲破双唇阻碍，爆发成声。

发音示例

波 bō	搏 bó	跛 bǒ	擘 bò	八 bā	拔 bá
把 bǎ	爸 bà	峬 bū	醭 bú	补 bǔ	不 bù

p

发音规则

发音时双唇闭紧，阻碍气流，软腭上升，关闭鼻腔通道，声带不振动，气流较强，冲破双唇阻碍，爆发成声。

发音示例

扑 pū	葡 pú	埔 pǔ	瀑 pù	丕 pī	皮 pí
匹 pǐ	屁 pì	泼 pō	婆 pó	笸 pǒ	破 pò

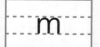

发音规则

发音时双唇闭紧，软腭下降，关闭口腔通道，打开鼻腔通道，气流振动声带，并从鼻腔冲出成声。

发音示例

咪 mī	迷 mí	米 mǐ	蜜 mì	摸 mō	馍 mó
抹 mǒ	没 mò	妈 mā	麻 má	马 mǎ	蚂 mà

发音规则

发音时下唇略内收，靠近上齿，形成一条窄缝，软腭上升，关闭鼻腔通道，声带不振动，气流从唇齿的窄缝中挤出，摩擦成声。

发音示例

发 fā	伐 fá	法 fǎ	发 fà	佛 fó	夫 fū
浮 fú	斧 fǔ	富 fù			

发音规则

发音时舌尖抵住上齿龈，阻碍气流，关闭鼻腔通道，声带不振动，气流较弱，冲破阻碍，爆发成声。

发音示例

都 dū	毒 dú	赌 dǔ	杜 dù	低 dī	狄 dí
底 dǐ	弟 dì	塔 dā	答 dá	打 dǎ	大 dà

发音规则

发音时舌尖抵住上齿龈，阻碍气流，关闭鼻腔通道，声带不振动，气流较强，冲破阻碍，爆发成声。

发音示例

踢 tī	提 tí	体 tǐ	涕 tì	它 tā	塔 tǎ
挞 tà	特 tè	凸 tū	涂 tú	土 tǔ	兔 tù

发音规则

发音时舌尖抵住上齿龈，软腭下降，关闭口腔通道，打开鼻腔通道，气流振动声带，从鼻腔冲出成声。

发音示例

那 nā	拿 ná	哪 nǎ	纳 nà	妮 nī	泥 ní
你 nǐ	逆 nì	奴 nú	努 nǔ	怒 nù	讷 nè

发音规则

发音时舌头两侧要有空隙，软腭上升，关闭鼻腔通道，气流振动声带，并经舌头两边从口腔冲出成声。

发音示例

| 拉 lā | 旯 lá | 喇 lǎ | 辣 là | 噜 lū | 芦 lú |
| 鲁 lǔ | 路 lù | 驴 lǘ | 吕 lǚ | 律 lǜ | |

发音规则

舌根抬起抵住软腭，挡住气流，然后突然打开，吐出微弱的气流，声带颤动。

发音示例

| 鸽 gē | 革 gé | 舸 gě | 个 gè | 姑 gū | 谷 gǔ |
| 固 gù | 旮 gā | 噶 gá | 尕 gǎ | 尬 gà | |

发音规则

舌根抬起抵住软腭，挡住气流，然后突然打开，吐出较强的气流，声带颤动。

发音示例

| 坷 kē | 咳 ké | 渴 kě | 课 kè | 咔 kā | 卡 kǎ |
| 枯 kū | 苦 kǔ | 酷 kù | | | |

发音规则

舌根靠近软腭，开成一条缝，让气流从狭缝中摩擦而出，声带不振动。

发音示例

| 乎 hū | 胡 hú | 虎 hǔ | 户 hù | 喝 hē | 和 hé |
| 贺 hè | 铪 hā | 蛤 há | 奤 hǎ | 哈 hà | |

发音规则

发音时舌面前部抵住硬腭前部，形成一个窄缝，气流从窄缝中摩擦成声，声带不颤动。

发音示例

| 鸡 jī | 及 jí | 几 jǐ | 记 jì | 拘 jū | 菊 jú |
| 沮 jǔ | 句 jù | | | | |

q

发音规则

发音时舌面前部抵住硬腭前部，形成一个窄缝，气流从窄缝中摩擦成声，发出气流较强。

发音示例

七 qī	齐 qí	起 qǐ	气 qì	屈 qū	渠 qú
取 qǔ	去 qù				

x

发音规则

发音时舌面前部抵住硬腭前部，形成一个窄缝，气流从窄缝中摩擦成声，声带不颤动。

发音示例

须 xū	徐 xú	许 xǔ	序 xù	西 xī	习 xí
洗 xǐ	戏 xì				

z

发音规则

舌尖抵住上门齿，然后稍稍离开，形成狭缝，气流从中挤出来，声带不颤动。

发音示例

姿 zī	蓻 zí	子 zǐ	自 zì	匝 zā	杂 zá
咋 zǎ	租 zū	足 zú	组 zǔ		

c

发音规则

c的发音跟z大致相同，舌尖抵住上门齿背，形成一条狭缝，气流从中挤出来，只是吐出的气流较强。

发音示例

呲 cī	词 cí	此 cǐ	伺 cì	粗 cū	殂 cú
促 cù	擦 cā	礤 cǎ	遪 cà		

s

发音规则

发音时舌尖向前靠近上门齿背，形成一条狭缝，气流从中摩擦成声，声带不颤动。

发音示例

仨 sā	洒 sǎ	飒 sà	苏 sū	俗 sú	速 sù
司 sī	死 sǐ	寺 sì			

发音规则

发音时嘴型像z，舌尖向上顶住上颚，发音时声音轻而短。

发音示例

只 zhī	值 zhí	止 zhǐ	治 zhì	蜇 zhē	折 zhé
者 zhě	浙 zhè	猪 zhū	竹 zhú	主 zhǔ	住 zhù

发音规则

它的发音跟zh大致相同，只是吐出的气流较强，发音时轻而短。

发音示例

叉 chā	查 chá	镲 chǎ	刹 chà	车 chē	扯 chě
澈 chè	出 chū	除 chú	杵 chǔ	处 chù	

发音规则

舌尖翘起，靠近硬腭前端，形成一条狭缝，让气流从中挤出来，声带不颤动。

发音示例

奢 shē	蛇 shé	舍 shě	设 shè	尸 shī	石 shí
史 shǐ	式 shì	书 shū	熟 shú	属 shǔ	树 shù

发音规则

r的发音跟sh相同，只是发音时声带要颤动。

发音示例

日 rì	茹 rú	乳 rǔ	入 rù	惹 rě	热 rè

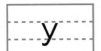

发音规则

发音时，嘴型呈扁平状，舌尖抵住下齿龈，靠近上硬腭，声带颤动。

发音示例

迂 yū	鱼 yú	雨 yǔ	玉 yù	耶 yē	爷 yé
也 yě	页 yè	依 yī	姨 yí	已 yǐ	义 yì

发音规则

发音时，嘴唇拢圆，突出成小孔，舌面后部隆起，声带颤动。

发音示例

涡 wō	我 wǒ	沃 wò	乌 wū	无 wú	武 wǔ
物 wù	洼 wā	娃 wá	瓦 wǎ	袜 wà	

专家点拨 y、w 和 i、u的区别

y和w是声母，i和u是韵母。单独读声母或韵母的时候，y与i、w与u发音是无法区分的，为了表示区别可以读作大y、小i、大w、小u。

在汉语里，这种无法单独读出来的音，有专门的一个分类，称为"整体认读"，对应y和i的整体认读为yi，对应w和u的整体认读为wu。

专家点拨 平舌音与翘舌音

❶ 区分平舌音与翘舌音

平舌音也叫舌尖前音，是指舌头平伸，抵住或接近上齿背，发出的z、c、s。翘舌音也叫舌尖后音，是指舌尖翘起，接触或接近前硬腭，发出的zh、ch、sh。

❷ 平、翘舌音对比练习

眨眼 zhǎyǎn	匝道 zādào	折纸 zhézhǐ	沼泽 zhǎozé	芝麻 zhīmá
滋味 zīwèi	采摘 cǎizhāi	灾难 zāinàn	周围 zhōuwéi	走路 zǒulù
叉车 chāchē	咔嚓 kāchā	出门 chūmén	粗细 cūxì	抄写 chāoxiě
操作 cāozuò	奢侈 shēchǐ	瑟瑟 sèsè	尸体 shītǐ	私人 sīrén
晒干 shàigān	腮腺 sāixiàn	稍等 shāoděng	吹风 chuīfēng	催促 cuīcù
住宅 zhùzhái	宰相 zǎixiàng	倡议 chàngyì		

❸ 平舌音与翘舌音的练习

杂志 zázhì	载重 zàizhòng	资助 zīzhù	致辞 zhìcí
出色 chūsè	速成 sùchéng	上层 shàngcéng	涉足 shèzú
自私 zìsī	字词 zìcí	事实 shìshí	杂事 záshì
嘈杂 cáozá	磁石 císhí	栽种 zāizhòng	自重 zìzhòng
残存 cáncún	参赛 cānsài	认真 rènzhēn	草书 cǎoshū
尺寸 chǐcùn	著作 zhùzuò	正在 zhèngzài	才智 cáizhì
宗旨 zōngzhǐ	磁场 cíchǎng	宿舍 sùshè	随时 suíshí
深思 shēnsī	扫射 sǎoshè	陈醋 chéncù	除草 chúcǎo
次数 cìshù	绳索 shéngsuǒ	石笋 shísǔn	贮藏 zhùcáng
职责 zhízé	财产 cáichǎn	赞颂 zànsòng	尊重 zūnzhòng
栽植 zāizhí	插嘴 chāzuǐ	称赞 chēngzàn	创造 chuàngzào
自持 zìchí	丧失 sàngshī	思潮 sīcháo	师资 shīzī

❹ 练读绕口令

杂志社出杂志，杂志出在杂志社，有政治常识、历史常识、写作指导、诗词注释，还有那植树造林、治理沼泽、栽种花草、生产手册……种种杂志数十册。

▶ 第2节　认识韵母

汉语普通话中，一个汉字的读音就是一个音节，汉语的音节包括声母、韵母和音调三部分。

韵母是汉语音节中声母后面的部分。按韵母的结构分，可以分为单韵母、复韵母和鼻韵母三类。

a	o	e	i	u	ü
ai	ei	ui	ao	ou	iu
ie	üe	er	an	en	in
un	ün	ang	eng	ing	ong

1. 单韵母

单韵母是由一个元音构成的单个韵母，简称单韵。汉语拼音中共有 6 个单韵母，即 a、o、e、i、u、ü。单韵母的发音特点是发音过程中舌位与唇形始终保持不变，发音保持固定口形，发音响亮、通畅。

a

发音规则

发音时，唇形不圆，呈半打哈欠状，声带振动，软腭上升，关闭鼻腔通路。发音音质圆润明亮。

发音示例

自大 zìdà	发达 fādá	喇叭 lǎbā	打靶 dǎbǎ	哪怕 nǎpà	大厦 dàshà
爸爸 bàba	擦除 cāchú	伐木 fámù			

o

发音规则

双唇自然拢圆，口半闭，舌头略后缩，发"喔"的音。

发音示例

婆婆 pópo	伯伯 bóbo	笔墨 bǐmò	默默 mòmò	佛祖 fózǔ	山坡 shānpō
我们 wǒmen	窝藏 wōcáng	摩擦 mócā			

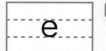

发音规则

双唇自然展开，为扁唇，舌头后缩，舌面较平，发"鹅"的音。

发音示例

特色 tèsè	折射 zhéshè	客车 kèchē	隔阂 géhé	合格 hégé	这个 zhègè
各种 gèzhǒng	测试 cèshì	品德 pǐndé			

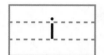

发音规则

发音时，两唇呈扁平形，嘴角略展，上齿相对，舌头前伸使舌尖抵住下齿背，发"衣"的音。

发音示例

笔记 bǐjì	基地 jīdì	习题 xítí	激励 jīlì	记忆 jìyì	霹雳 pīlì
鼻子 bízi	必须 bìxū	迟到 chídào			

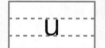

发音规则

发音时，双唇收拢成圆形，向前突出，留一小孔，舌头后缩，使舌根接近软腭，舌位高又靠后。

发音示例

瀑布 pùbù	入伍 rùwǔ	读物 dúwù	补助 bǔzhù	辜负 gūfù	疏忽 shūhū
初一 chūyī	厨师 chúshī	独立 dúlì			

发音规则

两嘴角撮起，双唇拢圆，舌尖抵住下齿背，使舌面前部隆起和硬腭前部相对，发"迂"的音。

发音示例

区域 qūyù	伴侣 bànlǚ	法律 fǎlǜ	序曲 xùqǔ	驴子 lúzi	语序 yǔxù
聚居 jùjū	屈居 qūjū	须臾 xūyú			

2. 复韵母

复韵母是由复合元音构成的韵母，是由两个或三个元音构成的韵母。复合元音指的是发音时舌位、唇形都有变化的元音。

复韵母的发音有两个特点，一是发音过程中舌位、唇形是逐渐而自然变动的，连贯成整体。二是发音中各元音间响度不同。

发音规则

先发a的音，舌位向i的方向滑动升高，音由强至弱，发"挨"的音。

发音示例

白 bái	百 bǎi	败 bài	财 cái	采 cǎi	菜 cài
呆 dāi	歹 dǎi	代 dài	改 gǎi	丐 gài	嗨 hāi

发音规则

发音时，舌尖抵住下齿背，从e开始发音，舌位升高向i滑动，连续发音。

发音示例

卑 bēi	北 běi	备 bèi	陪 péi	非 fēi	肥 féi
诽 fěi	肺 fèi	勒 lēi	雷 léi	磊 lěi	擂 lèi

发音规则

是u和ei的结合，发音时由u向ei滑动，口型由圆到扁，发"威"的音。

发音示例

催 cuī	璀 cuǐ	萃 cuì	堆 duī	圭 guī	垝 guǐ
桧 guì	兑 duì	恢 huī	茴 huí	毁 huǐ	惠 huì

发音规则

发音时，舌体后缩，接着舌头逐渐抬高，口型收拢变圆，发出近似u的音，要轻短。

发音示例

苞 bāo	雹 báo	饱 bǎo	豹 bào	叨 dāo	捯 dáo
捣 dǎo	盗 dào	捞 lāo	浡 láo	老 lǎo	酪 lào

发音规则

先发o的音，接着嘴唇逐渐收拢，发出u的音，o念得长而响亮，u念得短而模糊，发"欧"的音。

发音示例

抽 chōu	稠 chóu	丑 chǒu	臭 chòu	齁 hōu	侯 hóu
吼 hǒu	厚 hòu	搂 lōu	偻 lóu	嵝 lǒu	漏 lòu

发音规则

是i和ou的结合，发音时，由i逐渐滑到ou，ou的响度比i大，发"优"的音。

发音示例

熘 liū	浏 liú	珋 liǔ	遛 liù	妞 niū	汼 niú
忸 niǔ	拗 niù	咻 xiū	茓 xiú	朽 xiǔ	岫 xiù

发音规则

发音时，嘴角展开，舌尖抵住齿背，舌头靠前，嗓子用力。由i逐渐滑到e，发"耶"的音。

发音示例

憋 biē	别 bié	瘪 biě	弊 biè	切 qiē	茄 qié
且 qiě	窃 qiè	歇 xiē	胁 xié	写 xiě	屑 xiè

发音规则

发音时，由ü滑向e，口形由合到半开，中间气不断，发"约"的音。

发音示例

撅 juē	诀 jué	倔 juè	缺 quē	瘸 qué	却 què
靴 xuē	学 xué	鳕 xuě	谑 xuè		

发音规则

发音时，舌位居中发e的音，然后舌尖往后缩的同时上翘，两个字母同时发音。

发音示例

儿子 érzi	耳朵 ěrduo	而且 érqiě	偶尔 ǒuěr

专家点拨 er的特殊性

er为特殊韵母，不能和任何声母相拼。

3. 鼻韵母

　　鼻韵母指带有鼻辅音的韵母，又叫作鼻音尾韵母。鼻韵母的发音有两个特点：一是元音同后面的鼻辅音是有机地结合在一起的；二是鼻韵母的发音不是以鼻辅音为主，而是以元音为主，元音清晰响亮，鼻辅音重在做出发音状态，发音不太明显。

鼻韵母因舌位、口形、音色的不同，分为前鼻音韵母和后鼻音韵母。

（1）前鼻音韵母

前鼻音韵母是指拼音中以 -n 结尾的鼻韵母，分别为 an、en、in、un 和 ün。其中 n 发音时舌尖起主要作用，所以带 n 的韵母叫前鼻音韵母。前鼻音韵母发音时，韵头的发音比较轻短，韵腹的发音清晰响亮，韵尾的发音只做出发音状态。

发音规则

发音时先发 a 的音，然后舌尖逐渐抬起，顶住上牙床发 n 的音。

发音示例

安 ān	玵 án	俺 ǎn	犴 àn	参 cān	蚕 cán
惨 cǎn	灿 càn	番 fān	凡 fán	反 fǎn	泛 fàn
憨 hān	邯 hán	罕 hǎn	屽 hàn	嫚 mān	蛮 mán
满 mǎn	蔓 màn	囡 nān	南 nán	腩 nǎn	难 nàn
攀 pān	盘 pán	坢 pǎn	判 pàn	班 bān	阪 bǎn

发音规则

发音时，先发 e 的音，然后舌面抬高，舌尖抵住上牙床，气流从鼻腔泄出，发 n 的音。

发音示例

温 wēn	闻 wén	吻 wěn	问 wèn	申 shēn	神 shén
沈 shěn	肾 shèn	跟 gēn	哏 gén	艮 gěn	茛 gèn
芬 fēn	汾 fén	粉 fěn	奋 fèn		

发音规则

发音时，先发 i 的音，然后舌尖抵住下门齿背，舌面渐至硬腭，气流从鼻腔泄出，发 n 的音。

发音示例

拎 līn	临 lín	凛 lǐn	吝 lìn	姘 pīn	娉 pín
榀 pǐn	聘 pìn	钦 qīn	芹 qín	坅 qǐn	沁 qìn

发音规则

发音时，先发 u 的音，然后舌尖抵住上牙床，接着发 n 的音，气流从鼻腔泄出。

发音示例

吞 tūn	囤 tún	氽 tǔn	坉 dùn	抡 lūn	沦 lún
埨 lǔn	论 lùn	荤 hūn	浑 hún	掍 hùn	

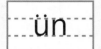

发音规则

发音时，先发 ü 的音，然后舌头上抬，抵住上牙床，气流从鼻腔泄出，发 n 的音。

发音示例

囷 qūn	峮 qún	均 jūn	郡 jùn	埙 xūn	旬 xún
迅 xùn	军训 jūnxùn	均匀 jūnyún	芸芸 yúnyún	群众 qúnzhòng	

（2）后鼻音韵母

后鼻音韵母分别为 ang、eng、ing 和 ong，它们都以舌根浊鼻音 -ng 作为韵尾。

发音规则

先发 a 的音，然后舌根抵住软腭，气流从鼻腔通过，发后鼻音 ng 的音。

发音示例

厂房 chǎngfáng	当代 dāngdài	一磅 yībàng	网格 wǎnggé	房产 fángchǎn
庞大 pángdà	西藏 xīzàng	长江 chángjiāng	芬芳 fēnfāng	

发音规则

先发 e 的音，舌根向软腭移动，舌根后缩抵住软腭发 ng 音，气流从鼻腔通过。

发音示例

丰富 fēngfù	生手 shēngshǒu	成年 chéngnián	木棚 mùpéng	朦胧 ménglóng
腾飞 téngfēi	增加 zēngjiā	嗡嗡 wēngwēng	胜利 shènglì	

发音规则

发音时先发 i，舌尖触下齿龈，舌面隆起至硬腭，鼻腔共鸣成声。

发音示例

人名 rénmíng	谈情 tánqíng	平凡 píngfán	零售 língshòu	铜铃 tónglíng
星星 xīngxing	幸运 xìngyùn	庆祝 qìngzhù	聆听 língtīng	

发音规则

发音时，先发 o 的音，舌根后缩抵住软腭，舌面隆起，嘴唇拢圆，鼻腔共鸣成声。

发音示例

充足 chōngzú	踪影 zōngyǐng	崇高 chónggāo	诉讼 sùsòng	统一 tǒngyī
游泳 yóuyǒng	宏图 hóngtú	光荣 guāngróng	玲珑 línglóng	

4. 汉语拼音的拼读规则

大家都知道，声母和韵母拼在一起，加上声调，就组合成了汉字的"音"。拼音是拼读音节的过程，按照普通话音节的构成规律，把声母、韵母连续拼合并加上声调而成为一个音节。

下面将首先对拼读种类进行介绍。

（1）声韵两拼法

声韵两拼法是指由声母和韵母相拼在一起。这种方法的要领是"前音（指声母）轻短后音（指韵母）重，两音相连猛一碰"。

例如，b-ào → bào，h-áng → háng。

（2）声母两拼法

找准声母发音部位，然后一口气念出韵母，拼成音节。

例如：bā（巴），先找准声母 b 的发音，然后一口气念出 a，成为音节。

（3）三拼连读法

三拼连读是指由声母＋介母＋韵母拼成的音节，这种方法的要领是"声短介快韵母响"。

例如，x（声母）-i（介母）-an（韵母）→ xiàn（现）

b-i-āo → biāo（标），h-u-áng → huáng（黄），

h-u-ān → huān（欢），g-u-āng → guāng（光）。

（4）直呼音节法

直呼音节法就是对一个音节进行拼读，直接读出字音的方法。

例如，那 nā　拿 ná　哪 nǎ　呐 nà。

在学习了前面的知识后，这里再对一些拼读规则进行介绍。

（1）省点规则

j、q、x、y 不能和 u 相拼。当 j、q、x、y 与 ü 相拼时，ü 上的两点要省去，写成 u。

例如，"拘、曲、须、鱼"要写为 ju、qu、xu、yu，不能写为 jü、qü、xü、yü。

n、l 和 u 或 ü 都能相拼，当 n、l 和 ü 相拼时，ü 上的两点不能省去。

例如，"女、律"要写为 nü、lü，不能写为 nu、lu。

专家点拨 有趣的绕口令

j、q、x、y 真淘气，从不和 u 在一起，它们和 ü 来相拼，见了鱼眼就挖去。

（2）四声读法规则

一声平平左到右，二声上山坡，三声下坡又上坡，四声下山坡。

（3）标调规则

音节要标调，规则要记清：有 a 莫放过，没 a 找 o、e，i、u 并列标在后，单个韵母不用说，i 上标调把点去，轻声不标就空着。

5. 整体认读音节

整体认读音节是指添加一个韵母后读音仍和声母一样，也就是说整体认读音节是一口读出不拼读的音节。整体认读音节共有 16 个，分别为 zhi、chi、shi、ri、zi、ci、si、yi、wu、yu、ye、yue、yuan、yin、yun、ying，如下所示。

zhi	chi	shi	ri		wu	yu	ye	yue

zi	ci	si	yi		yuan	yin	yun	ying

zhi	zhī	zhí	zhǐ	zhì		**yi**	yī	yí	yǐ	yì
	知	值	纸	制			衣	姨	以	亿

chi	chī	chí	chǐ	chì		**wu**	wū	wú	wǔ	wù
	吃	池	耻	赤			乌	无	武	务

shi	shī	shí	shǐ	shì		**yu**	yū	yú	yǔ	yù
	失	十	史	是			吁	鱼	雨	淯

ri				rì		**ye**	yē	yé	yě	yè
				日			椰	爷	野	夜

zi	zī		zǐ	zì		**yue**	yuē		yuě	yuè
	资		子	自			约		哕	月

ci	cī	cí	cǐ	cì		**yuan**	yuān	yuán	yuǎn	yuàn
	疵	词	此	次			渊	元	远	院

si	sī		sǐ	sì		**yin**	yīn	yín	yǐn	yìn
	司		死	四			因	银	引	印

yun	yūn	yún	yǔn	yùn		**ying**	yīng	yíng	yǐng	yìng
	晕	云	允	运			英	赢	影	硬

▶ 第3节 拼读练习

zǎo fā bái dì chéng
早发白帝城

táng lǐ bái
[唐]李 白

zhāo cí bái dì cǎi yún jiān
朝辞白帝彩云间，

qiān lǐ jiāng líng yí rì huán
千里江陵一日还。

liǎng àn yuán shēng tí bú zhù
两岸猿声啼不住，

qīng zhōu yǐ guò wàn chóng shān
轻舟已过万重山。

tí xī lín bì
题西林壁

sòng sū shì
[宋]苏轼

héng kàn chéng lǐng cè chéng fēng
横看成岭侧成峰，

yuǎn jìn gāo dī gè bù tóng
远近高低各不同。

bù shí lú shān zhēn miàn mù
不识庐山真面目，

zhǐ yuán shēn zài cǐ shān zhōng
只缘身在此山中。

shì ér
示儿

sòng lù yóu
[宋]陆游

sǐ qù yuán zhī wàn shì kōng
死去元知万事空，

dàn bēi bú jiàn jiǔ zhōu tóng
但悲不见九州同。

wáng shī běi dìng zhōng yuán rì
王师北定中原日，

jiā jì wú wàng gào nǎi wēng
家祭无忘告乃翁。

qī lǜ cháng zhēng
七律·长征

máo zé dōng
毛泽东

hóng jūn bú pà yuǎn zhēng nán
红军不怕远征难，

wàn shuǐ qiān shān zhǐ děng xián
万水千山只等闲。

wǔ lǐng wēi yí téng xì làng
五岭逶迤腾细浪，

wū méng páng bó zǒu ní wán
乌蒙磅礴走泥丸。

jīn shā shuǐ pāi yún yá nuǎn
金沙水拍云崖暖，

dà dù qiáo héng tiě suǒ hán
大渡桥横铁索寒。

gèng xǐ mín shān qiān lǐ xuě
更喜岷山千里雪，

sān jūn guò hòu jìn kāi yán
三军过后尽开颜。